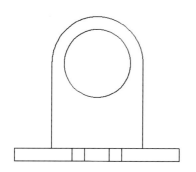

自测 2　弧形挂钩零件　　　　　　19 页

视频地址：光盘 \ 视频 \ 第 1 章 \ 弧形挂
钩零件 .swf

源文件地址：光盘 \ 源文件 \ 第 1 章 \ 弧
形挂钩零件 .dwg

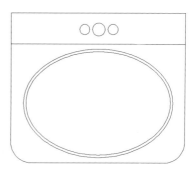

自测 3　洗脸池平面图　　　　　　29 页

视频地址：光盘 \ 视频 \ 第 1 章 \ 洗脸池
平面图 .swf

源文件地址：光盘 \ 源文件 \ 第 1 章 \ 洗
脸 池平面图 .dwg

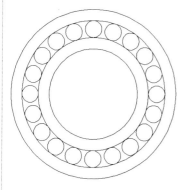

自测 4　滚轴平面图　　　　　　　31 页

视频地址：光盘 \ 视频 \ 第 1 章 \ 滚轴
平面图 .swf

源文件地址：光盘 \ 源文件 \ 第 1 章 \ 滚
轴平面图 .dwg

自测 5　计算机桌立面图　　　　　40 页

视频地址：光盘 \ 视频 \ 第 1 章 \ 计算机
桌立面图 .swf

源文件地址：光盘 \ 源文件 \ 第 1 章 \ 计
算机桌立面图 .dwg

自测 6　餐桌椅立面图　　　　　　43 页

视频地址：光盘 \ 视频 \ 第 1 章 \ 餐桌椅
立面图 .swf

源文件地址：光盘 \ 源文件 \ 第 1 章 \ 餐
桌椅立面图 .dwg

自测 7　绘制铺装图案　　　　　　47 页

视频地址：光盘 \ 视频 \ 第 1 章 \ 绘制铺
装图案 .swf

源文件地址：光盘 \ 源文件 \ 第 1 章 \ 绘
制铺装图案 .dwg

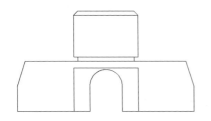

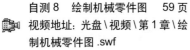

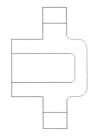

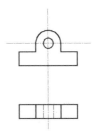

自测 8　绘制机械零件图　59 页

视频地址：光盘 \ 视频 \ 第 1 章 \ 绘制机械零件图 .swf

源文件地址：光盘 \ 源文件 \ 第 1 章 \ 绘制机械零件图 .dwg

自测 9　绘制机械零件剖面图　62 页

光盘 \ 视频 \ 第 1 章 \ 绘制机械零件剖面图 .swf

源文件地址：光盘 \ 源文件 \ 第 1 章 \ 绘制机械零件剖面图 .dwg

自测 11　零件轴测图的绘制（二）　74 页

视频地址：光盘 \ 视频 \ 第 2 章 \ 零件轴测图的绘制（二）.swf

源文件地址：光盘 \ 源文件 \ 第 2 章 \ 零件轴测图的绘制（二）.dwg

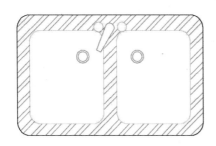

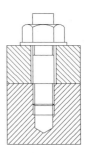

自测 12　厨房洗菜池平面图　76 页

视频地址：光盘 \ 视频 \ 第 2 章 \ 厨房洗菜池平面图 .swf

源文件地址：光盘 \ 源文件 \ 第 2 章 \ 厨房洗菜池平面图 .dwg

自测 13　双头螺栓的设计　88 页

视频地址：光盘 \ 视频 \ 第 2 章 \ 双头螺栓的设计 .swf

源文件地址：光盘 \ 源文件 \ 第 2 章 \ 双头螺栓的设计 .dwg

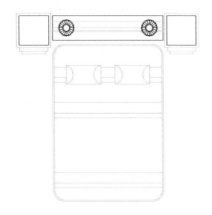

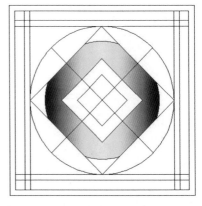

自测 14　双人床平面图的绘制　91 页

视频地址：光盘 \ 视频 \ 第 2 章 \ 双人床平面图的绘制 .swf

源文件地址：光盘 \ 源文件 \ 第 2 章 \ 双人床平面图的绘制 .dwg

自测 15　浮雕图案的绘制—图形绘制　106 页

视频地址：光盘 \ 视频 \ 第 3 章 \ 浮雕图案的绘制—图形绘制 .swf

源文件地址：光盘 \ 源文件 \ 第 3 章 \ 浮雕图案的绘制—图形绘制 .dwg

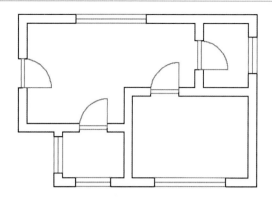

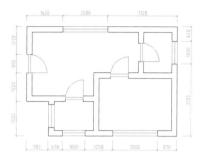

建筑平面图 1:100

自测 18　双线建筑墙体的绘制　121 页
视频地址：光盘 \ 视频 \ 第 3 章 \ 双线建筑墙体的绘制 .swf
源文件地址：光盘 \ 源文件 \ 第 3 章 \ 双线建筑墙体的绘制 .dwg

自测 21　图形的尺寸标注　133 页
视频地址：光盘 \ 视频 \ 第 3 章 \ 图形的尺寸标注 .swf
源文件地址：光盘 \ 源文件 \ 第 3 章 \ 图形的尺寸标注 .dwg

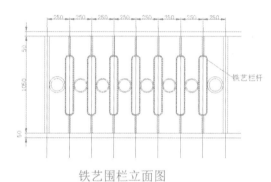

铁艺围栏立面图

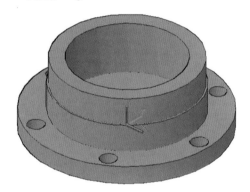

自测 22　绘制、标注铁艺栏杆　136 页
视频地址：光盘 \ 视频 \ 第 3 章 \ 绘制、标注铁艺栏杆 .swf
源文件地址：光盘 \ 源文件 \ 第 3 章 \ 绘制、标注铁艺栏杆 .dwg

自测 23　轴承帽　149 页
视频地址：光盘 \ 视频 \ 第 4 章 \ 轴承帽 .swf
源文件地址：光盘 \ 源文件 \ 第 4 章 \ 轴承帽 .dwg

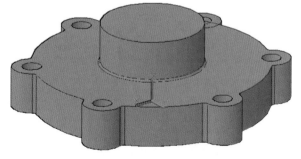

自测 24　三维办公桌　151 页
视频地址：光盘 \ 视频 \ 第 4 章 \ 三维办公桌 .swf
源文件地址：光盘 \ 源文件 \ 第 4 章 \ 三维办公桌 .dwg

自测 25　压盖的绘制　162 页
视频地址：光盘 \ 视频 \ 第 4 章 \ 压盖的绘制 .swf
源文件地址：光盘 \ 源文件 \ 第 4 章 \ 压盖的绘制 .dwg

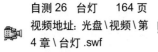

自测 26　台灯　　164 页

视频地址：光盘＼视频＼第 4 章＼台灯 .swf

源文件地址：光盘＼源文件＼第 4 章＼台灯 .dwg

自测 27　工字钉　　172 页

视频地址：光盘＼视频＼第 4 章＼工字钉 .swf

源文件地址：光盘＼源文件＼第 4 章＼工字钉 .dwg

自测 28　数码相机　　174 页

视频地址：光盘＼视频＼第 4 章＼数码相机 .swf

源文件地址：光盘＼源文件＼第 4 章＼数码相机 .dwg

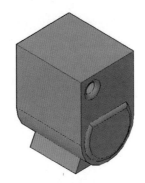

自测 29　创建晾衣架　189 页

视频地址：光盘＼视频＼第 5 章＼创建晾衣架 .swf

源文件地址：光盘＼源文件＼第 5 章＼创建晾衣架 .dwg

自测 30　音箱的创建　190 页

视频地址：光盘＼视频＼第 5 章＼音箱的创建 .swf

源文件地址：光盘＼源文件＼第 5 章＼音箱的创建 .dwg

自测 31　创建办公椅 200 页

视频地址：光盘＼视频＼第 5 章＼办公椅 .swf

源文件地址：光盘＼源文件＼第 5 章＼办公椅 .dwg

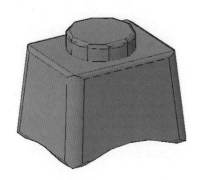

自测 32　墨水瓶　　　204 页

视频地址：光盘＼视频＼第 5 章＼墨水瓶 .swf

源文件地址：光盘＼源文件＼第 5 章＼墨水瓶 .dwg

自测 33　三通模型　　　213 页

视频地址：光盘＼视频＼第 5 章＼三通模型 .swf

源文件地址：光盘＼源文件＼第 5 章＼三通模型 .dwg

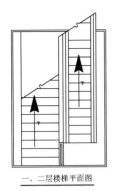

一、二层楼梯平面图

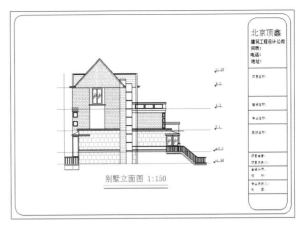

别墅立面图 1:150

自测 35　楼梯间平面图的标注　231 页

视频地址：光盘＼视频＼第 6 章＼楼梯间平面图的标注 .swf

源文件地址：光盘＼源文件＼第 6 章＼楼梯间平面图的标注 .dwg

自测 40　建筑立面图——中上层立面图　252 页

视频地址：光盘＼视频＼第 6 章＼建筑立面图——中上层立面图 .swf

源文件地址：光盘＼源文件＼第 6 章＼建筑立面图——中上层立面图 .dwg

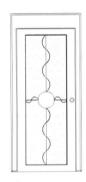

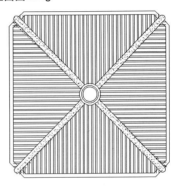

自测 41　室内门立面图的绘制　257 页

视频地址：光盘＼视频＼第 6 章＼室内门立面图的绘制 .swf

源文件地址：光盘＼源文件＼第 6 章＼室内门立面图的绘制 .dwg

自测 42　四方亭顶平面图　269 页

视频地址：光盘＼视频＼第 7 章＼四方亭顶平面图 .swf

源文件地址：光盘＼源文件＼第 7 章＼四方亭顶平面图 .dwg

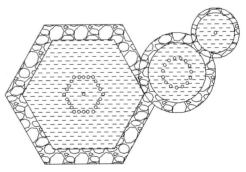

自测 43　景观围墙柱立面图　273 页

视频地址：光盘＼视频＼第 7 章＼景观围墙柱立面图 .swf

源文件地址：光盘＼源文件＼第 7 章＼景观围墙柱立面图 .dwg

自测 44　叠层喷泉水池　277 页

视频地址：光盘＼视频＼第 7 章＼叠层喷泉水池 .swf

源文件地址：光盘＼源文件＼第 7 章＼叠层喷泉水池 .dwg

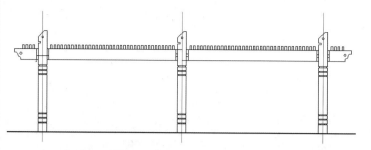

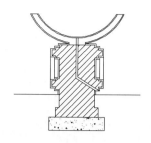

自测 45　廊架立面图　　　　　285 页

视频地址：光盘＼视频＼第 7 章＼廊架立面图 .swf

源文件地址：光盘＼源文件＼第 7 章＼廊架立面图 .dwg

自测 46　花钵剖面图　　　289 页

视频地址：光盘＼视频＼第 7 章＼花钵剖面图 .swf

源文件地址：光盘＼源文件＼第 7 章＼花钵剖面图 .dwg

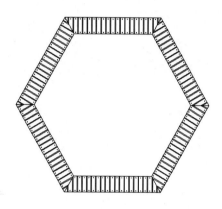

自测 47　树池座椅平面图　　　296 页

视频地址：光盘＼视频＼第 7 章＼树池座椅平面图 .swf

源文件地址：光盘＼源文件＼第 7 章＼树池座椅平面图 .dwg

自测 48　树池座椅立面图　　　298 页

视频地址：光盘＼视频＼第 7 章＼树池座椅立面图 .swf

源文件地址：光盘＼源文件＼第 7 章＼树池座椅立面图 .dwg

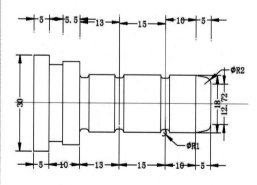

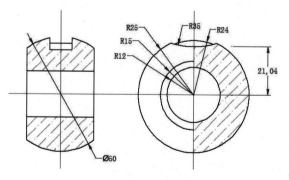

自测 49　机械零件导柱的绘制　　306 页

视频地址：光盘＼视频＼第 8 章＼机械零件导柱的绘制 .swf

源文件地址：光盘＼源文件＼第 8 章＼机械零件导柱的绘制 .dwg

自测 50　机械零件阀心的绘制　　310 页

视频地址：光盘＼视频＼第 8 章＼机械零件阀心的绘制 .swf

源文件地址：光盘＼源文件＼第 8 章＼机械零件阀心的绘制 .dwg

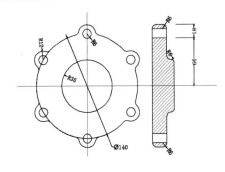

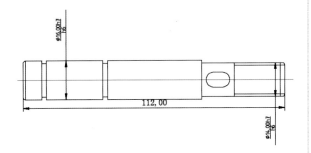

自测 51　绘制压盖图形　　　　　　316 页

视频地址：光盘 \ 视频 \ 第 8 章 \ 绘制压盖
图形 .swf

源文件地址：光盘 \ 源文件 \ 第 8 章 \ 绘制
压盖图形 .dwg

自测 52　绘制齿轮泵——转动轴　　　320 页

视频地址：光盘 \ 视频 \ 第 8 章 \ 绘制齿轮泵—转
动轴 .swf

源文件地址：光盘 \ 源文件 \ 第 8 章 \ 绘制齿轮泵—
转动轴 .dwg

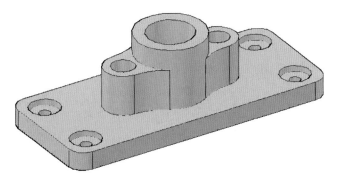

自测 53　轴承的绘制　　　　　　　329 页

视频地址：光盘 \ 视频 \ 第 8 章 \ 轴承的绘
制 .swf

源文件地址：光盘 \ 源文件 \ 第 8 章 \ 轴承
的绘制 .dwg

自测 54　支座模型的绘制　　　　　331 页

视频地址：光盘 \ 视频 \ 第 8 章 \ 支座模型的绘
制 .swf

源文件地址：光盘 \ 源文件 \ 第 8 章 \ 支座模型的
绘制 .dwg

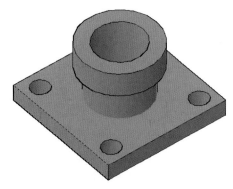

自测 55　阀体的绘制　　　　　　　335 页

视频地址：光盘 \ 视频 \ 第 8 章 \ 阀体的绘制 .swf

源文件地址：光盘 \ 源文件 \ 第 8 章 \ 阀体的绘制 .dwg

光盘说明

操作方式

将随书附赠 DVD 光盘放入光驱中，几秒钟后在桌面上双击"我的电脑"图标，在打开的窗口中右击光盘所在的盘符，在弹出的快捷菜单中选择"打开"命令，即可进入光盘内容界面。

光盘中的文件夹

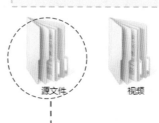

源文件　　　视频

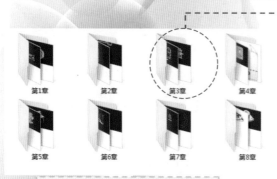

第1章　　第2章　　第3章　　第4章

第5章　　第6章　　第7章　　第8章

各章节的实例源文件

建筑平面绘图（自测十八用）.dwg　　自测二十　设置文字样式并创建标注样式.dwg　　自测二十二　绘制、标注铁艺栏杆2.dwg　　自测二十一　圆形的尺寸标注.dwg　　自测十八　双线建筑墙体的绘制.dwg

每章中的案例源文件

＋

精美案例效果

"视频"文件夹中包含书中各章节的实例视频讲解教程，全书共 55 个视频讲解教程，视频讲解时间长达 435 分钟，SWF 格式视频教程方便播放和控制。

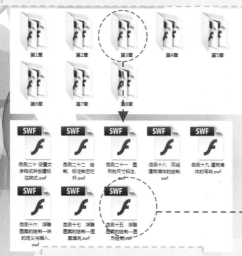

第1章　　第2章　　第3章　　第4章　　第5章

第6章　　第7章　　第8章

| SWF | SWF | SWF | SWF | SWF |

自测二十　设置文字样式并创建标注样式.swf　　自测二十二　绘制、标注铁艺栏杆.swf　　自测二十一　圆形的尺寸标注.swf　　自测十八　双线建筑墙体的绘制.swf　　自测十九　建筑墙体的符块.swf

| SWF | SWF | SWF |

自测十六　浮雕图案的绘制—块的定义与插入.swf　　自测十七　浮雕图案的绘制—图案填充.swf　　自测十五　浮雕图案的绘制—图形绘制.swf

实例操作 SWF 视频文件

SWF 视频教程播放界面

24 小时学会

AutoCAD 2013 中文版辅助绘图入门到精通

董 亮 等编著

机械工业出版社

根据内容性质的不同，本书共分为 8 章，24 个小时的学习时间，读者可根据自己的时间自由支配。包括 AutoCAD 的基础知识、二维平面图的编辑与修改、AutoCAD 2013 的工程语言、AutoCAD 2013 的三维语言、三维图形的创建、建筑工程图样的绘制、园林景观工程制图、机械工程图样的绘制。

本书较适合于将要从事建筑工程、景观工程、机械设计的人士，以及初、中级水平的读者进行学习。

图书在版编目（CIP）数据

AutoCAD 2013 中文版辅助绘图入门到精通 / 董亮等编著. —北京：机械工业出版社，2012.8
（24 小时学会）
ISBN 978-7-111-39355-9

Ⅰ．①A… Ⅱ．①董… Ⅲ．①AutoCAD 软件 Ⅳ．①TP391.72

中国版本图书馆 CIP 数据核字（2012）第 180492 号

机械工业出版社（北京市百万庄大街 22 号 邮政编码 100037）
责任编辑：杨 源
责任印制：张 楠

北京四季青印刷厂印刷

2012 年 10 月第 1 版·第 1 次印刷
184mm×260mm·22 印张·4 插页·680 千字
0001—4000 册
标准书号：ISBN 978-7-111-39355-9
          ISBN 978-7-89433-634-7（光盘）
定价：63.00 元（含 1DVD）

前　言

由于 AutoCAD 软件的应用范围广泛，因此在各种设计软件中，能够熟练掌握 AutoCAD 的应用已经成为设计基础，利用 AutoCAD 的强大兼容性，可以将绘制的图形转入到各种软件当中，进行进一步的设计工作。根据本书安排的 24 个小时的学习方法，我们将使读者从入门级的菜鸟，变为能够独立完成一定水准要求的设计师。

本书章节及内容安排

本书将利用 8 章，24 个小时的时间，将 AutoCAD 2013 的各种功能、命令由基础理论到综合运用，循序渐进行介绍、学习，最后达到完成各种设计制图的标准。

第 1 章是 AutoCAD 的基础知识，本章首先简单介绍了 AutoCAD 2013 软件的发展历程，然后介绍了界面布局、功能面板的使用，以及文件管理，最后介绍了几个简单绘图命令。在章节的最后，通过简单的练习，将学习的知识进行综合训练，使知识系统化。

第 2 章是 AutoCAD 的管理与简单绘制命令，本章主要介绍了 AutoCAD 2013 中，如何新建、保存文件，以及对文档的管理知识，然后介绍了各种最常用的二维图形绘图工具，包括各种线段工具及各种图形的绘制工具，同时还介绍了如何对绘制的图形进行编辑。章节最后通过制图练习，使读者能够综合运用学习的绘图、编辑命令，做到真正理解。

第 3 章是 AutoCAD 2013 的工程语言，这一章主要介绍了在 AutoCAD 2013 中，视口工具的作用以及如何利用设计中心减少工作量的方法。我们还将学习到图块的编辑使用以及如何使用填充命令等。本章的重点是教会读者如何利用 AutoCAD 强大的标注功能以及文字的输入及插入、编辑表格的方法。

第 4 章是 AutoCAD 2013 的三维语言，本章主要使读者认识什么是三维系统，如何在三维系统中建模，以及如何对模型进行编辑，通过介绍多个建造模型的命令及方法，教会读者如何建立各种复杂的体块，最后让大家了解什么是布尔运算以及现实意义。

第 5 章是三维图形的创建，本章讲述的是如何实现二维空间到三维空间的完美转换，以及如何对三维模型进行细腻的编辑、使之更加符合我们的要求，最后教会读者一些常用的编辑命令，并通过几个简单的练习，培养读者的空间想象力，提高建模的技巧。

第 6 章是建筑工程图样的绘制，这一章主要介绍了建筑制图包含的内容以及基本要求，并通过练习，分别讲述了建筑平面图、立面图、剖面图的画法和联系，通过理论和实践的结合，让读者能够独立完成建筑图样。

第 7 章是景观工程制图，这一章我们将为读者介绍如何利用 AutoCAD 软件来绘制景观设计图，通过对景观设计基础知识的介绍，以及行业要求的学习，让读者循序渐进地学习景观设计，最后通过练习掌握景观施工图设计的精髓。

第 8 章是机械工程图样的绘制，本章主要介绍的是关于机械设计在 AutoCAD 中的实际应用，首先通过了解机械设计的相关基础，以及机械绘图的国家规范来认识这个行业的特点，针对机械制图的不同分类，分别进行学习，使读者能够得到深刻的行业认知，最后通过练习，让读者能够有质的飞跃，成为一名具有一定水平的设计师。

本书特点

本书采用简单易懂的解说对 AutoCAD 软件的相关知识进行讲解，通过对软件各种功能由浅入深的学习，配合逐步的图形解说，增加了学习的趣味性和实战性。课后的自测练习也都配有视频讲解，让读者能够全方位地对知识进行巩固、学习。

本书读者对象

本书较适合于将要从事建筑工程、景观工程、机械设计的人士，以及初、中级水平的读者进行学习。希望这本实用性较强的软件工具书，能够帮助大家快速提高 AutoCAD 2013 的绘图能力，早日成为 AutoCAD 的设计高手。

本书由董亮执笔，参与本书编写工作的人员还有何经纬、陈利欢、朱兵、于海波、孙钢、林学远、依波、李万军、尚丹丹、金昊、冯海、吴桂敏、高鹏、杜秋磊、雷喜、张智英、张立峰、孙艳波、陶玛丽、黄尚智、黄爱娟。由于作者水平有限，书中难免有错误和疏漏之处，望广大读者朋友多多批评、指正。

编　者

目 录

第1章

基础部分

——AutoCAD 2013 的基础知识

从今天开始，我们将正式开始学习 AutoCAD 2013 的强大绘图功能，让我们一起揭开 AutoCAD 软件的神秘面纱。

AutoCAD 具有良好的用户界面，通过交互菜单或命令行方式便可以进行各种操作。它的多文档设计环境，让非计算机专业人员也能很快地学会并使用。在不断实践的过程中更好地掌握它的各种应用和开发技巧，从而不断提高工作效率。

学习目的：	掌握 AutoCAD 的基本使用
知识点：	AutoCAD 工程制图概述、熟悉 AutoCAD 2013 界面布局、熟悉 AutoCAD 文件的创建和管理
学习时间：	3 小时

什么是 AutoCAD 2013？

　　AutoCAD 的中文名称是计算机辅助设计，AutoCAD 是由美国 Autodesk（欧特克）公司在 20 世纪 80 年代初，为在计算机上使用 CAD 开发的绘图程序相关软件，先后经历了对 AutoCAD 十余次的重大版本升级，功能得到了不断完善。该软件还能与 Photoshop、3ds max、Lightscape 等相关软件结合，制作出极具真实感的三维透视图。

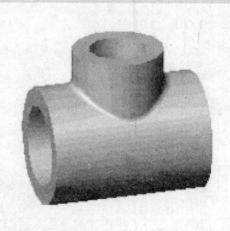

精确、美观的 CAD 图样

软件的特点有哪些?

    1. 具有完美的图形绘制功能。2. 有强大的图形编辑功能。3. 可以采用多种方式进行二次开发或用户定制。4. 可以对多种图形格式进行转换。5. 支持常见的多种硬件设备。6. 支持多种操作系统。

哪些领域可以用 AutoCAD?

    AutoCAD 具有广泛的适应性,它可以在各种操作系统支持的工作站上运行,并支持分辨率由 320×200 到 2048×1024 的各种图形显示设备 40 多种,以及绘图仪和打印机数十种。

使用 AutoCAD 有什么好处?

    利用 AutoCAD 可以进行图形的个性化编辑、放大、缩小、平移和旋转等有关的图形数据加工工作。利用 AutoCAD 能够减轻设计人员的劳动,缩短设计周期并提高设计质量。

第1个小时　AutoCAD的基本知识

    AutoCAD 即计算机辅助设计 (Computer Aided Design,CAD) 是利用计算机及其图形设备帮助设计人员进行设计工作,简称 CAD。先后经历了十余次的重大改革,版本进行了相应的升级,功能得到了不断提升与完善。

    根据使用的针对性不同,市面上出现了许多以 AutoCAD 作为平台的建筑专业设计软件,如天正、ABD、建筑之星、圆方、华远和容创达等。要熟练运用这些专业软件,首先必须熟悉和掌握 AutoCAD。

▲ 1.1　AutoCAD 2013 的基本界面

    AutoCAD 2013 的 Ribbon 界面具有更强大的上下文相关性,如图 1-1 所示,其能帮助你直接获取所需的工具(减少你的点击次数)。这种基于任务的 Ribbon 界面由多个选项卡组成,每个选项卡由多个面板组成,而每个面板则包含多款工具。你可以将面板从 Ribbon 界面中拖出,使其成为一种"吸附"面板。

    AutoCAD具有功能强大、可同时观察多个视口(见图1-2),工具易于掌握、使用方便、体系结构开放等特点,深受广大工程技术人员的欢迎。

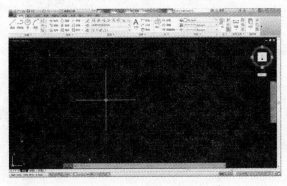

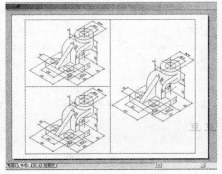

图 1-1　Ribbon 界面　　　　　　　　　　图 1-2　多视口观察图形

> **提示**
>
> AutoCAD 软件还能与 Photoshop、3ds max、Lightscape 等相结合，从而制作出极具真实感的三维透视和动画效果。

▲ *1.2* AutoCAD 2013 的强大功能

AutoCAD 包括计算机多项运算技术，不仅在常见的领域里如建筑、航空航天、机械、电子等行业广为使用，在车船制造、地质开发等行业，也扮演着重要的角色，接下来我们就来探究 AutoCAD 2013 的深刻内涵，看看它到底有什么强大的功能。

1.2.1 图形的创建与编辑

利用 AutoCAD 的"功能区"选项板中的"常用"选项卡，也可以将绘制的图形转换为面域，对其进行填充。在"常用"选项卡中的 "修改"面板中有丰富的修改命令，可创造出更多更复杂的图形。如图 1-3 所示为使用 AutoCAD 绘制的二维图形，如图 1-4 所示为使用 AutoCAD 绘制的三维图形。

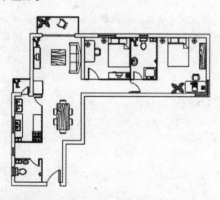

图 1-3　二维图形

图 1-4　三维图形

> **提示**
>
> 学习 AutoCAD 首选要学好二维图形的绘制，将图形的各种三维面、旋转体所对应的平面、立面、剖面、断面都扎实地理解了，才能比较轻松地学习三维制图，立体图都是建立在平面图基础上的，因此二维绘图是 AutoCAD 绘图基础。

1.2.2 强大的标注图形功能

尺寸标注是整个绘图过程中不可缺少的一步，利用系统自带的强大标注功能，为图形补充必要的数据语言。利用"功能区"中的"注释"选项卡的"标注"命令，可以方便、快速地以一定格式在图形的各个方向上创建各种类型的标注。同时还可以创建符合特殊要求的个性化标注样式，如图 1-5 和图 1-6 所示。

1.2.3 3D 模型的建立与渲染

在渲染图形时，可利用 AutoCAD 中多种还原物体真实感的方法，如运用雾化、光源和材质等。如果是为了演示,可以渲染全部对象;如果只需快速查看设计的整体效果,则可以简单消隐或设置视觉样式,如图 1-7 和图 1-8 所示。

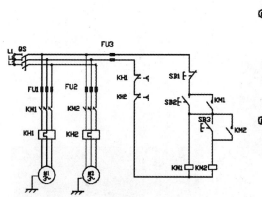

图 1-5 电路图标注

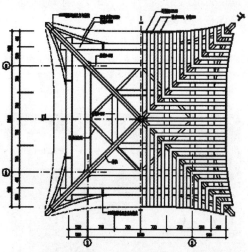

图 1-6 二维图形标注

图 1-7 室内渲染效果

图 1-8 三维渲染效果

　　由计算机自动产生的设计结果,可以快速将图形显示出来,使设计人员及时对设计进行判断和修改;在工程和产品设计中,计算机可以帮助设计人员担负计算、信息存储和制图等项工作。在设计中通常要用计算机对不同方案进行大量的计算、分析和比较,以决定最优方案;各种设计信息、作图的繁重工作都可以交给计算机去完成。

提示

　　快速制作所需要的模型需要做到三点:一是熟练使用每一个命令和系统变量;二是准确绘制实体的大小并确定其位置;三是灵活地对模型进行编辑。需要提醒读者的是,在设计三维模型时,需要及时进行编辑、调整,而不是一次性完成的。

▲ 1.3 AutoCAD 2013 新增加功能

　　下面我们来为读者介绍一下 AutoCAD 2013 相对于 AutoCAD 2012 新增加的主要功能。

1.3.1　强大的欢迎界面

　　AutoCAD 2013 增加了一个强大的欢迎界面，如图 1-9 所示，分为工作、了解、展开三个部分，我们主要介绍的是它的工作部分。

　　在 AutoCAD 2013 的这个新增功能中，我们可以直接新建文档，或打开以前打开的文档，而不用从"我的电脑"中寻找文档，同时还可以利用打开样例文件寻找文件，如图 1-10 所示。其下侧的最近文档也可以直接打开上一次工作用到的文件，如图 1-11 所示。

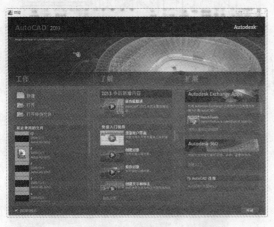

图 1-9　欢迎界面　　　　　　　　　　　　　　　　图 1-10　工作对话框

　　在中间的了解对话框中，有新增内容的视频简介，可以在有网络连接的时候进行观看。快速入门视频，则通过视频语音教学的方式，简单教授如何使用 AutoCAD 2013，如图 1-12 所示。

　　在扩展对话框中，包括了 Autodesk Exchange Apps 界面、Autodesk 360 界面及 Autodesk 的连接功能，如图 1-13 所示。

　　单击打开 Autodesk Exchange Apps 界面下的浏览，查找应用程序后，在网页中则打开了 APPS 的程序商店，里边有许多附加的程序，可以任意购买，当然也有部分免费程序可以下载使用，如图 1-14 所示。

图 1-11　最近使用文件对话框　　　　　　　　　　图 1-12　了解对话框

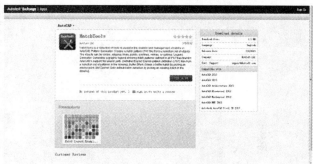

图 1-13　最近使用文件对话框 　　　　　　　　图 1-14　APPS 应用程序商店

　　单击 Autodesk 360 的快速入门按钮后，系统也将自动打开其网页，用户可利用 360 中的云服务存储器，进行文件的云处理，实现信息的联机，如图 1-15 所示。单击 AutoCAD 产品中心，则可看到更多的关于 AutoCAD 软件的信息，如图 1-16 所示。

图 1-15　Autodesk 360 网页 　　　　　　　　图 1-16　产品中心

1.3.2　从 Inventor 创建二维文档

　　在 AutoCAD 2013 中增加了 AutoCAD Inventor 软件，如图 1-17 所示。利用 AutoCAD Inventor 创建三维模型后，可利用其功能，直接创建二维图像，首先在模型空间选择创建二维图像的模型，如图 1-18 所示。

　　在相应的布局中，则放置好模型后，自动生成其某一面的二维图像，如图 1-19 所示。在二维图像上，绘制一条剖切线后，则系统会生成相应的剖面二维图像，如图 1-20 所示。

图 1-17　Inventor 图标

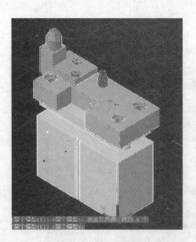

图 1-18　模型空间

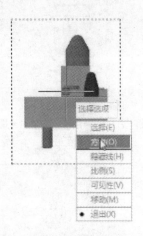

图 1-19　三维图像生成二维图像

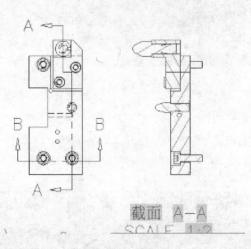

图 1-20　剖面图

1.3.3　监视器工具

　　新增加的监视器功能可跟踪关联标注，并量显任何无效标注，同时解除之前关联的标注内容，以便于查找及修复，如图 1-21 和图 1-22 所示。

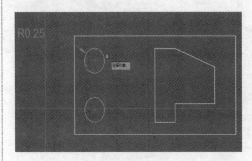

图 1-21　关联前的标注

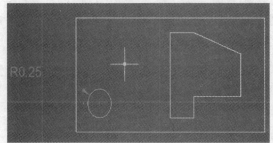

图 1-22　关联后的标注

1.3.4 路径阵列的新功能

关于阵列命令也增加了新功能，利用路径阵列中新增加的定距等分选项，在拉长路径后，对象也随之增加，如图 1-23 和图 1-24 所示。

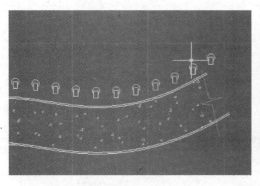

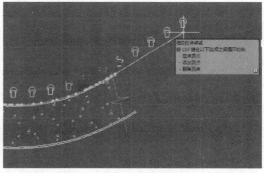

图 1-23　延长路径前　　　　　　　　　　　　　图 1-24　延长路径后

1.3.5 命令行的变更

在新的 AutoCAD 中，为了扩大绘图范围，命令行也做了变换，可根据需要对其进行关闭隐藏，当然可以通过设置来控制命令行的、行数，以及回顾所有命令，如图 1-25 和图 1-26 所示。

图 1-25　点击自定义　　　　　　　　　　　　图 1-26　最近使用命令显示

在输入需要的命令后，我们可以直接点击其附加的命令，而不必输入简写字母进行下一步的操作，如图 1-27 和图 1-28 所示。

图 1-27　输入命令　　　　　　　　　　　　图 1-28　可直接点击附属命令

提示

AutoCAD 2013 新增加的功能大大提高了绘图界面的利用率，同时利用新增加的功能，更加方便了我们对于文档的快速处理，进一步提升了 AutoCAD 绘图效率。对于这些新增加命令，我们需要认真学习使用率高的命令，不常用的命令我们做到了解即可。

▲*1.4* 学习 AutoCAD 2013 的界面分布

下面我们就一起来认识、学习 AutoCAD 2013 的工作界面布局。

打开 AutoCAD 2013 软件，首先来看软件界面左上角的按钮 A，这个是应用程序按钮，在应用程序按钮里面，我们可以快速创建、打开、保存和发布文件，另外还可以输出、发布和打印文件，如图 1–29 和图 1–30 所示。

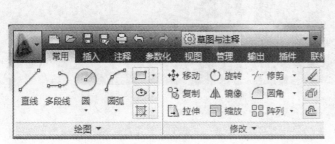

图 1-29　功能区一

图 1-30　按钮 A 展开菜单

1.4.1　标题栏

标题栏位于工作界面最顶端，显示为灰色长条。左端是"快速访问工具栏"，右侧是搜索栏，如图 1–31 所示。

图 1-31　标题栏

1.4.2　快速访问工具栏

将工作空间调为"AutoCAD 经典"时，快速访问工具栏的位置如图 1–32 和图 1–33 所示，单击

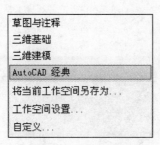

图 1-32　工作空间下拉菜单

图 1-33　快速访问工具栏

工作空间右侧的下拉箭头显示的工具栏用于对文件进行常用命令的快速执行，通过快速访问工具栏右侧的下拉箭头，我们能够快速地将自己认为常用或不常用的命令加入或移出快速访问工具栏中，进行个性化设置。

如图 1-34 所示，在标题栏中部为程序名称显示区，显示当前打开的程序名和当前被激活的图形文件的名称。

提示

工作空间提供了不同功能的状态界面，每种界面都有自己独特的使用优势，用户要选择清楚哪种最适合当时绘制的图形，以免造成无法寻找功能键的情况。

在标题栏右侧，可以在"搜索栏"系统中搜索主题、登录到 Autodesk ID、打开 Autodesk Exchange，并显示"帮助"菜单的选项。进行相关问题的咨询，如图 1-35 所示。

图 1-34 件名称显示区    图 1-35 标题栏中的搜索栏

提示

为了方便用户搜索信息，当在信息中心或在 Autodesk Exchange 中搜索时，只要输入两个以上关键字，就可以搜索相关信息。

1.4.3 菜单栏

将工作空间调为 AutoCAD 经典时，菜单栏位于标题栏下方，AutoCAD 2013 由 "文件"、"编辑"、"视图"、"插入"、"格式"、"工具"、"绘图"、"标注"、"修改"、"参数"、"窗口"和"帮助"等 12 个主菜单组成，这些菜单包含了 AutoCAD 2013 所有绘制及编辑命令。每个下拉菜单中包含其菜单中所含子菜单，如图 1-36 所示。

| 文件(F) | 编辑(E) | 视图(V) | 插入(I) | 格式(O) | 工具(T) | 绘图(D) | 标注(N) | 修改(M) | 参数(P) | 窗口(W) | 帮助(H) |

图 1-36 菜单栏

1.4.4 功能区

将工作空间调为"草图与注释"，界面顶部显示的是功能区，功能区由多个选项卡组成，每个选项卡中都包含了多个面板，AutoCAD 大部分的绘图命令工具及修改编辑命令都分布在这些面板中。在需要时，直接点选这些功能按钮就可以打开该工具进行编辑，如图 1-37 所示。

图 1-37 功能区

1.4.5 绘图区域

图形窗口是显示和编辑图形对象的区域，在新的版本中，图形窗口中多了一些参考线，这些参考线与我们手绘的图形的参考线是一样的效果，我们可以根据这些参考线更加快捷地绘制图形，如图 1-38 和图 1-39 所示。

图 1-38　绘图图形窗口

图 1-39　模型、空间转换按钮

在图形窗口的下方是一个模型与布局选项，我们可以在这里对模型空间与图纸空间进行切换。通常模型空间是用于绘制图形的，而布局也就是图纸空间，是用于图形的输出，例如打印等。

> **提示**
>
> 　　因为布局中的颜色背景与模型中的颜色有时候不一样，绘图工作者看上去会视觉疲劳，一般我们会通过"OPTIONS"选项卡中的"草图>颜色选项卡>图纸/背景>颜色调为黑色"来弥补。

在图形窗口的右侧，是一个导航的工具，如图 1-40 所示。我们可以使用导航工具在标准视图与等轴侧视图之间进行切换，在后面会进行详细介绍。

1.4.6 坐标系标示系统

坐标系图标位于绘图区域的左下角，默认情况下是一个双向箭头指向图标，坐标系图标可以帮用户确定一个参照，交点为（0，0）点，如图 1-41 所示。打开或关闭坐标系图标时只要选择菜单栏中的"视图>显示>UCS 图标>开"即可。

图 1-40　导航工具

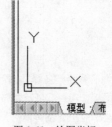

图 1-41　绘图坐标

1.4.7 视口区的设置

按照功能不同，AutoCAD 的空间分为模型空间和图纸空间（又称布局）。AutoCAD 2013 系统默认一个"模型"空间和"布局 1"、"布局 2"两个图纸空间。下图左侧如图 1-42 所示为模型空间，右侧如图 1-43 所示为图纸空间。

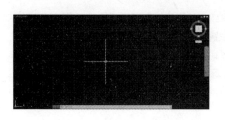

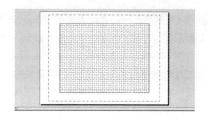

图 1-42 模型空间 图 1-43 布局空间

➤ 模型空间

模型空间是 AutoCAD 中绘图的主导绘图环境，AutoCAD 系统默认打开模型空间。在模型空间中一般绘制图形都按实际尺寸绘制各种二维图形，因为界面可想象成为无限大，因此不必担心绘图空间是否足够。

提示

模型空间中绘图的比例是 1∶1 的，基本单位一般为 mm，因此 1000 就相当于 1 米，图中的图样打印都是按照 1∶1 的比例，因此这就为图样在工程现场的测量提供了方便。

➤ 布局空间

布局空间也就是图纸空间，用户可根据不同比例，创建多个窗口，用户还可以在图纸空间中调整浮动视口并决定所包含视图的缩放比例，图纸空间侧重于图纸的布局，因此，一般用于出图使用，可根据窗口设定比例，来打印输出任意布局的视图。

1.4.8 命令行提示区及文本窗口

AutoCAD 通过命令行提示窗口反馈各种信息，包括命令输入信息、错误信息等。用户应按提示行的命令提示进行相应的操作。当命令行出现"命令"提示时，表示系统正处于接受状态，这时可输入下一步的命令，如图 1-44 所示。

提示

通过按 F2 键可打开、关闭 AutoCAD 文本窗口，在窗口中详细记录了命令的激活及执行情况，可以根据记录来回顾绘制过程，如图 1-45 所示。

图 1-44 命令行提示区 图 1-45 文本提示窗口

1.4.9 状态栏

在 AutoCAD 的程序状态栏显示了多个绘图辅助工具，以及用于快速查看和注释缩放的工具，如图 1-46 所示。

图 1-46 应用程序状态栏

可以将鼠标放置在按钮上，查看图形工具按钮。系统自动显示捕捉工具、极轴工具、对象捕捉工具和对象追踪工具等命令的中文名称，单击鼠标右键，通过设置，用户可以轻松决定这些绘图工具是否使用。

使用界面右下角的"工作空间"按钮，用户可以切换工作空间并显示当前工作空间的名称。锁定按钮可锁定工具栏和窗口的当前位置。要展开图形显示区域，请单击"全屏显示"按钮。

单击状态栏右侧的下三角按钮，或可以通过状态栏的快捷菜单向应用程序状态栏添加按钮或从中删除按钮，如图 1-47 所示。

图 1-47　三角按钮下拉菜单

提示

如果需要建立多个布局空间，可以在布局状态下，使用鼠标右键单击"布局一"，自行设定新的布局名称，或单击"新建"来建立新的布局空间，以满足对多个布局空间的设计需要。

状态栏中，各功能键有以下作用：

➤ 捕捉：单击该按钮，打开捕捉设置后，光标只能在 X 轴、Y 轴或极轴方向移动设定的捕捉距离，即可实现光标的精确移动。

➤ 栅格：单击该按钮，系统显示栅格工具，使绘图区域上出现可见的网格，它是一个形象的画图工具，就像传统的坐标纸一样，使用户能够高精确度地捕捉栅格上的点。

➤ 正交：单击该按钮，系统打开正交模式，这时画线或移动对象都只能沿水平方向或垂直方向移动光标，只能画平行于坐标轴的正交线段。

➤ 极轴：单击该按钮，系统打开极轴追踪模式。绘图时，系统根据设置显示一条追踪线，可以在该追踪线上精确移动光标，从而进行精确绘图。

➤ 对象捕捉：单击该按钮，系统打开对象捕捉模式。绘图时，系统会根据设置自动识别并捕捉一些特殊的点，如圆心、切点、线段或圆弧的端点、中点等，如图 1-48 所示。

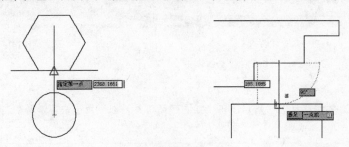

图 1-48　自动捕捉中点及垂足

➤ 对象追踪：单击该按钮，系统打开对象追踪模式。绘图时，用户可以通过捕捉对象上的关键点，并沿正交方向或极轴方向拖动光标，此时系统会显示光标当前位置与捕捉点之间的相对关系。

➤ DUCS：允许/禁止动态 UCS 按钮，单击该按钮，系统允许或禁止使用动态 UCS 图标，如图 1-49 所示。

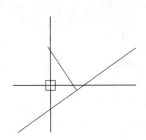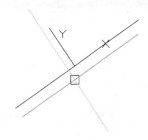

图 1-49 改变坐标方向

➤ DYN：动态输入按钮，单击该按钮，系统打开或关闭动态输入。动态输入有指针输入、标注输入和动态提示 3 个组件，可实施动态输入。

➤ 线宽显示：单击该按钮，系统显示图形的线宽，以标示不同线宽的图形对象，如粗实线、细实线等，如图 1-50 所示。

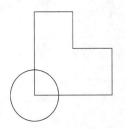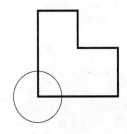

图 1-50 显示预先设定线宽

➤ 显示隐藏透明度：单击该按钮，开启状态栏里的透明度图标之后，我们可以选中要设置透明度的对象，直接展开"常用"选项卡里的"特性"面板，通过拖动"透明度"滚动条，设置其透明度。

➤ 快捷特性：选择对象后，单击该特性按钮，可弹出对话框，对选择对象进行颜色、图层、宽度等特性的更改。

➤ 循环选择：可同时选择多个图进行编辑。

➤ 注释监视器：打开监视器后，系统将对注释内容进行控制、显示。

➤ 模型/图纸：单击该按钮，可以切换模型空间和布局空间。

更改鼠标光标和捕捉器.swf

更改鼠标光标和捕捉器.dwg

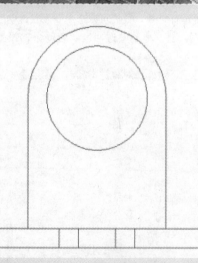

弧形挂钩零件.swf

弧形挂钩零件.dwg

自我检测

通过对 AutoCAD 软件基本知识的学习，大家是否已经了解到 AutoCAD 软件功能的强大呢，其实除了这些，AutoCAD 软件还是一个很人性化的软件，可以根据使用者不同的喜好进行个性化设计，接下来我们就通过自测实例来体会它的这些特点。

下面请根据我们提供的步骤，一起完成 AutoCAD 的各种自测吧！

自测1　更改鼠标光标和捕捉器

　　下面我们将要练习的自测是关于设定如何更改鼠标光标及捕捉器，可以根据自己的喜好，将鼠标设置成适合自己视觉习惯的样式，下面我们开始吧。

使用到的命令	选项工具
学习时间	25 分钟
视频地址	光盘\视频\第 1 章\更改鼠标光标和捕捉器.swf
源文件地址	光盘\源文件\第 1 章\更改鼠标光标和捕捉器.dwg

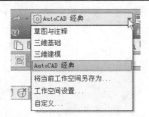

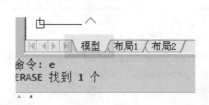

　　01 打开 AutoCAD 软件工具，在空白的 AutoCAD 文件上面，将工作空间调整为"AutoCAD 经典"模式。

　　02 在界面的左下方，调整绘图界面为"模型空间"。

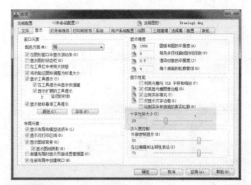

　　03 在命令行直接输入"OPTIONS"选项命令，或单击工具栏上的"工具>选项"，弹出选项对话框。

　　04 单击对话框中的"显示"栏，将十字光标大小调整为 20，并单击下侧的"应用"，结果如图所示。

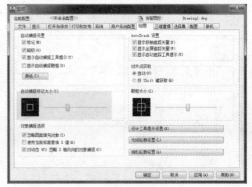

　　05 单击"绘图"栏，可以看到绘图栏下的各种选项。

　　06 将"自动捕捉标记大小"的按钮调整到适当位置大小，结果如图所示。

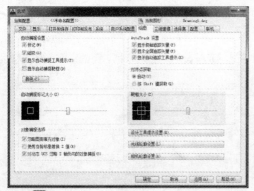

07 将右侧的"靶框大小"也调整到适当大小，然后单击应用。

08 单击"选择集"栏，得到选择集下的各种调整界面。

09 将"拾取框大小"、"夹点尺寸"分别调整到40%大小的位置。

10 单击"夹点颜色"弹出"夹点颜色"对话框，可进行颜色调节，单击"确定"按钮。

11 单击"打开和保存"栏，将"另存为"栏中的图形文本调整为"2004"版本，这样低版本软件就可打开高版本绘制的图形了。

12 都完成调整后，单击"应用"按钮，并单击"确定"按钮后离开对话框。

操作小贴士：

　　这个自测主要告诉大家，在 AutoCAD 软件中，大部分的使用工具都可以通过"选项"这个非常强大的工具栏进行调节，除了上述的一些调整，还可以调整背景颜色、存储路径，可自行试验、比较。

自测2 弧形挂钩零件

下面我们将为大家讲解的自测是挂杆与墙壁接头的挂钩零件，画法很简单，但涉及到了几种工具的使用，让我们一起来绘制小例子吧。

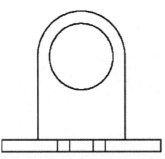

使用到的命令	矩形、直线、圆弧、镜像工具
学习时间	35 分钟
视频地址	光盘\视频\第 1 章\弧形挂钩零件.swf
源文件地址	光盘\源文件\第 1 章\弧形挂钩零件.dwg

200

01 输入直线命令"LINE"。得到长 200 的直线。

02 继续执行直线命令，以刚才的结束点为起点，向上移动鼠标，输入 15，得到上图。

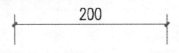

03 继续执行"LINE"命令，结果如图所示。

04 继续向下移动鼠标，输入 15 后，完成闭合的挂钩底座，结果如图所示。

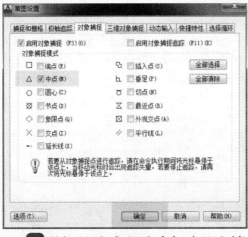

05 执行"OS"或"SE"命令，打开"对象捕捉"选项卡，确认勾选"中点"、选项。

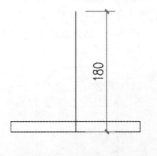

06 输入直线命令"LINE"，选择下方底座中点为起点，向上方移动鼠标，输入 180，结果如图所示。

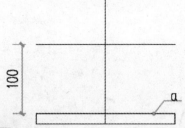

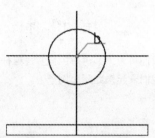

07 输入命令"OFFSET"或单击"修改"选项卡中的"偏移"工具，按照命令行提示，输入偏移数值为100，单击线"a"后，向上方空白处任意一点单击即可。

08 由上图得到两条线的交点（b），执行"CIRCLE"圆命令，以（b）为圆心，输入半径为40，结果如图所示。

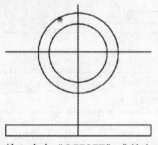

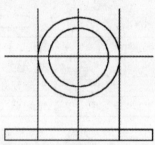

09 输入命令"OFFSET"或单击"修改"选项卡中的"偏移"工具，按照命令行提示，输入偏移数值为15，单击圆后，向圆外空白处任意一点单击，得到上图。

10 继续执行偏移命令"OFFSET"，输入偏移值为55，选取中轴辅助线，分别向两侧点击，得到上图。

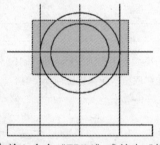

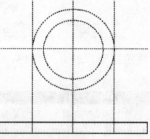

11 输入命令"TRIM"或单击"修改"选项卡中的"修剪"工具，选择要修剪的图形。

12 待选择完图形后，选择后的图线会变成虚线然后回车。

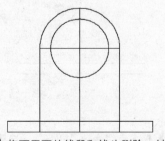

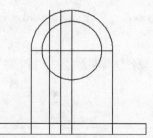

13 将不需要的线段和线头删除，结果如图所示。

14 执行偏移命令"OFFSET"，输入偏移值为15后，将中轴辅助线向左侧依次点击两次，结果如图所示。

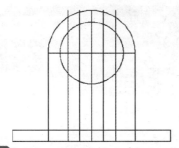

15 继续执行偏移命令后，将中轴线向右再次偏移两次，得到上图。

16 输入命令 "TRIM" 或单击 "修改" 选项卡中的 "修剪" 工具，从右下角向左上角选择图形，结果如图所示。

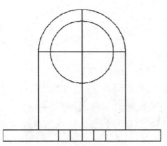

17 选择完修剪图形后，依照上图，将不需要的辅助线依次剪切掉，结果如上图所示。

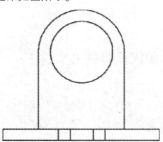

18 执行 "ERASE" 删除命令，将不需要的辅助线依次删除，结果如图所示，得到最后的挂钩立面图。

操作小贴士：

当我们连续多次执行同一命令时，不需要每次都输入或点击命令，而只需要敲击键盘的 "空格" 键即可执行上一命令，较为简单。

第2个小时 AutoCAD的管理与简单绘制命令

▲ *1.5* 如何管理 AutoCAD 文件

1.5.1 建立新的图形文件

新建图形文件的方法有几种：单击 "标准" 工具栏中的 "新建" 按钮；选择 "文件 ">" 新建" 菜单按钮；按 "Ctrl+N" 组合键。系统将打开 "选择样板" 对话框，在其中选择某个合适的样板文件，一般选择 "acadISO-named Plot Styles" 或 "acadiso"，单击 "打开" 按钮即可创建二维界面，如图 1-51 所示。如果选择 "acadISo-Named Plot Styles3D" 或 "acadiso3D" 则创建三维文件，如图 1-52 所示。

 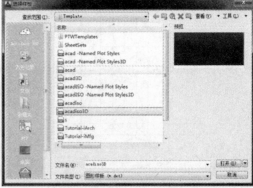

图 1-51　新建二维图样　　　　　　　　图 1-52　新建三维图样

1.5.2　如何保存图形文件

　　要保存图形文件，可单击"标准"工具栏中的"保存"工具，或选择"文件" > "保存"菜单，如图 1-53 所示。若图形不是新图形，则执行上述操作时，系统将直接覆盖保存图形文件。否则系统将打开"图形另存为"对话框。在此对话框中选择要保存文件的文件夹，输入文件名，然后单击"保存"按钮就可以保存文件了。

图 1-53　"图形另存为"对话框

1.5.3　如何打开图形文件

　　打开文件，可以单击"标准"工具栏中的"打开"工具，按"Ctrl+o"组合键，或者选择"文件" > "打开"菜单，此时系统均会打开"选择文件"对话框。打开"搜索"下拉列表，找到图形文件所在的文件夹，在文件列表区选择要打开的图形文件，单击"打开"按钮，即可打开图形文件。

1.5.4　图形文件的关闭

　　关闭文件可单击"文件" > "关闭"菜单，或单击图形窗口中的关闭按钮。如果图形尚未保存，系统会给出对话框，单击"是"表示保存并关闭文件，单击"否"表示不保存并关闭文件，单击"取消"表示取消关闭文件操作。

▲ *1.6* 点、直线的绘制技巧

在学习绘制复杂图形之前，我们要学习绘制简单的图形，包括绘制点、直线、矩形、正多边形、圆、圆弧、椭圆、椭圆弧和圆环、多线、样条曲线、多段线、修订云线等基本绘图命令。

1.6.1 绘制点

下面我们学习如何设置点样式、绘制点，绘制定数等分点，绘制定距等分点。

在绘制点之前，我们先来设置点的样式及大小：

启动点的方法：

➤ 执行"格式>点样式"，如图 1-54 所示，选择需要的样式和大小，然后单击"确定"按钮。

或输入命令"DDPTYPE"；

然后绘制一个点(单点)：

执行"绘图>点>单点"；

或使用命令"POINT"，回车。

则在任意点击位置可见刚才所选的点，如图 1-55 所示。

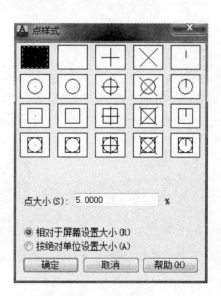

图 1-54 点样式图

在执行绘制点命令后，系统提示用户指定要绘制点的位置，可以使用键盘输入点坐标，也可用鼠标直接在屏幕上绘制点，命令执行一次后自动结束，即单点命令只可以绘制一个点。下面我们将学习如何一次绘制多个点。

➤ 绘制多个点(多点)

启动命令单击"菜单>绘图>点>多点"；

或者单击"绘图>工具栏>点"按钮；

执行"绘制多点"命令后，系统的提示与绘制单个点的提示基本相同。绘制完一个点后，系统会继续提示用户绘制其他的点，结果如图 1-56 所示，直到用户按 ESC 键结束该命令为止。

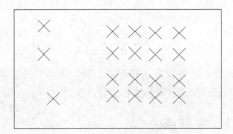

图 1-55 绘制单点　　　　　　　　　　图 1-56 绘制多点

提示

点的使用在 AutoCAD 的绘图中经常用到，尤其在等分某个图形、排列某个定义块时经常用到。

1.6.2 绘制直线

在 AutoCAD 中，直线与多点类似，是可以自动重复的命令，因此它不仅可以生成单条直线，而且可以绘制连续的折线，这可以给我们的绘图带来很多便利，下面我们绘制一条长度为 1500 的线段。

➢ 执行菜单"绘图" > "直线"

或者单击"绘图"工具栏> "直线"按钮 ，如图 1-57 所示；

或者执行命令：LINE；

按照提示，在绘图区任意位置单击鼠标左键作为直线的起点；

激活状态栏的正交模式，（F8），使直线保持水平，如图 1-58 所示。

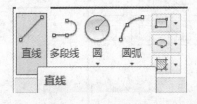

图 1-57 单击直线工具　　　　　　　　图 1-58 打开正交

单击第一点后，向右移动鼠标，然后输入直线长度为 1500，按 Enter 键，如图 1-59 所示，绘制完成，如图 1-60 所示。

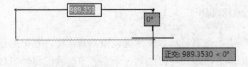

图 1-59 输入长度　　　　　　　　　　图 1-60 绘制完成

提示

单击状态栏上的"DYN"按钮，启动动态输入功能，在执行"LINE"命令后，AutoCAD 系统就会在旁边提示命令窗口"指定第一点："，同时在光标附近显示出"工具栏提示"，工具栏提示中显示出对应的 AutoCAD 提示"指定第一点:"和光标的当前坐标值，利用提示栏进行坐标确定。

1.6.3 绘制矩形

在 AutoCAD 中，矩形绘制方法很多，而且在绘图中应用也很广，利用矩形命令不仅可以绘制标准矩形，还可以通过不同的参数设置，绘制出倒角矩形和圆角矩形。

➢ 下面以绘制一个 200X200 直角矩形为例进行讲解：

输入命令"RECTANG"：（回车/空格）或单击菜单："绘图">"矩形"，如图 1-61 所示；

指定第一个角点或 [倒角(C)/标高(E)/圆角(F)/厚度(T)/宽度(W)]：200,200：（指定第一个定点位置）如图 1-62 所示；

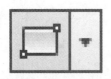

图 1-61 激活矩形　　　　　　　　　　　图 1-62 指定第一个角点

指定另一个角点或 [面积(A)/尺寸(D)/旋转(R)]：@200,400：（相对第一点位置坐标，回车/空格）如图 1-63 所示；

绘制完毕如图 1-64 所示。

图 1-63 利用坐标点指定第二个角点　　　　　图 1-64 绘制完成

1.6.4 绘制圆

圆的命令较为简单，但也较常用，绘制原理也很简单，确定圆心，输入半径即可。

系统提供了 6 种绘制圆的方法，如图 1-65 所示。根据圆心、半径或圆心与直径进行绘制；根据圆上的三点绘圆；根据直径上两点绘圆；根据与两个对象相切并指定半径绘制，根据与三个对象相切绘圆，如图 1-66 所示。下面绘制一个半径为 300 的圆。

图 1-65 使用圆心和半径绘制圆　　　　　图 1-66 绘制圆的方法

➢ 单击菜单>"绘图">"圆">"画圆选项"；

➢ 或者单击常用选项卡的"圆"按钮，选择用圆心与半径绘制圆，如图 1–67 所示；

或者执行命令"CIRCLE"；

单击鼠标左键确定圆心，并根据提示输入圆的半径为 300，回车，如图 1–68 所示。

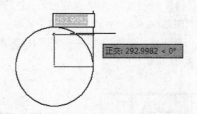

图 1-67　绘制圆命令按钮　　　　　　　　　　　图 1-68　绘制完成

1.6.5　绘制圆弧

圆弧绘制的原理和圆类似，只不过是取圆的一部分，圆弧的绘制方法较多，如图 1–69 所示。

下面我们以"三点"方法学习圆弧的绘制；

➢ 单击菜单："绘图" > "圆弧" > "圆弧选项"；

或者单击常用选项卡中的"绘图" > "圆弧"按钮；

或输入命令"ARC"，如图 1–70 所示；

根据提示在绘图区用鼠标左键点选三点，指定圆弧的起点或 [圆心(C)]:（指定圆心点）绘制圆弧；

指定圆弧的第二个点或 [圆心(C)/端点(E)]:（指定圆弧上一点）；

指定圆弧的端点:（回车/空格），如图 1–71 所示。

图 1-69　选择绘制圆弧方式

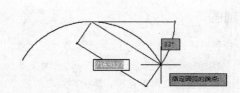

图 1-70　激活圆弧命令　　　　　　　　　　　图 1-71　绘制完成

1.6.6　绘制椭圆

椭圆的绘制是利用固定数量的长轴和短轴，而与圆本质区别就在于长轴与短轴是不等距的图形。

绘制椭圆的方法：根据椭圆某一轴上的两个端点及另一轴的半长轴值绘制椭圆；或根据椭圆中心、一轴上的一个端点和另一轴的半长绘制椭圆。

下面我们以第二个方法绘制一个椭圆：

➢ 单击菜单"绘图>椭圆>椭圆选项>圆心"；

或者单击常用选项卡中的"绘图" > "椭圆"按钮；

或者执行命令："ELLIPSE"，如图 1–72 所示；

根据提示输入椭圆中心点为 200,200，如图 1–73 所示；

根据提示输入椭圆的纵轴半径为 100，如图 1–74 所示；

根据提示输入椭圆的横轴半径为 200，回车完成绘制，如图 1–75 所示。

图 1-72　圆命令

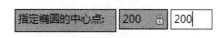

图 1-73　绘制完成

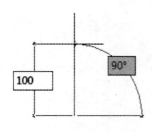

图 1-74　激活圆弧命令

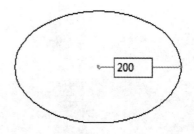

图 1-75　绘制完成

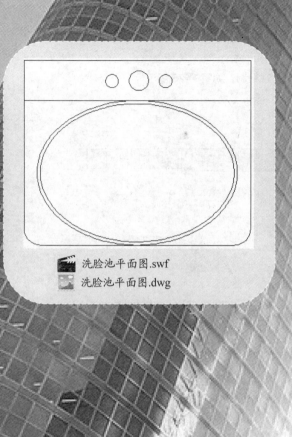

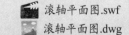
洗脸池平面图.swf
洗脸池平面图.dwg

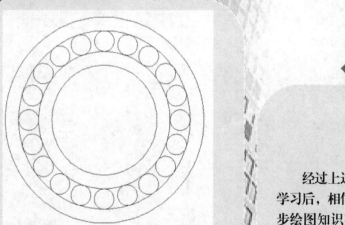
滚轴平面图.swf
滚轴平面图.dwg

自我
检测

　　经过上边对 AutoCAD 相关知识的学习后，相信你已经对 AutoCAD 的初步绘图知识有了一定的了解，接下来我们则要通过一些小练习，来学习这些工具在实际操作中的应用，相信大家经过以下几个案例的练习，一定会很快掌握简单工具的运用。

　　下边让我们一起开始 AutoCAD 的绘图吧。

自测3　洗脸池平面图

　　下面我们通过绘制洗脸池的平面图，来学习和提高绘制椭圆及倒角功能的绘图能力，在这个例子中，我们还用到了炸开的命令，要注意这个命令的用法。

使用到的命令	矩形、偏移、圆弧、椭圆、倒角
学习时间	20 分钟
视频地址	光盘\视频\第 1 章\洗脸池平面图.swf
源文件地址	光盘\源文件\第 1 章\洗脸池平面图.dwg

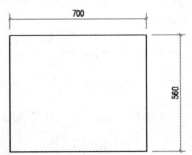

01 在空白处执行矩形命令"RECTANG"，单击第一角点，按提示输入距离 D，输入长为 700，输入宽为 580，回车，得到矩形。

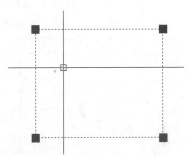

02 单击刚才绘制好的矩形，输入"X"炸开命令，回车，则矩形由一个整体变成四条线段，结果如图所示。

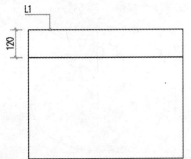

03 激活偏移命令"OFFSET"，输入偏移距离为 120，选择 L1 线段，向下单击空白处，得到偏移线段。

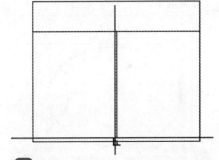

04 输入"LINE"，利用自动捕捉，从偏移线的中点处，向下做垂线，结果如图所示。

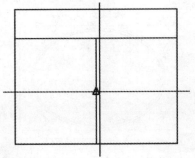

05 继续利用捕捉功能，做垂线的中线平行线，结果如图所示。

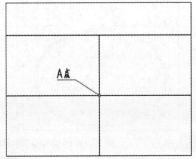

06 至此得到了两条辅助线的交点 A 点，结果如图所示。

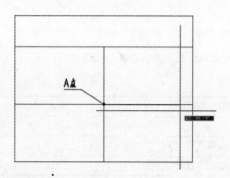

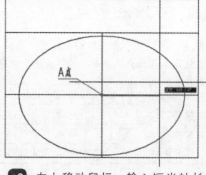

07 激活椭圆命令 "ELLIPSE",或单击 "绘图" > "椭圆" > "圆心",单击 A 点作为圆心,向右移动鼠标输入长半径为 300。

08 向上移动鼠标,输入短半轴长度为 210,回车,结果如图所示。

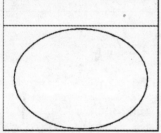

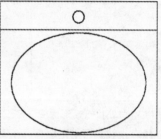

09 将两条辅助线利用 "E" 删除掉,洗脸池雏形就完成了。

10 执行 "CIRCLE" 圆命令,在椭圆上方中点处绘制一个半径为 25 的圆孔。

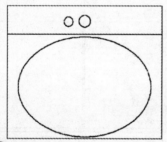

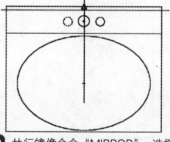

11 在圆孔左侧,继续绘制一个半径为 20 的小圆孔作为冷水管入口。

12 执行镜像命令 "MIRROR" >选择小孔为镜像对象,回车,按照提示,选择对称轴,依次单击上下直线的中点作为对称轴,回车,得到镜像圆孔。

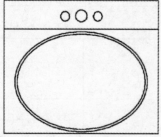

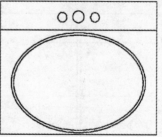

13 执行 "OFFSET" 偏移命令,将洗脸椭圆池边线向内偏移 10。

14 执行倒角命令 "FILLET",按提示输入倒角半径 R,输入半径值为 80,回车,分别单击两条线段,结果如图所示。

操作小贴士：

　　这个小自测中，使用了椭圆工具，绘制的原理是利用圆的长轴短轴变化而得到的图形，因此绘制也需要设定这两个值；倒角命令 "FILLET" 可通过设定值来使两条直角交线变成圆弧交线，但当设定半径值时，如果半径值大于直线本身长度，是无法实现的。

自测4　滚轴平面图

　　接下来我们将主要利用双线绘制简单的建筑平面底图，并通过其他几种命令，来完善平面图的构图。

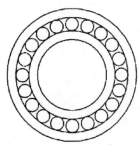

使用到的命令	圆形、阵列、剪切、删除，直线
学习时间	20 分钟
视频地址	光盘\视频\第 1 章\滚轴平面图.swf
源文件地址	光盘\源文件\第 1 章\滚轴平面图.dwg

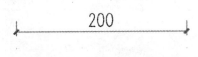

01 执行 "LINE" 命令绘制一条长为 200 的直线辅助线。

02 利用软件自带的自动捕捉功能，绘制一条一样长的中心垂直线，结果如图所示。

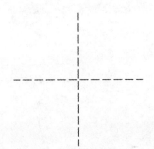

03 按组合键 "Ctrl+1" 弹出特性管理器，选中刚才的十字线辅助线后，将线性调为虚线，线性比例调为 0.1。

04 调整完成后，十字辅助线就变为上述状态。

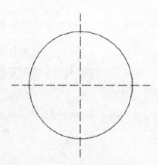

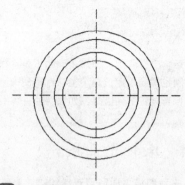

05 执行"CIRCLE"圆形命令，以十字辅助线交点为圆心，输入半径值为75，得到上图的圆。

06 激活偏移命令"OFFSET"，输入偏移值10、15、10，分别向内偏移三次，得到上图。

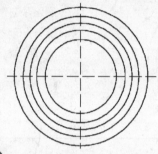

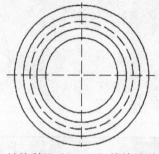

07 继续执行偏移命令，向内偏移 7.5，得到辅助弧形。

08 继续利用"Ctrl+1"快捷键弹出特性管理器，或利用特性刷"MA"，将辅助弧形变为如图所示的虚线。

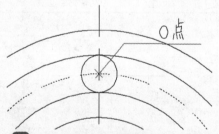

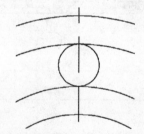

09 执行"CIRCLE"圆形命令，以交点 O 点为圆心，半径为 15 绘制圆形。

10 绘制结果如上图所示，与上下线相切。

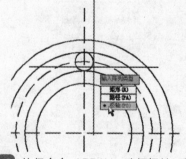

11 执行"BLOCK"定义块命令，弹出块定义对话框，选择刚才绘制的圆形，拾取点为圆心，命名为圆，单击确定按钮。

12 执行命令 ARRAY，选择极轴，单击中心点为大圆的圆心，输入总数为 20，单击确定按钮。

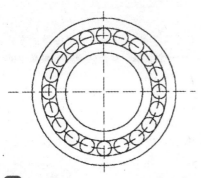 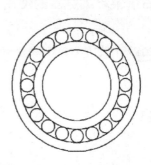

13 单击确定按钮后，小圆就排成弧形阵列，结果如上图所示。

14 删除所有虚线辅助线，则滚轴平面图绘制完毕。

操作小贴士：

这里主要用到了弧形阵列的命令，这个命令主要用在统一弧形上，阵列同一物体图形，简单方便，它主要以总角度、项目间角度（每个项目的夹角角度）及项目总数进行控制，后边会讲到详细用法，这里用到了总数及项目总角度，是较常用的一个组合，大家要学会并熟练使用。

第3个小时　常用工具及绘图技巧

经过上一个小时的学习，大家已经对 AutoCAD 2013 有了初步的认知，并且通过练习，掌握了一定的绘图技巧，接下来我们将更进一步地学习其他更加有用的绘图工具。

▲ *1.7* 常用的绘图工具

简单的操作技能，包括命令的调用、简单命令的使用、几种常见的对象选择方法等，可以让我们深入学习 AutoCAD 的制图方式，通过这些命令可以举一反三，希望大家认真学习并掌握这些命令。

1.7.1　强大的功能区选项卡

与其他计算机软件一样，单击工具栏或功能区上的命令按钮，也是一种常用、快捷的命令启动方式。通过形象而又直观的图标按钮代替 AutoCAD 的命令，是一种很直接的方式，用户只需要把光标放在命令按钮上，系统会自动提示该按钮所代表的命令，单击该按钮即可激活该命令，如图 1-76 所示。

图 1-76　功能区

1.7.2　右键菜单浏览器的使用

如图 1-77 所示，用户可对弹出的命令进行选择。右键菜单是一种常用的命令激活方式，利用 AutoCAD 2013 所提供的右键菜单的强大功能，可以展开任意一个菜单，从而快速启动菜单中的命令。

图 1-77　右键菜单栏

> **提示**
>
> 如果你习惯用右键，那么可以通过将右键设置计时性，可缩短右键反映时间，这样就可以快速确定，执行命令。

1.7.3　借助命令提示行的提示

命令行也是执行命令的重要渠道，用户只需要在命令行的输入窗口中输入要激活的命令的英文，按空格键或回车键，就可以启动该命令，如图 1-78 所示。

图 1-78　命令输入窗口

在 AutoCAD 中很多命令有子命令项目，如果用户需要其中的选项功能，可以在相应步骤提示下，在命令行输入该选项的代表字母，然后按回车键，或单击鼠标右键，在弹出的快捷菜单中启动命令的选项功能。

> **提示**
>
> 单击命令行右侧的拉条，可扩大、缩小命令行空间，对于所有的工具命令、历史记录，都可以通过观察命令提示行进行回顾，以便进行比较。

1.7.4 选择对象的快捷方法

当输入完命令后，系统会提示选择要编辑的对象，在"选择对象"提示下，用户可以选择一个对象，也可以逐个选择多个对象。下面介绍选择对象的几种方法，它们各有不同的优势和特点。

➢ 使用拾取框光标

矩形拾取框光标放在要选择对象的位置时，将亮显对象。单击以选择对象。当然还可以在"选项"对话框中的"选择集"选项卡中控制拾取框的大小，如图 1-79 所示。

➢ 选择单个对象的步骤

在输入任何命令后的"选择对象"提示下，移动矩形拾取框光标，以亮显要选择的对象，单击对象，选定的对象将亮显。按 ESC 键结束对象选择，如图 1-80 所示。

➢ 依次选择对象

在"选择对象"提示下，按住 Shift 键+空格键。尽可能接近并单击所需对象。连续单击，直到亮显所需对象，按 Enter 键选择对象。

图 1-79 "选项"对话框

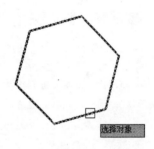

图 1-80 选择对象

➢ 一次选择多个对象

如果想同时选择多个对象，"窗口选择"是一种最常用的方法，通过指定对角点来定义矩形区域。区域背景的颜色将更改。从第一点向对角点拖动光标将确定选择的对象。从左向右拖动光标，仅可选择完全位于矩形区域中的对象，选择结果如图 1-81 所示。从右下角向左拖动光标，则可以选择矩形窗口包围的或相交的对象，结果如图 1-82 所示。

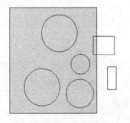

图 1-81 左窗口框选

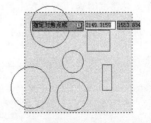

图 1-82 框选结果

第二种方法是选择"对象"时，通常图形部分被选择，整个对象都会包含在选区内。如果图形含有非连续（断线）线型的对象，选择后在视口中仅部分可见，这样则需要选定整个对象，需从右下角向左框选，则选择窗口都包含图形后，图形才会被选中。

提示

左框选适合于在较多图形中选择某一个或几个图形，而右框选适合想快速将所有图形选中时使用。

▲ *1.8* 学好 AutoCAD 2013 的方法

AutoCAD 的学习，不仅需要学习 AutoCAD 基础操作，还需要学习设计方面的知识，既要熟练掌握 AutoCAD 软件的操作，又要掌握相关的专业知识。

1.8.1 保证图形的精确性

大部分初学者在绘图过程中都会出现一些由于绘图时未按比例、未设置单位以及未进行精确绘图所造成的问题，如线与线的连接貌似闭合而实际未封闭，或线头过长，标注文字太小或过大，图形边界未封闭不能顺利完成图案填充，使用虚线线型绘制的图形却显示为实线等问题。

1.8.2 多观察，多实践

使用 AutoCAD 绘图时，不论用户采用何种输入方式，都应密切观察命令行提示信息。命令行在命令执行过程中向用户提示系统状态、操作方法、操作参数等重要的信息，用户在绘图过程可根据提示逐步完成下一步操作，应多实验每个提示命令，不但可以扩展视野，而且能加深对此命令的理解，如图 1-83 所示。

图 1-83 命令提示栏

1.8.3 用最快捷的命令激活方法

AutoCAD 中可以使用工具栏、下拉菜单、快捷键、输入命令等激活命令。初学者可先使用工具栏图标，等使用十分熟练的时候，可采取输入快捷键的方式。

1.8.4 积极练习、积累绘图技巧

作为初学者，可在认识系统界面以及掌握命令的输入方式后，先行学习一些简单的绘图命令，然后学习其他的绘图编辑方面的知识。学习 AutoCAD 是个循序渐进的过程，所以需要反复练习，尽量绘制不同特征的图形，牢固掌握 AutoCAD 的重点命令，不断在实战中进行积累。

▲ *1.9* 提高绘图效率常用的几个命令

AutoCAD 软件的强大还体现在一个图形有多种绘图方法上，如果方法得当，你的绘图效率将成倍提高，而且可提高精准性。

1.9.1　定数等分及定距等分

下面利用刚才学过的绘制点命令，通过将圆等分为 10 份，来学习"定数等分"命令的使用方法和操作技巧。

➢ 选择"格式" > "点样式"，将当前点样式设置为如图 1-84 所示；

输入 CIRCLE，点击圆心，输入半径为 300，回车，如图 1-85 所示；

图 1-84　选取点样式

图 1-85　绘制任一圆形

启动方法：　"绘图" >"点">"定数等分"，如图 1-86 所示；

输入命令：　"DIVIDE"；

选择要定数等分的对象:（选择圆形）；

输入线段数目或 [块(B)]: 10（空格/回车）；

等分结果如图 1-87 所示。

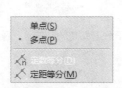

图 1-86　选取点样式

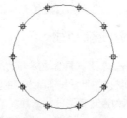

图 1-87　绘制任一圆形

提示

　　"定数等分的对象"可以是直线、圆、圆弧、多段线和样条曲线等，但不能是块、尺寸标注、文本及剖面线。DIVIDE 命令一次只能等分一个对象。DIVIDE 命令最多只能将一个对象分为 32 767 份。因此不必担心等分数量超过系统默认数字。

➢ 定距等分点

下面我们来学习"定距等分"命令的使用方法和操作技巧。

➢ 执行"LINE"，单击任一一点，输入长度为 900，回车，如图 1-88 所示；

选择"格式" > "点样式"，将当前点样式设置为如图 1-89 所示；

启动方法：　"菜单>绘图>点>定距等分"；

或输入命令"MEASURE"，如图 1-90 所示；

选择要定距等分的对象:（选择直线）；
指定线段长度或 [块(B)]:(B 回车/空格)；
输入线段长度：（150 回车/空格）；
等分结果如图 1-91 所示。

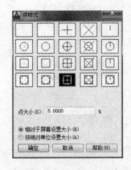

图 1-88　选取点样式　　　　　　图 1-89　"点样式"对话框

图 1-90　选取点样式　　　　　　图 1-91　绘制任一圆形

> **提示**
>
> 定距等分命令不能为块、尺寸标注、文本及剖面线等图形进行等分，如果执行对象总长度与等分的点样式间隔不能整除，则最后一段间距将小于指定间距。

1.9.2　绘制构造线辅助线

构造线可以绘制成水平、垂直或成一定角度。还可以绘制平分已知角的构造线、平行构造线。构造线是一种没有始点和终点的无限长辅助线，主要用于帮助做平行线、垂线等。

如图 1-92 所示为通过矩形的构造线。

➤ 激活方式：输入"XLINE"，或单击绘图工具栏中的构造线命令，提示行提示。

1.9.3　绘制射线辅助线

射线是只有一个起始点并延伸到无穷远的辅助直线。

➤ 启动矩形的方法：

菜单：输入命令："RAY"，如图 1-93 所示。

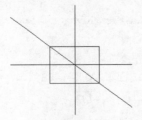

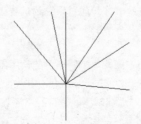

图 1-92　绘制的构造线　　　　　　图 1-93　绘制同点射线

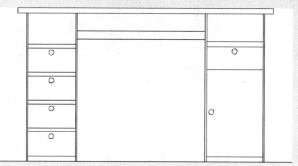

计算机桌立面图.swf

计算机桌立面图.dwg

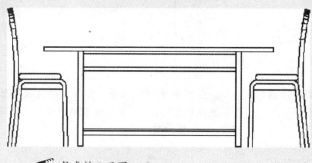

餐桌椅立面图.swf

餐桌椅立面图.dwg

自我检测

一些看似复杂的漂亮图案，其实经过一步步的分解、组合，变得简单、清晰起来，利用上边我们教给大家的一些命令工具，就可以绘制一些看似复杂的图形，接下来我们的案例会稍微复杂一些，但只要细心，相信大家都可以做出来。

请大家在绘图之前，自己思考一下，如果自己动手，如何进行绘制，看自己是否能够独立完成。

绘制铺装图案.swf

绘制铺装图案.dwg

自测5 计算机桌立面图

接下来我们将通过计算机桌的绘制过程，继续复习之前学过的命令，并通过本例，锻炼大家综合使用这些命令的能力。

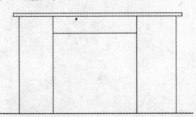
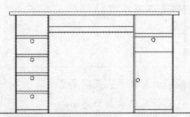

使用到的命令	直线、偏移、圆弧、剪切、删除
学习时间	20 分钟
视频地址	光盘\视频\第 1 章\计算机桌立面图.swf
源文件地址	光盘\源文件\第 1 章\计算机桌立面图.dwg

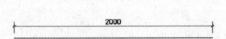

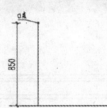

01 执行"LINE"直线命令，从左向右绘制一条水平长为 2000 的直线，结果如上图所示。

02 继续执行"LINE"命令，从直线靠左侧的地方垂直向上做一条长为 850 的垂线，得到顶点 a，结果如图所示。

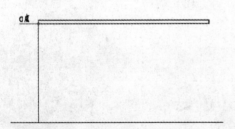

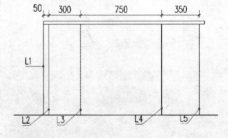

03 启动"RECTANG"矩形命令，点击第一个角度 a 点，按照提示输入尺寸 D，输入长度为 1500，空格，宽度为 30，空格，矩形桌面绘制完成。

04 执行"OFFSET"偏移命令，输入距离 50，回车，选择垂线 L1，向右侧空白处点击，则得到垂线 L2。

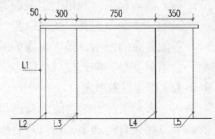

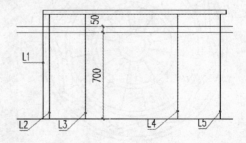

05 按照上一步骤按空格键，继续偏移命令，依次将 L2 向右偏移 300、750、350，结果如上图所示。

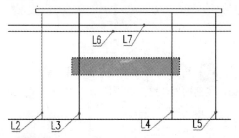

06 接着将最下边的直线向上分别偏移700、50，得到上图。

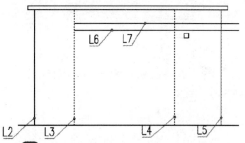

07 执行"TRIM"修剪命令，选择 L3、L4 为修剪对象，选择结果如上图所示。

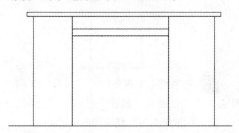

08 选择完修剪对象后，依次选择要修剪掉的 L6、L7 两侧的线段，如上图所示。

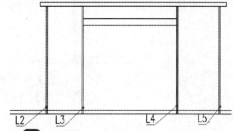

09 修建完毕后，整体计算机桌的轮廓就完成了，结果如上图所示。

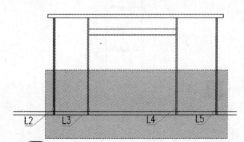

10 继续执行"OFFSET"偏移命令，将L2、L3、L4、L5，分别向内侧偏移 10，将底线向上偏移30，结果如图所示。

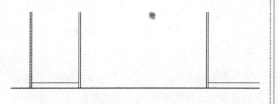

11 执行"TRIM"修剪命令，从右下角向左上角选择 L2、L3、L4、L5 为修剪对象，结果如上图所示。

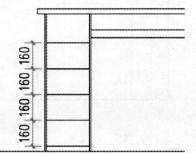

12 将刚刚偏移得到的内线两侧的多余线段都依次剪切掉，桌脚就画好了，结果如图所示。

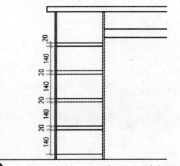

13 执行"OFFSET"偏移命令，将左侧抽屉底线向上偏移 160，结果如上图所示。

14 再将四个抽屉上线，分别向下偏移20，则抽屉的分割线绘制完毕，结果如图所示。

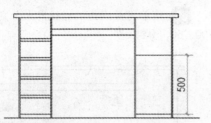

15 将右侧主机箱底线向上偏移 500，得到主机箱上线。

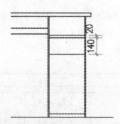

16 再将主机箱上线向上分别偏移 140、20，得到抽屉，结果如图所示。

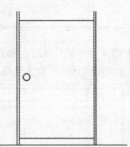

17 执行 "CIRCLE" 圆命令，在主机箱左侧适当位置选择圆心位置，输入半径值为 15，把手绘制完成。

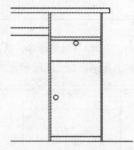

18 将刚刚绘制得到的把手利用 "COPY" 复制命令，或点击 "修改" 栏中的 "复制" 按钮，复制到抽屉上方，结果如图所示。

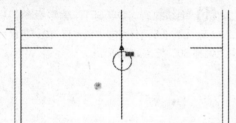

19 继续执行 "COPY" 复制命令，以抽屉的上线中点为复制基点，复制把手。

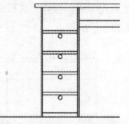

20 将把手依次复制，点击左侧四个抽屉的下线中点位置，则抽屉把手都绘制完毕，结果如图所示。

21 点击计算机桌地平线，按组合键 "Ctrl+1" 弹出特性管理器，调整 "全局宽度" 为 15。

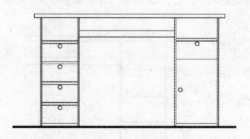

22 至此计算机桌正立面图就绘制完成了，结果如图所示。

自测6 餐桌椅立面图

下面我们通过绘制餐桌椅的立面图，来继续复习，提升如何使用直线、多段线、弧形等基本命令的使用方法，同时使用各种修改编辑工具对图形进行进一步的编辑、修改。

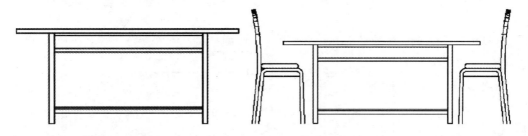

使用到的命令	多段线、剪切、删除，矩形、直线、镜面对称
学习时间	20 分钟
视频地址	光盘\视频\第 1 章\餐桌椅立面图.swf
源文件地址	光盘\源文件\第 1 章\餐桌椅立面图.dwg

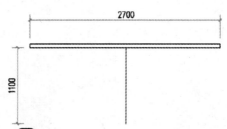

01 执行"RECTANG"矩形命令，指定任意一点，输入尺寸（D），长为 2700，宽为 50，结果如上图所示。

02 利用自动捕捉功能，捕捉桌面下方的中点，绘制一条长为 1100 的中垂线辅助线。

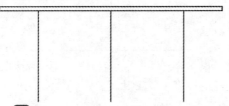

03 执行"OFFSET"偏移命令，输入距离 880，将中线向两侧分别偏移，选择中线，向两侧空白处点击，结果如上图所示。

04 重复上述命令，再次将得到的线向两侧偏移 45，得到桌腿。

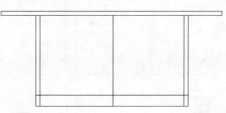

05 执行"LINE"命令，连接两侧桌腿，结果如上图所示。

06 将桌腿向上利用"OFFSET"命令，偏移 130，得到上图。

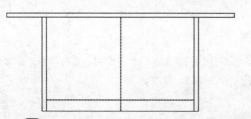

07 执行"TRIM"修剪命令，选择桌腿内侧线段，空格，选择要剪切的线段，结果如上图所示。

08 利用偏移命令，再次向上偏移 45、22，得到桌腿横档。

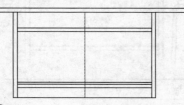

09 继续执行"OFFSET"偏移命令，输入距离650、45，向上偏移两次，得到桌面横档。

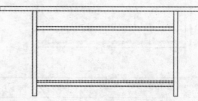

10 执行"TRIM"命令将桌底的底线进行如上图一样的修剪，再利用"E"删除命令，将中心垂线删除，得到餐桌。

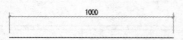

11 执行"LINE"直线命令，绘制一条长1000的线段，结果如上图所示。

12 执行"OFFSET"命令，向上偏移600，做椅子面的辅助线。

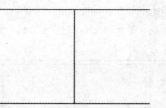

13 执行"LINE"命令，绘制中垂线辅助线，结果如上图所示。

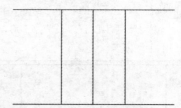

14 将桌腿向上利用"OFFSET"命令向两侧各偏移200，得到上图。

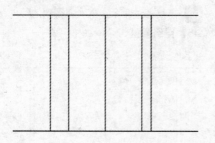

15 执行"OFFSET"偏移命令，将刚才得到的偏移线左侧线向左再次偏移 110，右侧线向右偏移50，结果如上图所示。

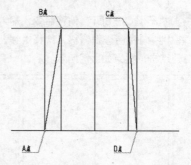

16 执行"PLINE"命令，依照上图所示的A、B、C、D，依次连接，得到上图。

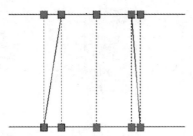

17 选中上述步骤得到的辅助线，执行"E"删除命令。

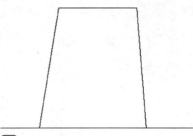

18 将各辅助线删除后，得到椅子的轮廓线。

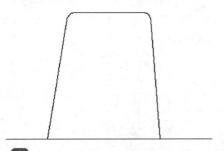

19 执行"FILLET"圆角命令，输入半径（R），指定圆角半径（40），分别选择第一个边和第二个边，结果如上图所示。

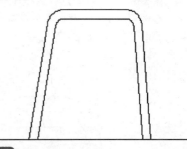

20 再执行偏移命令，将刚才得到的线向外偏移45，得到椅子腿轮廓线。

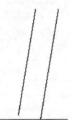

21 偏移后，会得到上图，椅子腿外轮廓线与地平线不连接，需要执行"EXTEND"延长命令。

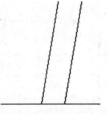

22 激活"EX"命令，选择目标线（地平线），回车确定，选择椅子线，则得到上图，另一侧同理完成。

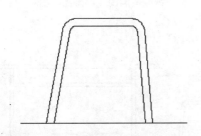

23 完成以上步骤，就得到上图所示的椅子的座椅部分，接下来完成椅子靠背和坐垫的绘制。

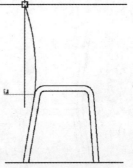

24 执行"PLINE"多段线命令，点击上图E 点为第一点，输入弧线（A），输入第二点（S），依照上图点击靠背第二点，点击第三点，得到弧形靠背。

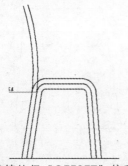

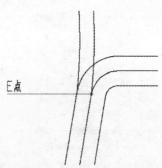

25 继续执行"OFFSET"偏移命令，将刚刚得到的靠背线及座椅线向外偏移 45，得到上图。

26 此时会有上图所示的交叉的地方，需要执行"TRIM"命令，选择图形，点击不需要的线段进行剪切。

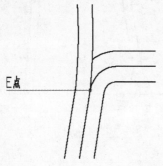

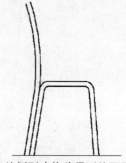

27 剪切完毕得到上图。

28 将外侧刚才偏移得到的不需要的椅子外轮廓线删除后，得到上图。

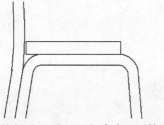

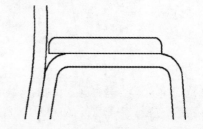

29 执行"RECTANG"命令，以椅子前端为起点，输入尺寸（D），长宽分别为 400、50，得到坐垫。

30 执行"FILLET"圆角命令，半径设为25，分别将坐垫两侧倒角，得到上图。

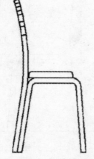

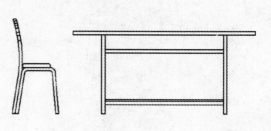

31 执行"LINE"直线命令，依照上图，在座椅靠背处绘制多条纹路线段，使之更加逼真。

32 将绘制好的椅子利用"MOVE"移动命令，移动至桌子附近。

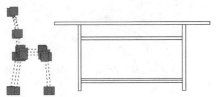

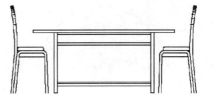

33 继续利用 "MOVE" 移动命令，移动椅子到与桌子一样水平地面的适当位置。

34 执行 "MIRROR" 镜像命令，选择椅子为镜像对象，以桌面的中点连线为对称轴，按照提示选择否，不删除源对象，回车，得到最终餐桌图。

操作小贴士：

本例需要用到的工具命令较多，如最后用到的镜像命令，在绘图过程中较为常用，而且很重要，选取对称轴是本命令的关键点，有时由于绘制直线时，将直线分为两段，导致中心点偏移，这时我们就无法准确捕捉真正的中心对称轴为镜像对称轴，因此要仔细观察中点是否为我们需要的中心对称轴上的点，这点很重要。

自测7　绘制铺装图案

接下来的小自测主要用到的是弧形，通过圆形、弧形及直线的综合运用，来创造出变化多端的美丽铺装图案。

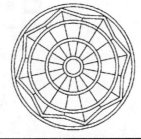

使用到的命令	多段线、剪切、删除，矩形、直线、镜面对称
学习时间	20 分钟
视频地址	光盘\视频\第 1 章\绘制铺装图案.swf
源文件地址	光盘\源文件\第 1 章\绘制铺装图案.dwg

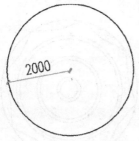

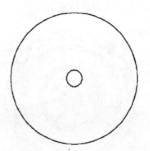

01 执行 "CIRCLE" 圆形命令，任意点击一点作为圆心，输入半径为 2000，得到圆形。

02 继续执行 "CIRCLE" 圆形命令，以刚才圆的圆心作为圆心，点击圆心，输入半径为250，得到同心圆。

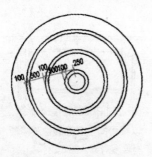

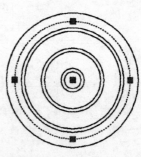

03 执行 "OFFSET" 偏移命令，将小圆分别向外偏移 100、500、100、500、100，得到多个同心圆。

04 将最后得到的圆再次向外偏移 200，得到的是辅助圆形。

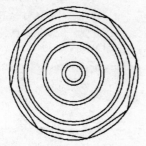

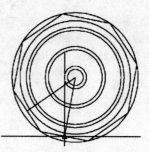

05 执行 "OLYGON" 多边形命令，输入边数（8），指定中心点为同心圆的圆心，选择内切与圆（I），指定半径为 2000，得到八边形，如图所示。

06 执行 "LINE" 命令，从圆心出发，做八边形各直线的垂线段，如图所示。

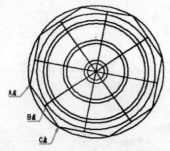

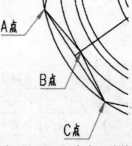

07 绘制完各条垂线后，如图所示，我们将以左下角三个点为例进行绘制。

08 执行 "PLINE" 命令，连接 A、B、C 三点，注意 B 点是垂线与辅助圆的交点，结果如图所示。

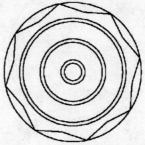

09 按照上述步骤，依次连接各交点，绘制结果如图所示。

10 利用 "E" 删除多余的辅助线，结果如图所示。

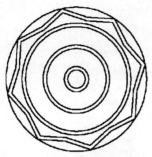

11 执行 "OFFSET" 偏移命令，将上步得到的折型线段向内偏移 100，得到上图。

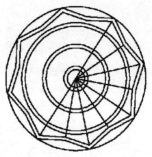

12 执行 "LINE" 命令，依照上图连接各点和圆心。

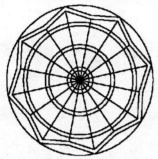

13 执行 "MIRROR" 镜像命令，将刚才绘制的连线，选择以中心直径为对称轴进行镜像，得到上图。

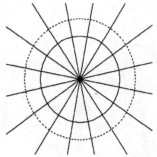

14 利用 "TRIM" 修剪命令，将中心外圆选择为剪切的线。

15 执行完修剪命令后，得到上图，内圆为空白的圆形。

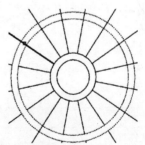

16 继续重复执行剪切命令 "TRIM"，依次将外圆作为修剪的基线。对间隔 100 的同心圆内线进行剪切。

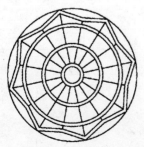

17 对图形进行完剪切以后，结果如上图所示。

18 最后将最外侧圆向外偏移 100，得到上图，至此铺装分割图就绘制完毕了。

操作小贴士：

这个自测中使用的工具较为简单，都是之前我们学习过的，在此通过不同的绘图形式，进行复习、提高。本例主要通过不同的绘图方式，利用简单工具，绘制漂亮、复杂的图形，以得到能力的提高。

自 我 评 价

通过以上一些实例的练习，使我们深深地感觉到 AutoCAD 2013 的强大，相信大家通过学习，一定也收获颇多，经过大家的不懈努力，相信在不远的将来，你们都能成为 AutoCAD 的制图高手。

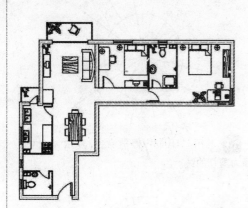
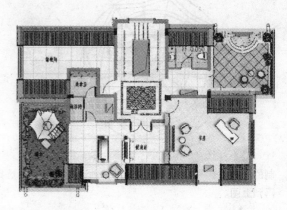

总 结 扩 展

在上面的几个实例中主要介绍了 AutoCAD 基础知识，以及简单的绘制工具命令，对于不同的命令，具体要求如下表：

	了　解	理　解	精　通
"文件管理"		√	
"点、直线"工具			√
"矩形、圆"工具			√
"弧形、椭圆"工具			√
"倒角、镜像"工具		√	
定距等分、定数等分			√

对于 AutoCAD 软件的基础知识，大家做到理解即可，在后边我们会慢慢深入地进行讲解，而今天学到的命令工具，则希望大家反复练习、尽可能掌握其快捷命令，接下来我们将要学习图形编辑、修改的应用方法和技巧，准备好了吗？让我们一起出发吧！

第2章

平面编辑

——二维平面图的编辑与修改

　　二维平面 CAD 图形，可以说在整个 AutoCAD 2013 软件绘图中，占了举足轻重的地位，因为它不仅通过本身传递着巨量的图形信息，同时更是三维模型建立的基础。

　　本章将对如何绘制、编辑、修改二维平面的主要工具进行讲解、学习。

学习目的：	掌握 AutoCAD 的基本二维编辑命令
知识点：	多种 AutoCAD 工程编辑命令
学习时间：	3小时

怎样的 CAD 制图才是合格的图样?

　　清晰、准确、高效是 CAD 软件使用的三个基本点。我们要表达的东西必须达到这三点要求，好的图样，看上去一目了然。一眼看上去，就能分得清哪是墙、哪是窗、哪是留洞、哪是管线、哪是设备，尺寸标注、文字说明等清清楚楚，互不重叠。

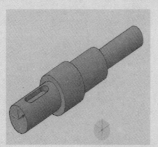

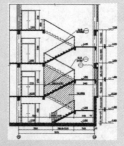

设计精确的 CAD 制图效果

CAD 图层有何强大功能?

图层在图样绘制中扮演了重要的角色,合理利用图层,可以事半功倍。不同类型设置不同图层,这样做的好处是:在修改时,很方便地提取某一层内容进行单独修改,同时在打印时也分别设置粗度、深度,较为方便。

如何使用图层中的颜色工具

图层的颜色定义要注意两点,一是不同的图层一般来说要用不同的颜色。我们在画图时,才能够在颜色上很明显地进行区分。如果两个层是同一个颜色,那么在显示时,就很难判断正在操作的图元是在哪一个层上。

目标捕捉的强大作用

在大量的图样同时运行的时候,准确捕捉到目标点显得非常便捷。这个功能可以设置很多种不同的捕捉类型,包括端点、中点、交点等。通过系统自带的不同点的、不同形状的标志,让大家很容易找到目标点,非常高效、便捷。

第4个小时 AutoCAD二维图形的编辑

在 AutoCAD 的绘图过程中,不仅需要我们进行绘制,更重要的部分则是对图形的编辑、修改,以达到我们绘制的最终目的。编辑图形用到很多编辑命令,下面我们来一一认识、学习这些得力的助手。

▲2.1 图形编辑工具

2.1.1 移动图形

图形的移动,需要改变图形位移,使图形按照设计人员指定的路线进行移动,下面我们通过移动物体来讲解其使用方法。

➢ 选择菜单栏"修改>移动";
或在命令行中输入 MOVE/M;
或单击修改工具栏的移动按钮;
根据提示,选择矩形为要移动的图形,如图 2-1 所示;
根据提示"指定基点",如图 2-2 所示。指定端点为移动基点,目标点为第二点;
鼠标向右移动的同时,输入移动距离为 300 后,回车,则矩形在原有基础上向右移动 300,如图 2-3 所示;
完成移动。

图 2-1 工具栏中的移动按钮

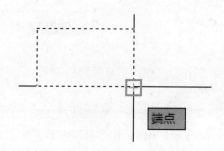

图 2-2 捕捉移动基点

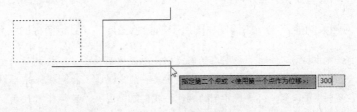

图 2-3　输入移动距离

提示

图形可向任何方向进行移动，同时可以输入特定距离进行定值移动，基准点可以选择物体中点、交点、圆心等。

2.1.2　旋转图形

旋转图形，即让图形按照一定选择点，选择一定角度。

➢ 下面介绍使用方法

执行“修改”>“旋转”命令，或输入 ROTATE/RO，回车；

根据提示选择矩形后，回车，如图 2–4 所示；

根据提示选择要旋转的基点：右角点，如图 2–5 所示；

提示栏提示：指定旋转角度或【复制（C）/参照（R）】：输入（C），回车；

提示栏提示：指定旋转角度或【复制（C）/参照（R）】：则可输入角度如（–45），如图 2–6 所示；

回车后，得到如图 2–7 所示的图。

图 2-4　选择图形

图 2-5　选择旋转基点

图 2-6　原始图像

图 2-7　旋转后的效果

提示

执行命令后，根据提示，如果要保留原有图形，则选择（C）复制，如果不需要保留，则输入（R）参照；同时请注意：顺时针旋转，角度为负数，逆时针旋转，角度为正数。

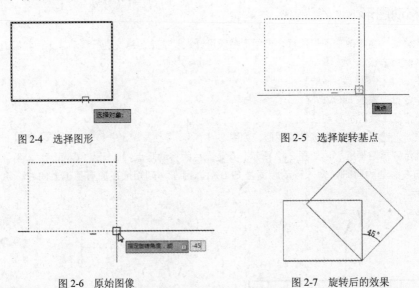

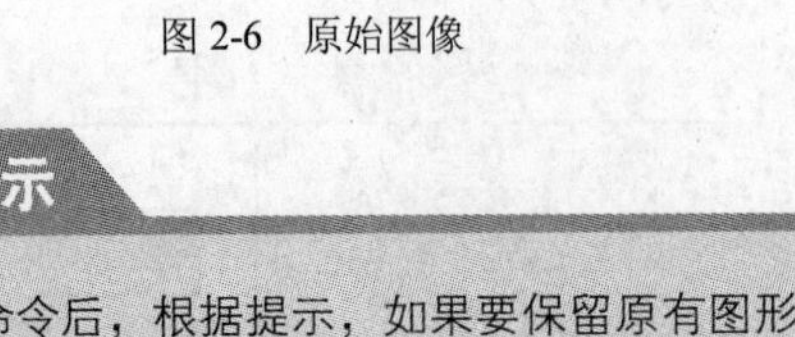

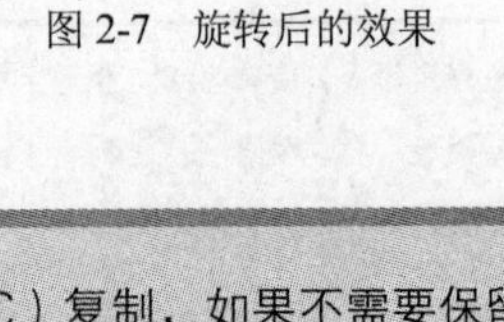

2.1.3 图形删除

➤ 通过选择"修改" > "删除"命令；

或单击删除按钮；

或在命令行中输入"ERASE/E"来执行；

选择删除命令后，此时屏幕上的十字光标将变为一个拾取框，选择需要删除的对象，回车。如图2-8、图2-9和图2-10所示。

另外也可以使用剪切到剪贴板的方法将对象删除。

提示

连续敲击空格键后，可连续执行删除命令，适合在比较复杂的图形中删除个别图元素时使用。

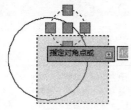
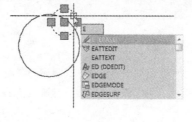

图 2-8　选择小圆　　　　图 2-9　执行删除命令　　　　图 2-10　删除后的效果

2.1.4 拉伸图形

拉伸命令可以拉伸对象中选定的部分，而没有选定的部分保持不变，可局部改变图形特征。

执行"修改" > "拉伸"命令；或单击快速启动栏中的"修改"中的"拉伸"按钮；或在命令行中输入 STRETH/S，如图 2-11 所示。

图 2-11　拉伸工具

要进行拉伸的对象必须用交叉窗口或交叉多边形的方式来进行选取。

➤ 下面我们通过移动物体来讲解其使用方法。

执行"修改" > "拉伸"命令，从右下角往左上角框选 B 点和 C 点，如图 2-12 所示；

选择拉伸的基点：一般选择中点，如图 2-13 所示；

鼠标向右移动的同时，输入拉伸距离：如 150，如图 2-14 所示；

回车后，得到图 2-15 所示，E 点和 F 点为拉伸 150 后的矩形新角点。

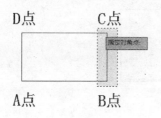
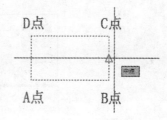

图 2-12　原始图像　　　　　　　图 2-13　选择拉伸基点

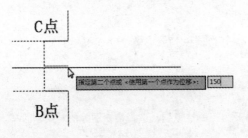

图 2-14　输入拉伸距离

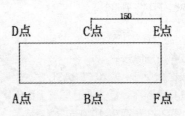

图 2-15　拉伸后的效果

提示

　　使用拉伸命令时，图形选择窗口外的部分不会有任何改变；图形选择窗口内的部分会随图形选择窗口移动而移动，但也不会有形状的改变，如果所选择的图形对象完全处于选择框时，则拉伸的结果只能是图形对象的整体移动。

2.1.5　图形延伸

　　延伸命令，可以将直线、射线、圆弧、椭圆弧、非封闭的多段线延伸至指定的直线、射线、圆弧、椭圆弧、多段线、构造线和区域上。

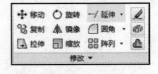

图 2-16　延伸工具

　　执行方式：选择"修改>延伸"命令，如图 2-16 所示；

　　或单击工具面板上的延伸按钮；

　　或在命令行中输入 EXTENDS/EX。

　　首先指定直线 1 为延伸边界，再选择另外三条直线为延伸对象，结果如图 2-17 和图 2-18 所示。

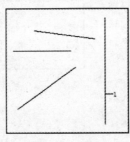

图 2-17　原始图像

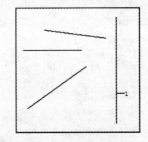

图 2-18　延伸后效果

2.1.6　修剪图形

　　修剪图形可以将对象在某一边界一侧的部分剪切掉，修剪工具栏如图 2-19 所示。

图 2-19　修剪工具栏

➤ 执行"修改" > "修剪"命令，或在命令行中输入"TRIM/TR"，从右下角往左上角选择小圆和两条半径线，回车，结果如图 2-20 所示。

在线变为虚线后，则可以选择要删除的线段，点击两条小圆内的半径线，结果如图 2-21 所示。

最终的结果如图 2-22 所示。

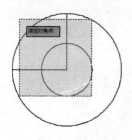

图 2-20　选择对象

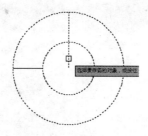

图 2-21　修剪中的效果

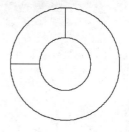

图 2-22　修剪后的效果图

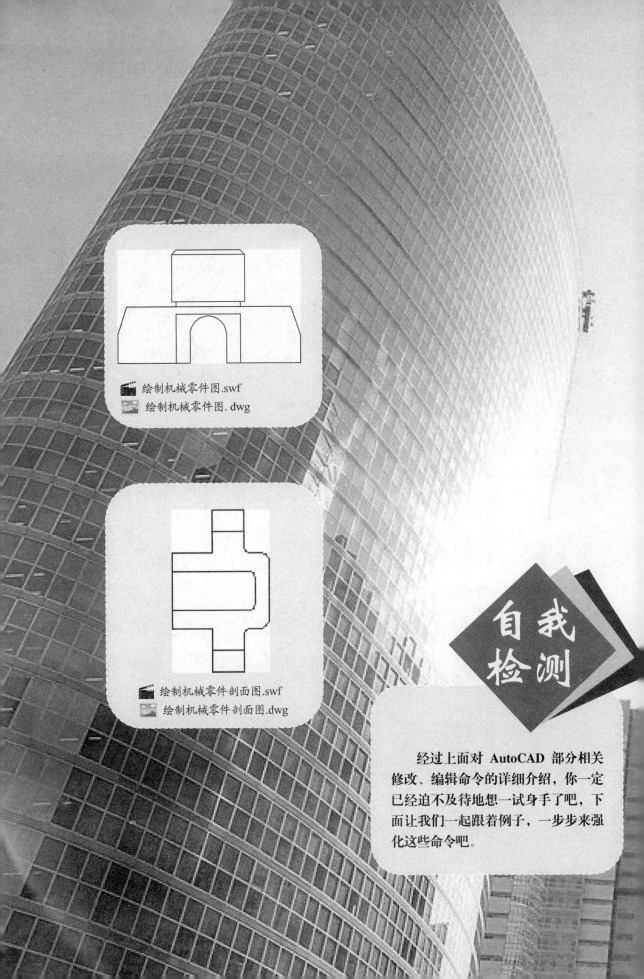

绘制机械零件图.swf

绘制机械零件图.dwg

绘制机械零件剖面图.swf

绘制机械零件剖面图.dwg

自我检测

经过上面对 **AutoCAD** 部分相关修改、编辑命令的详细介绍，你一定已经迫不及待地想一试身手了吧，下面让我们一起跟着例子，一步步来强化这些命令吧。

自测8 绘制机械零件图

通过这个自测，我们可以学习栅格的设置及使用，如何打开、关闭及按照所绘图形进行特殊的栅格设置，并通过这个自测，继续复习之前我们学过的命令。

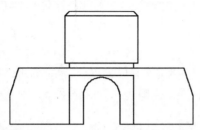

使用到的命令	栅格设置、多段线、剪切、删除、直线
学习时间	30 分钟
视频地址	光盘\视频\第 1 章\绘制机械零件图.swf
源文件地址	光盘\源文件\第 1 章\绘制机械零件图.dwg

01 执行"工具>绘图设置"命令，弹出草图设置对话框，单击"捕捉与栅格"选项卡，按照上面的数字进行设置，完成后单击确定按钮。

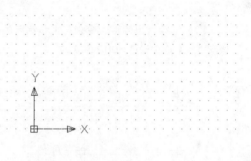

02 单击确定按钮后，空白图纸就会显示出如图所示的栅格，我们可以借助栅格进行水平、竖直方向的绘制。

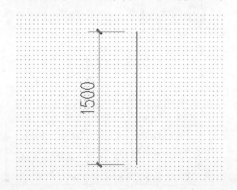

03 执行"LINE"直线命令，按照栅格的垂直方向，绘制一条 1500 长的线段。

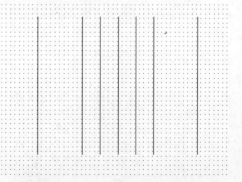

04 继续执行"OFFSET"偏移命令，选择刚才的中线，向两侧分别偏移 200，200，500，得到上图。

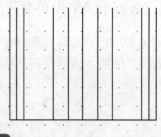

05 继续执行偏移命令，将最外侧的两条线段分别向两侧偏移 100，得到上图。

06 利用直线命令，连接最底边的线段两端。

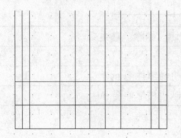

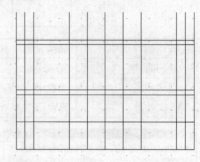

07 继续利用偏移命令，将上步绘制的横向连接线向上偏移 300、300。

08 再次向上偏移 50、500、50，得到上图。

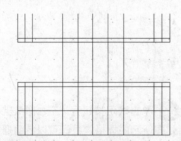

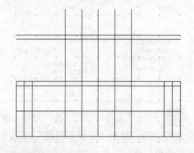

09 执行 "TRIM" 修剪命令，从右下角向左上角将图形全部选择后，依照上图进行修剪。

10 重复 "修剪" 命令，得到上图所示的图形。

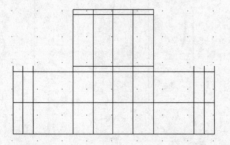

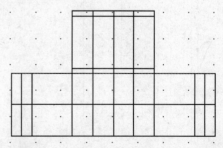

11 利用 "剪切" 命令，按照上图所示进行修剪，得到零件的上半部分。

12 将两侧多余的线段进行修剪，则整体零件的轮廓绘制完毕。

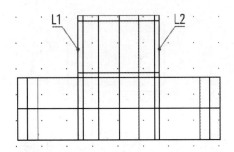

13 将直线 L1、L2 分别向内侧偏移 50，得到上图所示的结果。

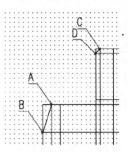

14 执行直线命令，依照上图所示的点，将 A,B 和 C,D 分别连接，并将右侧也同样连接。

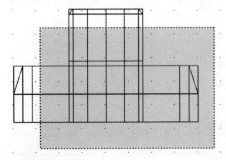

15 执行 "TRIM" 修剪命令，从右下角向左上角选择图形。

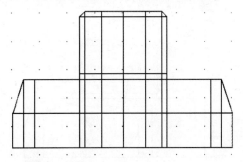

16 将图形的四个角分别按照上图进行修剪，结果如图所示。

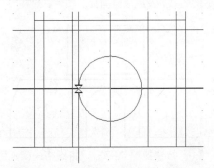

17 激活 "CIRCLE" 圆命令，以下侧中心交点为圆心，半径为 200，绘制圆形。

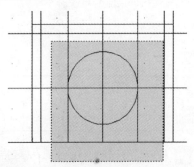

18 执行 "TRIM" 修剪命令，从右下角向左上角选择圆形及周边线段。

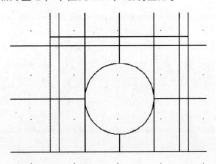

19 将圆修剪完毕后，结果如图所示。

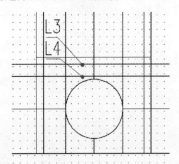

20 将上图所示的直线 L3 向下偏移 80，得到 L4。

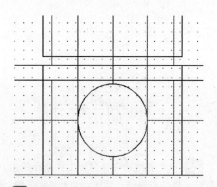 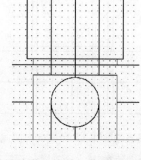

21 执行修剪命令，将圆上方的两侧线段进行修剪。

22 继续进行修剪，将不需要的线段都修剪掉。

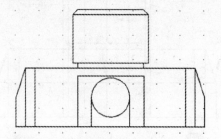 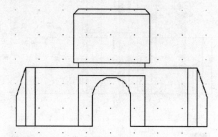

23 将整理后的图形进行清理，得到上图。零件的基础图形就绘制完成了。

24 继续执行修剪命令，按照上图，将圆形下侧的弧形及线段修剪掉。

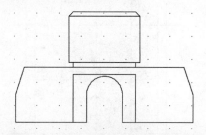 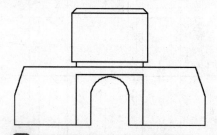

25 将内侧两条辅助线段删除，得到完整的机械图形。

26 按快捷键"F7"，将栅格关闭，图形绘制完成。

操作小贴士：

　　通过这个自测，我们主要学习了如果对栅格进行打开、设置、关闭。通过栅格，我们可以依据指定的尺寸进行绘图，可以省去计算尺寸的步骤，而且也可以绘制垂直、水平的线段。当然这只是一个辅助工具，如何使用，以及是否使用，都要根据自己绘图的习惯和所绘图形的性质而定。

自测9　绘制机械零件剖面图

　　零件的绘制通常包括平面、立面及相关节点的剖面和断面图，这里我们给大家介绍的这个简单小例子是零件的剖面图，下面让我们一起来复习几种常用的命令工具。

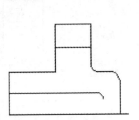 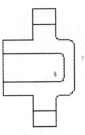

使用到的命令	图层管理器、多段线、偏移、捕捉、剪切
学习时间	30 分钟
视频地址	光盘\视频\第 1 章\绘制机械零件剖面图.swf
源文件地址	光盘\源文件\第 1 章\绘制机械零件剖面图.dwg

01 首先绘制辅助线，在命令行中执行"L"命令，打开极轴追踪按钮，绘制一条长为 100 的水平直线。

02 执行"SE"命令，打开"草图设置"对话框，激活"对象捕捉"选项卡，勾选"端点"、"中点"、"交点"。

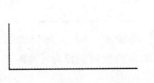 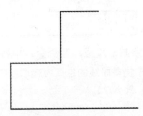

03 绘制零件外轮廓，在命令行中执行"PL"多段线命令，根据命令行提示，捕捉直线的左端点作为直线的起点，向上移动鼠标，输入35。

04 向右移动鼠标，输入 39，向上再移动鼠标，输入 39，向右移动鼠标，输入 30，回车结束命令。

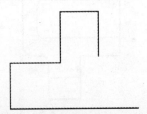 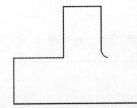

05 按空格键重复"PL"命令，配合捕捉与追踪功能，完善外轮廓，捕捉多段线的右上角端点，作为多段线的起点，光标向下引出极轴追踪线，输入34。

06 利用多段线的附属命令绘制弧形，再输入"A"，激活圆弧选项，输入圆弧端点的相对坐标为（@5,−5），结果如图所示。

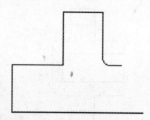

07 输入"PL",激活多段线选项,光标向右引出极轴追踪线,输入9。

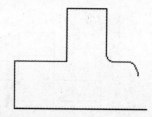

08 紧接着再输入"A",激活圆弧选项,输入圆弧端点的相对坐标为(@10,−10),结果如图所示。

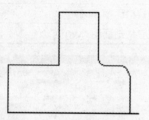

09 再输入"L",激活直线选项,光标向下引出极轴追踪线,捕捉追踪线与辅助线的垂足点,回车结束命令。

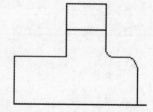

10 执行"L"命令,以竖直线中点处作为直线第一点,向右引出极轴追踪线,在追踪线与直线的垂足处,单击鼠标,确定直线第二点。

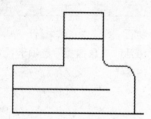

11 绘制多段线,在命令行中执行 PL 命令,指定左侧多段线的中点为起点,向右引出极轴追踪线,输入74。

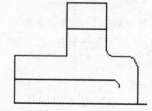

12 再输入"A",激活圆弧选项,输入圆弧端点的相对坐标为(@5,−5),结果如图所示。

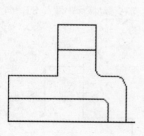

13 再输入"L",激活直线选项,光标向下引出极轴追踪线,至水平直线的交点处,单击鼠标,回车结束命令。

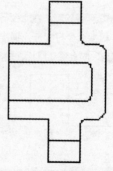

14 执行"MI"镜像命令,选择绘制的图形,指定镜像第一点,指定第二点,命令行提示是否删除源对象,回车选择(否),零件剖面图绘制完成。

操作小贴士：

　　使用"多段线"工具绘制的直线，是一条连接完整的直线，而使用"LINE"命令绘制的直线，则是被分开的若干条直线。

第5个小时　AutoCAD图层管理器

　　经过上一小时的学习，大家对 AutoCAD 编辑命令工具是否有了更深刻的认识呢，对于这些工具，大家不仅要学会每一个工具的使用方法，而且要学会融会贯通，互相综合运用，才能得到最好的效果。接下来我们学习图层管理器的用法。

▲2.2　图层管理器的设置

　　图层的使用是设计师对图形管理、组织非常有利的工具，通过对图层、颜色、线型和线宽的设置，可以从多个角度将复杂图形区分、归类，可以大大提高绘图效率。

2.2.1　建立新图层

➢ 建立新图层
新建空白文件，单击快速启动栏中的"图层"中的"图层特性"按钮；
执行菜单栏中的"格式" > "图层"命令；
或在命令行中输入 LAYER/LA。
打开如图 2-23 所示的图层特性管理器。

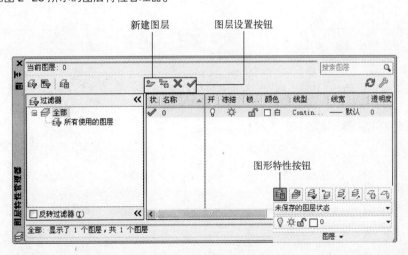

图 2-23　图层特性管理器

　　单击"新建图层"按钮，弹出如图 2-24 所示的新建图层对话框，修改"图层 1"名称为"实线"，如图 2-25 所示为更换图层名字。
➢ 单击"新建图层"按钮或按"Ctrl+N"组合键，创建另一个图层，并命名为"虚线"图层。

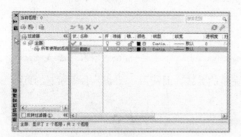

图 2-24　新建图层

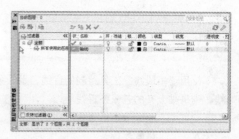

图 2-25　更换图层名字

2.2.2　颜色、线型与线宽

调动颜色选项，需要单击"颜色"列中对应的图标，可以打开"选择颜色"对话框，选择图层颜色；如图 2-26 所示为颜色选择对话框，如图 2-27 所示为设置红色图层。

> **提示**
>
> 在应用中，如果"选择线型"对话框中没有所需要的线型，可以单击"选择线型"对话框下部的"加载"按钮，在弹出的"加载或重载线型"对话框中选择所需要的线型加载。如图 2-28 所示为加载或重载线型。

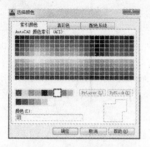

图 2-26　"颜色选择"对话框

图 2-27　设置红色图层

设置虚线图层为"索引颜色 5"。

> 如图 2-29 所示，单击在"线型"列中的线型名称，打开"选择类型"对话框，选择所需的线型；实线图层选择 Continues 线性。再选择"虚线"图层，为"虚线"图层选择线型 ACAD ISO02W100，单击确定按钮。

图 2-28　选择线型

图 2-29　加载或重载线型

> 单击实线图层线宽值，弹出如图 2-30 所示的对话框，选择线宽值为"0.3mm"或其他值，结果如图 2-31 所示。

图 2-30 选择线宽对话框

图 2-31 选择线宽结果

➤ 为"虚线"图层选择线宽为 0.25 ,设置当前图层。

如图 2-32 所示,选中"实线"图层,再单击"图层设置按钮"中的绿色对号,把"实线"图层设置为当前图层。"实线"图层"状态"列显示为对号,则设置"实线"图层为当前图层成功。

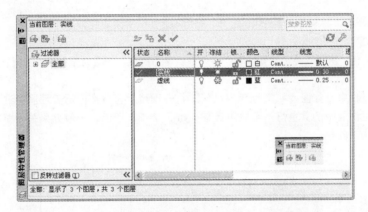

图 2-32 设置当前图层

执行"绘图">"圆"命令,绘制一个圆,如图 2-33 所示。

单击状态栏中的 ✛ 按钮,打开"显示线宽"选项,结果如图 2-34 所示。

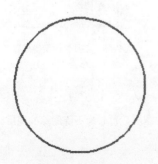

图 2-33 绘制圆形

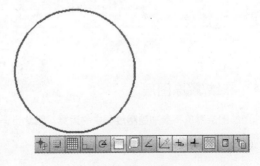

图 2-34 显示线宽

接下来继续执行"格式">"图层"命令,或输入"LAYER"命令,打开图层特性管理器,将"虚线"图层设置为当前图层,结果如图 2-35 所示。

执行"绘图>矩形"命令，或输入"RECTANG"命令，绘制刚才绘制圆的内接正方形，如图 2-36 所示为绘制的矩形。图形为蓝色虚线，显示出图层特性。

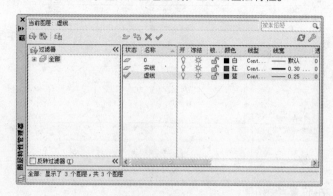

图 2-35　虚线图层

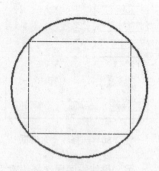

图 2-36　绘制矩形

2.2.3　开关图层

在需要的情况下，将某一图层关闭、打开，则用到了图层关闭功能。

下面介绍图层打开、关闭的使用方法:

➤ 灯泡为黄色，图层则处于打开状态，将灯泡点击为灰色，图层处于关闭状态时，该图层上的图形不能显示，也不能打印。

➤ 在绘图过程中，如图 2-37 所示，关闭、打开图层，可以在图层管理器中进行，也可以点击工具栏图层中的黄色灯泡至关闭状态，如图 2-38 所示，一般如果关闭图层数量不多，可以点击工具栏。

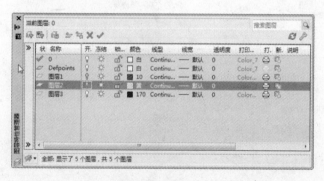

图 2-37　图层管理器

图 2-38　工具栏图层管理器

2.2.4　冻结/解冻图层

冻结的图层对象不参加绘图过程中的运算，因此当遇到不常用的图层，暂时又不能删除的图层时，通常将其关闭。

➤ 冻结图层的步骤

执行"菜单>图层工具>图层冻结"命令，或输入"LAYFRZ"命令，如图 2-39 所示;

在要冻结的图层上选择一个图形元素对象，如图 2-40 所示;

回车; 如图 2-41 所示;

至此选定图层"2"将被冻结，如图 2-42 所示。

图 2-39　点击图层冻结

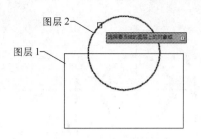

图 2-40　选择图形元素

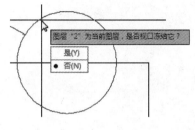

图 2-41　选择"是"选项

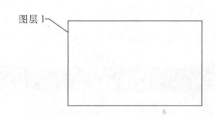

图 2-42　图层"2"被关闭

2.2.5　图层的隔离

图层的隔离是指在众多的图层中，将某一需要的图形所在图层单独显示，而其他图层同时都关闭，然后对这一显示图层进行单独修改、编辑。

> **提示**
>
> 在图层较多的时候，使用此命令，可迅速关闭其他图层，仅显示想要的图层，非常方便，当要将图层恢复到隔离前的图层状态时，可使用 LAYUNISO 命令。

图层功能除了图层的冻结、关闭及锁定外，还有图形的解冻、打开及打开锁定等其他辅助功能，可以根据以上的知识，自行练习。

2.2.6　图层工具巧利用

在我们分析图层时，图层并不是越细越多越好，而要简单、明亮，好区分是主要依据，比如建筑平面图上，有门和窗，还有很多台阶、楼梯等看线，那是不是就分成门层、窗层、台阶层、楼梯层呢？不对。图层太多的话，会给我们接下来在绘制的过程中造成不便。就像门、窗、台阶、楼梯，虽然不是同一类的东西，但又都属于看线，那么就可以用同一个图层来管理。

> **提示**
>
> 打印出图时，图层颜色的选择应该根据打印时线宽的粗细来选择。打印时，线形设置得越宽，该图层就应该选用越亮的颜色；反之，如果打印时，该线的宽度仅为 0.09mm，那么那个图层的颜色就应该选用 8 号或类似的颜色。为什么要这样呢？只有这样才可以在屏幕上比较直观地反映出线形的粗细。
>
> 在画图时，还有一点需要注意，就是所有图元的各种属性都尽量跟层走。

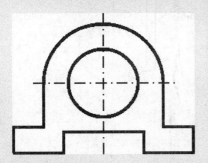

 零件轴测图的绘制（一）.swf

零件轴测图的绘制（一）.dwg

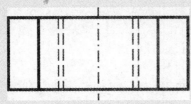

零件轴测图的绘制（二）.swf

零件轴测图的绘制（二）.dwg

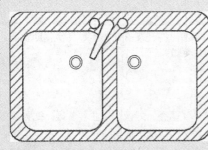

 厨房洗菜池平面图.swf

厨房洗菜池平面图.dwg

自我检测

　　经过上边我们对图层工具及其他辅助功能的学习，大家是否觉得绘图其实并不难，重点也不是画图本身，而是如何利用好设置工具，将复杂的设置变得井井有条，那么绘图就简单了。

　　通过下面的自测，大家可以思考一下，如果自己动手，如何进行绘制，看是否能够独立完成。

自测10　零件轴测图的绘制（一）

　　下面我们将为大家执行的小测验是零件轴测图的绘制，画法很简单，但涉及到了图层的建立及调整，以及几种工具的使用，有的是上面讲到的，有的则是新的工具。

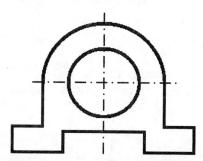

使用到的命令	图层工具、直线、圆形、拉伸工具
学习时间	20 分钟
视频地址	光盘\视频\第 2 章\零件轴测图的绘制（一）.swf
源文件地址	光盘\源文件\第 2 章\零件轴测图的绘制（一）.dwg

01 按 "Ctrl+N" 快捷键建立新的文件，选择 "acadiso" 并打开。

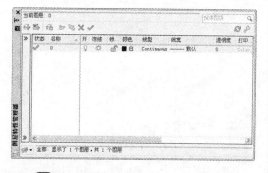

02 输入 "LAYER" 图层命令，弹出图层管理器，结果如图所示。

03 点击 建立新图层，命名为 "轮廓线" 并点击线宽，选择（0.3mm）。

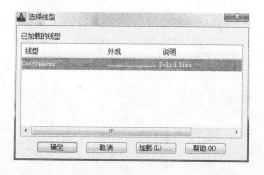

04 点击 建立新图层，命名为 "辅助轴线" 并点击线型，弹出 "选择线型" 对话框，再单击 "加载" 按钮。

05 打开"加载或重载线型"对话框后，选择"CENTRE"，单击确定按钮即可。

06 返回"选择线型"对话框，单击刚才选择的中心虚线，再单击"确定"按钮即可。

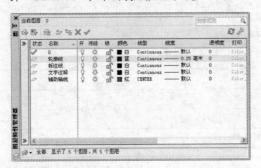

07 建立好的图层管理器的样式如上图所示。

08 点击 🖊✕✓ 将轴线图层设置为当前后，绘制一条长 500 的垂直轴线，并绘制一条垂直于它，距顶端 200 的水平轴线，结果如图所示。

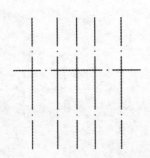

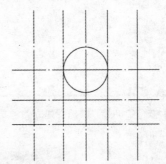

09 执行"OFFSET"偏移命令，将垂直直线向两侧分别偏移 75、100 后、结果如图所示。

10 将水平轴线向下分别偏移 100、80 后，执行"C"圆命令，在上图所示位置绘制一个半径为 75 的圆，结果如图所示。

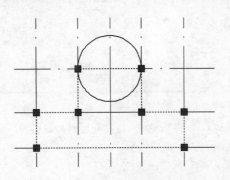

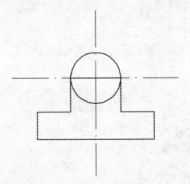

11 执行"PLINE"命令，按照上图所示的点，依次将轴线交点连接，结果如图所示。

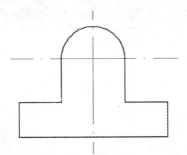

12 保留中间的垂直线及水平轴线，将其他轴线利用"E"删除，结果如图所示。

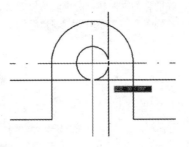

13 执行"TRIM"修剪命令，将圆的下半部分及直径均剪切掉，结果如图所示。

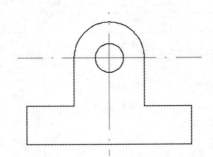

14 执行"C"圆命令，以大圆的圆心作为同心圆心，绘制一个半径为 30 的小圆，结果如图所示。

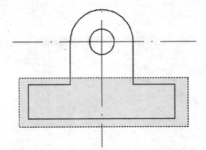

15 零件上半部分的孔洞小圆就绘制完毕了，结果如上图所示。

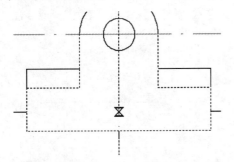

16 接下来我们将执行"STRETCH"拉伸命令，从右下角选择下半部分四个拉伸点。

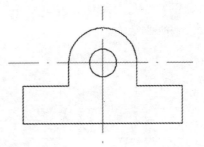

17 回车后，点击中点部分，往上移动鼠标，并输入拉伸距离（50）。

18 拉伸完成后，整体零件下半部分上提了50，则零件的立面图绘制完毕，保存到指定位置。

操作小贴士：

这个自测中，除了用到之前的圆、多段线、修剪等命令外，还用到了图层的设置以及拉伸命令，图层设置则是重点，图层工具中涉及到的重点很多，因此要依据之前的命令进行重复练习，理解其中的原理。

拉伸命令在 AutoCAD 修剪中较为常用，省去了删除、重新绘制等重复步骤，省时省力，值得注意的是，要拉伸的物体上的点，必须全部选中，才能保证全部一次性拉伸成功。

自测11 零件轴测图的绘制（二）

下面我们将为大家执行的小测验依旧是零件轴测图的绘制，属于利用立面图绘制平面图，应学习如何利用零件的一个图形绘制另一观察面的图形。

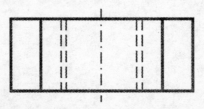

使用到的命令	图层工具、直线、圆形、拉伸工具
学习时间	20 分钟
视频地址	光盘\视频\第 2 章\零件轴测图的绘制（二）.swf
源文件地址	光盘\源文件\第 2 章\零件轴测图的绘制（二）.dwg

01 按"Ctrl+O"快捷键，打开上个自测绘制的图形。

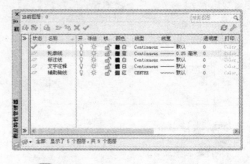

02 输入"LAYER"图层命令，点击 将轮廓线置为当前图层。

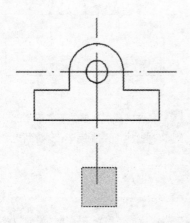

03 执行"STRETCH"拉伸命令，从右下角选择中轴线下端部分作为拉伸点。

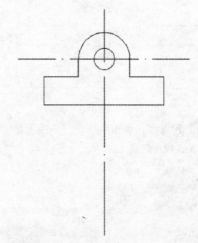

04 回车，点击该点，向下拉伸，输入200，轴线则延长拉伸了 200 距离，结果如图所示。

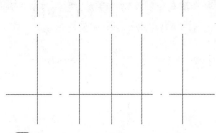

05 执行"OFFSET"偏移命令,将中轴线向两侧分别偏移 75、100,得到上图。

06 执行"COPY"命令,选择横轴线,以中点为复制基点,复制到中轴线下侧部分,结果如图所示。

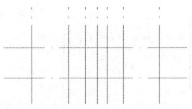

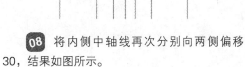

07 将刚才复制过来的横轴线向上复制或偏移 80,得到上图。

08 将内侧中轴线再次分别向两侧偏移 30,结果如图所示。

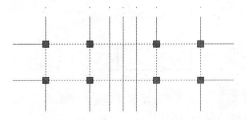

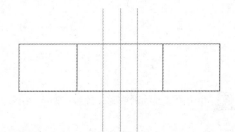

09 执行"PLINE"多段线命令,按照上图,将各点连接起来。

10 将不需要的轴线依次删除,得到上图,零件的顶视图轮廓绘制完毕。

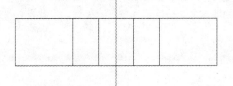

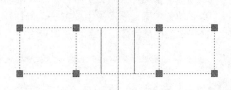

11 再次利用多段线,将孔洞的隐藏辅助线绘制出来,并将两条垂直轴线依次删除。

12 将外轮廓线及内轮廓线依次选中,如上图所示。

13 在屏幕下侧找到"线宽"按钮,单击确定后,设置的线宽就会在图形中显示出来。

14 选择的线宽为0.3。

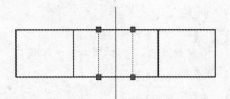

15 选择孔洞的两条隐藏线,如图所示。

16 按"Ctrl+1"快捷键弹出特性对话框,选择线型为(DASH),比例为0.1,点击关闭。

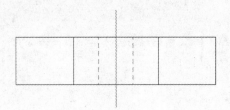

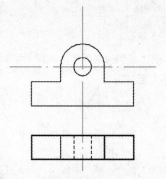

17 孔洞的辅助线则变为了虚线,表示为不可见线。

18 零件轴测图绘制完毕了。单击保存按钮,保存图形到指定位置。

操作小贴士:

　　通过这个自测,我们主要学习如何通过某个图形的平面图、立面图来绘制其他图形,当然根据图形的长、宽、厚度是主要方法,但值得注意的地方是,一定要注意不可见线,也就是孔洞、通道等部位的描述,以便描述得更准确。

自测12　厨房洗菜池平面图

　　下面练习的例子是厨房里洗菜池的平面图,这个例子继续复习倒圆角、镜像、复制等命令的使用。

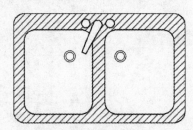

使用到的命令	矩形、剪切、延长、偏移、镜像、填充
学习时间	20 分钟
视频地址	光盘\视频\第 2 章\厨房洗菜池平面图.swf
源文件地址	光盘\源文件\第 2 章\厨房洗菜池平面图.dwg

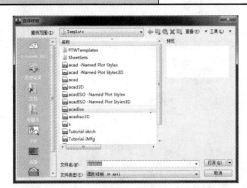 

01 执行"文件>新建"命令，在弹出的对话框中选择"acadiso"样板，单击"确定"按钮，新建一个空白文档。

02 建立新图层（轮廓线），并将颜色设定为 250，建立图层（内线），颜色设为 40，图层（辅助线），颜色为 8。

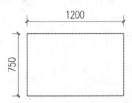

03 执行"RECTANG"矩形命令，点击空白处任意一点作为起点，根据提示输入尺寸（D），长宽分别输入 1200、750，回车得到上图。

04 执行"FILLET"圆角命令，输入半径（R），输入值为 80，分别点击矩形一角的两条边，结果如图所示。

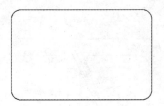 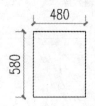

05 点击空格键，可重复执行圆角命令，将四个角分别变为圆角，结果如图所示。

06 执行"RECTANG"矩形命令，输入尺寸（D），绘制一个长宽分别为 580X480 的矩形。

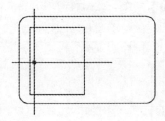 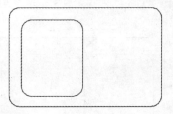

07 执行"MOVE"命令，将矩形移动至水池平台的左侧合适位置，作为洗菜池。

08 利用倒圆角命令，将四个角改为半径为 70 的圆角。

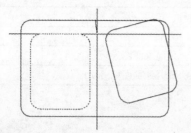

09 执行 "MIRROR" 镜像命令，将洗菜池选择为镜像对象，以上、下中点连线为对称轴。

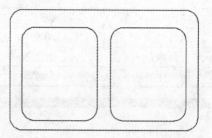

10 如图所示，两个洗菜池绘制完毕。

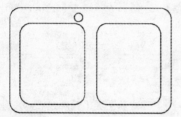

11 左侧池上方利用 "C" 圆命令，绘制一个半径为 30 的固定孔。

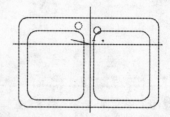

12 利用 "COPY" 复制命令或者镜像命令 "MI" 将圆孔复制到另一侧。

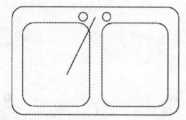

13 执行多段线 "PL" 命令，在两个孔空间点击第一点，输入坐标（@-200，-400）回车，作为第二点。

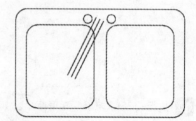

14 执行 "OFFSET" 命令，将线段左右各偏移 30。

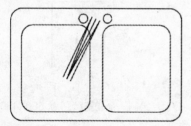

15 执行 "PLINE" 命令，依照上图，连接三个点。

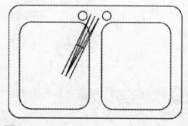

16 制作三条平行线的中点连线，结果如图所示。

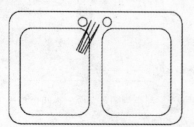

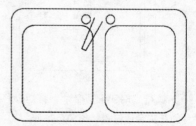

17 执行 "TRIM" 剪切命令，将线段都选中后，将中线下侧的线段都剪切掉。

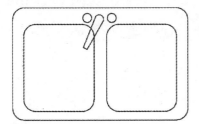

18 使用 "E" 删除命令，依照上图，将不需要的线删除。

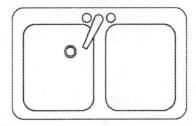

19 执行 "ARC" 弧形命令，连接较宽处的两点，则水池绘制完成。

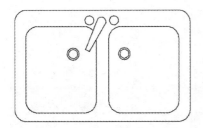

20 在水池适当位置绘制一个半径为 40 的下水孔，并向内偏移 10。

21 下水孔利用 "COPY" 命令复制到另一个水池适当的位置。

22 执行 "LA" 图层命令，将填充图层置为当前。

23 执行 "HATCH" 填充命令，选择适当图例，比例为 20，点击洗菜池边缘空白区域。

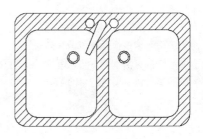

24 如上图所示，洗菜池就绘制完毕。

操作小贴士：

这个自测我们依旧用到了倒圆角，多次执行倒圆角命令时，其实我们只需要输入一次半径，则一次可连续点击多个直角的两条边线，而不用每次都激活圆角命令，这样可以提高绘图效率。

第6个小时　用工具及绘图技巧

▲*2.3* 复制、镜像对象的执行及编辑

对于这两个命令，都可以对图形进行复制，但结果有所不同，应用目的不同。

2.3.1　图形的复制

复制命令用于对图形中已有的对象进行复制，减少同样的图形重复绘制工作，是较为常用的命令工具。
下面介绍复制功能使用方法：

➢ 执行"COPY"　或输入"CO"；
选择要复制的图形；
选择复制基点；
点击位移目标点。

> **提示**
>
> 　　复制命令可同时多次复制，选择好复制基点，是此命令的重点，基点的选择很有规律，选对合适的基点，可大大减小工作量，提高效率。

2.3.2　图形的镜像

镜像的目的是将绘制的图形对于某一条指定的直线对称复制，复制完成后可以删除源对象，也可以不删除源对象进行保留。

使用方法：

➢ 执行"MIRROR"命令，或输入"MI"；
选择要镜像的图形，如图 2-43 所示；
点击指定镜像直线的第一点和第二点，如图 2-44 和图 2-45 所示，选择不删除源对象；
按 Y 键将其删除，如图 2-46 所示。

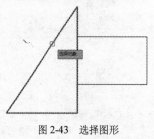

图 2-43　选择图形

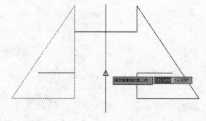

图 2-44　点击对称轴第二点

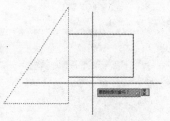

图 2-45　选择不删除源对象

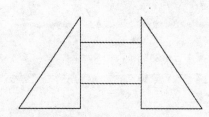

图 2-46　镜像完毕

> **提示**
>
> 　　文字的镜像比较特殊，如果直接镜像，文字只能被复制，方向不变；如果文字和图形是一个整体图块，则文字也被镜像，此时需要将块用"X"图块炸开，再次镜像即可。

▲*2.4* 偏移、阵列对象的执行及编辑

2.4.1　图形的偏移

　　偏移命令可用来创建平行线或等距离分布图形，但定义整体图形不能进行偏移命令，下面介绍偏移对象的方法：

　　　　执行"OFFSET"命令，或输入"O"；

　　　　指定偏移距离，可以输入具体数值，如（200），如图 2-47 所示；

　　　　选择要偏移的对象，如图 2-48 所示；

　　　　指定要放置新对象的一侧上的一点，如图 2-49 所示；

　　　　选择另一个要偏移的对象，如图 2-50 所示。

> **提示**
>
> 　　对于偏移命令，在一定情况下，可看做是缩放功能的延伸，某种情况下，两个命令可以互换使用。

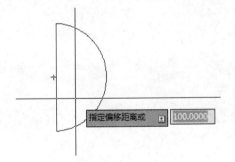

图 2-47　输入偏移距离

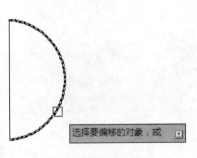

图 2-48　选择偏移图形

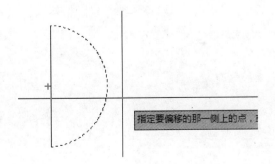

图 2-49　选择偏移方向

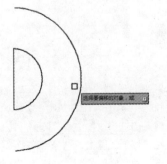

图 2-50　偏移结束

提示

偏移目标点可以是任意一点，如中点、圆心、角点、交点等，只要鼠标移动时，点击目标点即可。

2.4.2 图形的阵列

在 AutoCAD 2013 中，阵列分为"矩形阵列"、"路径阵列"和"弧形阵列"三种，可以根据提示自行实验、学习，下面以其中一种常用方法为大家介绍如何使用阵列工具。

➤ 执行矩形："ARRAYRECT"命令，或"AR"；

或点击"修改"中的"阵列"中的"矩形阵列"按钮；

点击要阵列的物体，如图 2-51 所示；

向你要阵列的方向移动鼠标，如图 2-52 所示；

双击图形，系统会弹出一个修改阵列的对话框，如图 2-53 所示；

将对话框内"行数"、"行间距"、"列数"、"列间距"分别进行设定、修改，如图 2-54 所示。

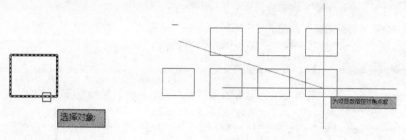

图 2-51 选择对象   图 2-52 指定方向并任意点击

提示

矩形阵列在执行后，自动选择基点为图形中点，执行命令，选择完对象图形后，输入"基点（B）"，然后可更换新的基点；如果想要单排的阵列或单行的阵列，则可更改列数或行数。

图 2-53 修改对话框数据

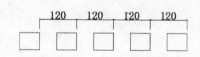

图 2-54 修改后的阵列

➤ 弧形阵列的步骤

执行："ARRAYPOLAR"命令，或"AR"；

或点击"修改"中的"阵列"中的"弧形阵列"按钮，如图 2-55 所示；

在弧形上或圆上，选择要阵列的物体；

选择轨道圆形的圆，如图 2-56 所示；

双击图形后，系统会弹出一个修改阵列的对话框，如图 2-57 所示；

将"方向"、"项目"、"项目间角度"、"填充角度"等进行修改，如图 2-58 所示。

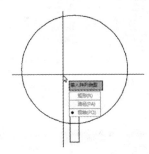

图 2-55　选择图形及阵列种类

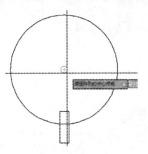

图 2-56　选择圆或弧形圆心

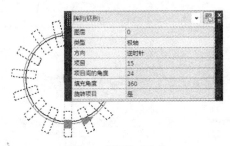

图 2-57　设置阵列参数

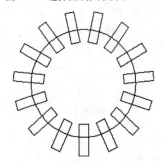

图 2-58　阵列后的图形

提示

弧形阵列的最大填充角度为 360°，阵列度数在设定时，负度数为顺时针，正度数为逆时针。

弧形阵列可在任意曲线上进行阵列，自由度比较大。

➤ 路径阵列的步骤：

执行"ARRAYPATHR"命令；

或点击"修改"中的"阵列"中的"路径阵列"按钮，如图 2-59 所示；

在弧线上或曲线上，点击要阵列的物体，如图 2-60 所示；

选择要阵列的位置曲线或弧形（可看到计算机自行虚拟出来的弧形阵列图形）；

随意点击一点后，双击图形，会弹出一个修改阵列的对话框，如图 2-61 所示；

将对话框内的"方式"、"项目"、"项目间距"、"起点偏移"分别设定后，关闭对话框即可，如图 2-62 所示。

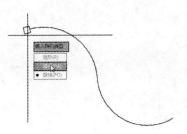

图 2-59　选择阵列图形和方式

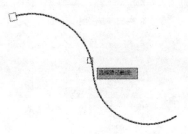

图 2-60　选择要阵列的曲线

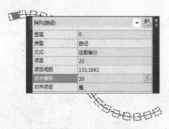

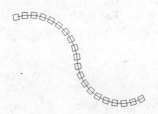

图 2-61 设置路径阵列参数　　　　　　　　　　图 2-62 阵列后的图形

 提示

　　路径阵列和弧形阵列的图形都可不在轨迹线上，但弧形阵列后，图形会在另一个同心圆的轨迹上，而路径阵列则会偏离源曲线。路径阵列中的参数有两种选项，"定距等分"数量可以变，但间距不能变，"定数等分"间距可以变，但数量不变。

▲2.5 倒角、缩放的执行及编辑

　　在 AutoCAD 2013 中，图形的倒角分为："倒角"、"圆角"、"光顺曲线"，下面我们依次来学习使用方法。

2.5.1 倒角命令

➤ 执行倒角步骤：

执行"CHAMFER"；

提示栏：选择第一条直线或：选择距离（D），如图 2-63 所示；

提示栏指定第一个倒角距离：输入数值，如（200），如图 2-64 所示；

指定第二个倒角距离：输入数值，如（200），如图 2-65 所示；

提示栏：选择第一条直线或：点击要倒角的第一条和第二条直线；

回车后完成，如图 2-66 所示。

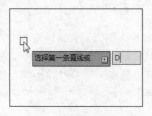

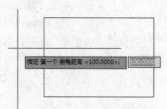

图 2-63 选择距离"D"　　　　　　　　　　图 2-64 输入第一个倒角距离

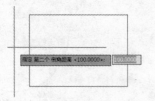

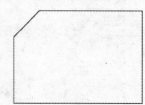

图 2-65 输入第二个距离　　　　　　　　　　图 2-66 点击两条直线后的效果

提示

在输入倒角第一个半径值后，系统则会默认第二个值和第一个一样的半径值，只需要按"空格"键即可继续下一步。

2.5.2 圆角命令

➤ 执行圆角步骤：

执行"FILLET"或"F"；

提示栏：指定第一个对象或：输入半径（R）；

指定圆角半径：输入数值，如（150），如图2-67所示；

提示栏：选择第一个对象及第二个对象；

回车完成后，如图2-68所示。

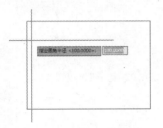 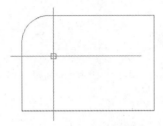

图2-67 输入圆角半径　　　　　　图2-68 圆角后的图像

提示

当圆角半径值大于直线长度时，系统提示无法执行圆角，这时要更改半径值，同时小于两条直角边，才能圆角。

2.5.3 光顺曲线

➤ 光顺曲线的具体步骤：

执行"BLEND"，如图2-69所示；

选择第一个对象：点击第一条曲线；

选择第二个对象：点击第二条曲线；

回车结束，如图2-70所示。

 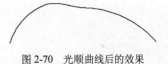

图2-69 光顺曲线前的图形　　　　　图2-70 光顺曲线后的效果

提示

光顺曲线可以使断开的曲线连接成光滑的曲线，执行完成后，三条曲线是独立的线段，可分别进行编辑。

2.5.4 图形的缩放

缩放图形可以将图形改变比例，但图形内部长度比不变，是等比例缩放，当比例因子为大于 1 的数值时是扩大，数值为小于 1 的小数指定为缩小，数值可以是小数。

➢ 执行缩放步骤：

执行"SCALE"；

选择对象：选择要缩放的对象，如图 2-71 所示；

选择基点：一般选择图形的某个重要点，如中点、圆心、角点等，如图 2-72 所示；

指定比例因子：输入扩大或缩小的数值，如（4.2），如图 2-73 所示，完成缩放，如图 2-74所示。

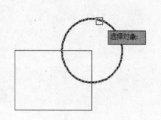
图 2-71　选择圆形图形

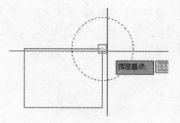
图 2-72　选择圆心为基点

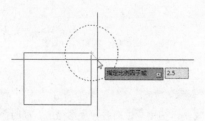
图 2-73　输入比例 2.5

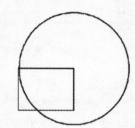
图 2-74　扩大后的图形

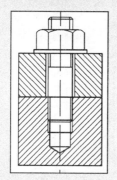

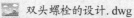 双头螺栓的设计.swf
双头螺栓的设计.dwg

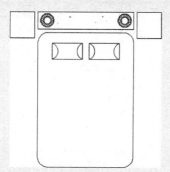

 双人床平面图的绘制.swf
双人床平面图的绘制.dwg

自我检测

　　一些看似复杂的漂亮图案，其实经过一步步分解、组合，变得简单、清晰起来，利用上面教给大家的一些命令工具，就可以绘制一些看似复杂的图形，接下来我们的案例会稍微复杂一些，但只要细心，相信大家都可以做出来。

自测13 双头螺栓的设计

下面我们将为大家讲解的是双头螺栓的绘制过程，同时练习定义图块的方法。

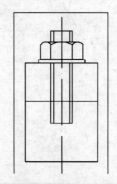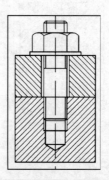

使用到的命令	直线、矩形、剪切、延长、偏移、镜像、填充
学习时间	20 分钟
视频地址	光盘\视频\第 2 章\双头螺栓的设计.swf
源文件地址	光盘\源文件\第 2 章\双头螺栓的设计.dwg

01 执行"文件>新建"命令，在弹出的对话框中选择"acadiso"样板，单击"确定"按钮，新建一个空白文档。

02 将图层 0 设置线宽为"0.3"毫米，并点击窗口下方状态栏中的"线宽"按钮。

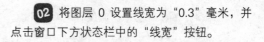

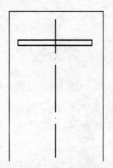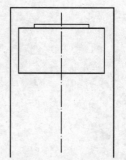

03 执行"LINE"直线命令，设置点坐标为（@-44,0）、（@0,6）、（@88,0）和（@0，-6），最后输入"C"，回车将图形封闭并画中心线，结果见上图。

04 绘制下面的连接部件。执行"LINE"命令，捕捉垫圈左下角点为起点，其余点为（@-25,0）、（@0，-70）、（@138,0）、（@0,70），最后捕捉垫圈右下角闭合。

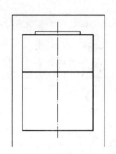

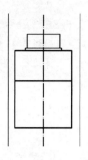

05 绘制另一个部件，执行"LINE"命令，捕捉刚才部件左下角点，其余点为（@0，−110）、（@138,0）、（@0,110），最后捕捉连接部件右下角点，如上图所示。

06 使用"RECTANG"绘制一个长 80，高 32 的矩形，使用"MOVE"捕捉中点移动至垫圈中点，如图所示。

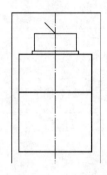

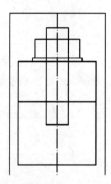

07 使用"LINE"命令绘制辅助线，点击刚才矩形上的中点为起点，终点为（@−20,20），如图所示。

08 捕捉辅助线端点为矩形起点，使用"RECTANG"绘制矩形，终点为（@40，−168），用"ERASE"删除辅助线。

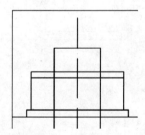

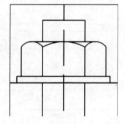

09 放大螺母图像，使用偏移命令"OFFSET"将螺母上线向下偏移 5，绘制辅助线，如图所示。

10 执行"ARC"命令，借助辅助线及中点绘制三段弧线，再用"TRIM"命令修剪掉多余直线，如图所示。

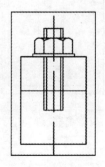

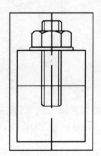

11 执行"OFFSET"命令，将螺柱向内偏移 3，并使用"EXPLODE"将偏移矩形炸开成直线状态，执行"EXTEND"将内线延伸至底部，去除多余线段。

12 选中偏移线，按组合键"Ctrl+1"将线宽调为 0，"ESC"键退出，执行倒直角命令"CHAMFER"设置倒角距离为 3，将螺柱进行倒角，如图所示。

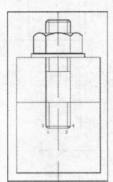

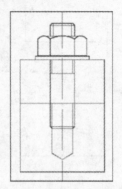

13 执行"LINE"命令，绘制 3 条平行辅助线，使用"TRIM"命令剪掉多余直线，如图所示。

14 绘制孔及螺纹孔，执行"LINE"命令，捕捉点 1，其余点为（@0,40）、（@17,−10）、（@17,10），捕捉点 2 闭合。

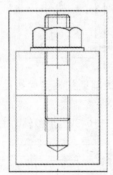

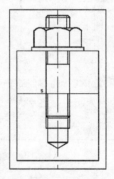

15 执行"LINE"命令，分别从点 3、点 4 绘制两条线，端点均为（@0,−20），按组合键"Ctrl+1"将线宽调为 0。

16 执行"LINE"命令，绘制直线，结果如图所示。

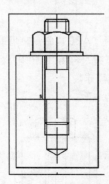

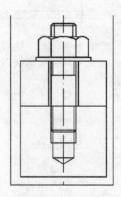

17 执行"LINE"绘制直线，起点为点 5，下面两个坐标为（@−4,0）、（@0,70），结果如图所示。

18 利用镜像命令"MIRROR"，将刚才的直线用中心线进行镜像，如图所示。

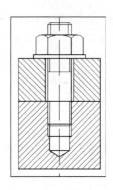

19 新建图层"剖面线",线宽为 0,输入命令"BHATCH",出现"边界图案填充"对话框。

20 选取填充图案 ANSI131,比例为 2,角度为 90°,单击"拾取点"按钮,选中填充区域,最终填充完成,如图所示。

操作小贴士:

这个练习使用的是坐标点绘制,可以根据某一点准确绘制出下一点,使用的就是(横轴移动坐标值@,纵轴移动坐标值),同时我们也使用了图案填充的方法,我们后边会讲到具体的使用细节。

自测14 双人床平面图的绘制

下面我们将为大家讲解的是室内设计中,双人床及床头柜的平面图绘制过程,可以根据这个例子体会一下室内设计平面图及家具平面图的画法及要点。

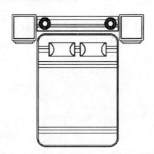

使用到的命令	直线、矩形、剪切、延长、偏移、镜像、填充
学习时间	20 分钟
视频地址	光盘\视频\第 2 章\双人床平面图的绘制.swf
源文件地址	光盘\源文件\第 2 章\双人床平面图的绘制.dwg

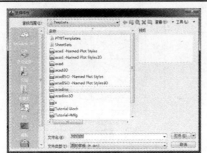

01 执行"文件>新建"命令，在弹出的对话框中选择"acadiso"样板，单击"确定"按钮，新建一个空白文档。

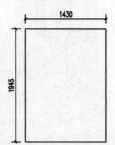

02 建立新图层（轮廓线），并将颜色设定为 250，建立图层（内线），颜色设为 40，颜色为 8。

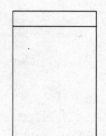

03 将轮廓线图层设置为当前后，执行"RECTANG"矩形命令，任意点击一点作为矩形起点，长宽分别输入 1945、1430，得到如上图所示的矩形。

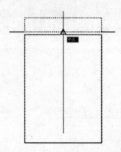

04 继续执行矩形，在上方绘制一个长、宽为 1430X300 的床头。

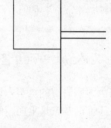

05 执行"MOVE"命令，以床头的中点为基点，向上移动鼠标，输入移动距离为 350。

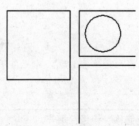

06 继续执行矩形，在上方绘制一个长、宽为 380X360 的床头柜。

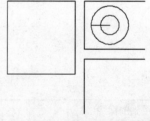

07 执行"MOVE"移动命令，将床头柜向左移动 50。在床头适当的地方绘制一个半径为 100 的圆。

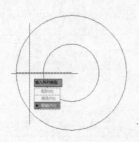

08 执行"OFFSET"偏移命令，将圆向内偏移 50，同时绘制一条垂直外圆的半径，如图所示。

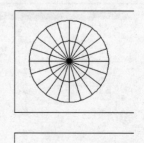

09 执行"ARRAY"阵列命令,选择项目后,选择"极轴",圆心为中心,项目总数为20。

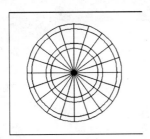

10 选择对象为刚才绘制的半径,点击确定后,半径均匀分布在圆上。

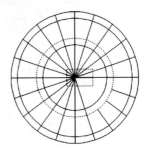

11 执行"OFFSET"命令,将两个圆弧分别向内偏移10,结果如图所示。

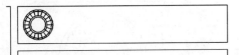

12 执行"TRIM"修剪命令,选择由外向内第三个圆弧为对象,按空格键,选择要去掉的圆内的线段。

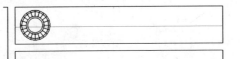

13 将"内线"图层置为当前,在床头上绘制一条连接两侧中点的中线。

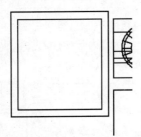

14 利用偏移命令,将中线分别向下偏移30、20,向上偏移80,得到上图。

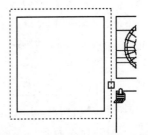

15 继续利用偏移命令,将床头柜线向外偏移30。

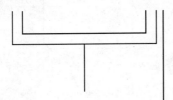

16 执行"MA"特性刷命令,选择床头中线为源对象,点击目标对象,得到上图。

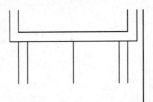

17 执行"LINE"命令,引出一条长为50外框的中线。

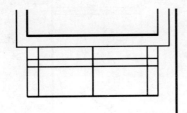

18 利用偏移命令向两侧分别偏移150、180,得到上图。

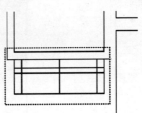

19 执行直线命令，连接线段下部，并向上分别偏移 20、30。

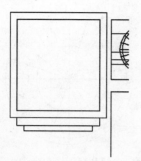

20 激活"TRIM"剪切命令，从右下角向左上角选择所有线段。

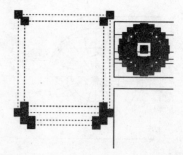

21 回车后，按照上图的结果进行修剪，将不需要的线段修剪掉。

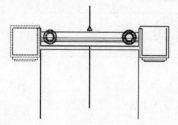

22 执行"MIRROR"镜像命令，选择床头柜和床头上的装饰作为镜像的对象。

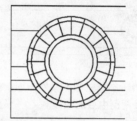

23 接下来选择床头的上、下两个中点连线为对称轴，回车后，结果如图所示。

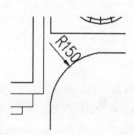

24 执行"TRIM"剪切命令，将装饰物全部选中后，将大圆内所有不可见的"内线"修剪掉，右侧执行同样的命令。

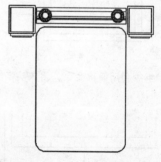

25 执行"FILLET"圆角命令，输入半径（R），输入数值为 150，分别点击床角的两条边，则倒半径为 150 的圆角。

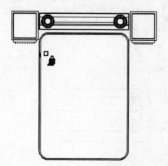

26 如图所示，将床的四个角分别倒为 150 的圆角。

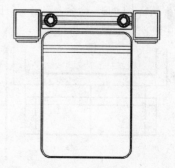

27 将倒为圆角的床轮廓线向内偏移 15，得到双边，继续执行特性刷"MA"，点取任一内线图层线后，点取床内线。

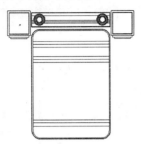

28 任意在床上侧绘制三条平行线，作为床单装饰线条。

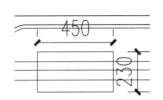

29 执行复制命令"COPY"，将三条线向下复制两次，得到上图。

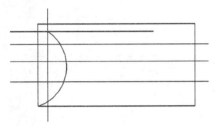

30 执行"RECTANG"矩形命令，绘制一个长、宽分别为 450X230 的枕头。

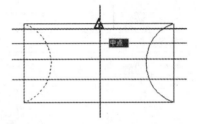

31 执行"ARC"弧形命令，将枕头两侧的点作为弧形两点，绘制一段弧线。

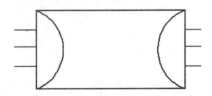

32 利用"MI"镜像命令，选择弧形为对象，以枕头中点连续为对称轴，得到上图。

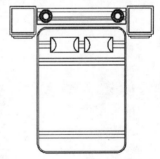

33 利用"TRIM"剪切命令，将内侧装饰线剪切掉，然后再次执行"MA"特性刷命令，枕头线性改为轮廓线。

34 最后再次利用"MI"镜像命令将枕头镜像到另一侧，剪切多余的装饰线，最后得到完整的双人床的平面图。

操作小贴士：

这个自测我们用到了大量的镜像命令及圆角命令，无论在什么类型的图纸中，倒圆角是较为常用的命令，因为从美观及实用上来讲，圆角更加优美，给人更加安全的感觉，而直角则给人棱角分明、硬朗、略带危险的感觉，这点可自行体会，以便运用到今后的设计中。

镜像命令，如之前所提到的，选择对称轴依然是重点，当绘图时正交功能是打开的（F8），则可以选择一个对称点，然后直接点击垂直或水平线上任意一点即可。

自 我 评 价

通过以上一些实例的练习，希望读者能将这一章学习的内容深刻理解了，当然理解、会用是不够的，需要继续努力多多练习，能到达到熟练使用的程度。

总 结 扩 展

在上面的几个案例中主要介绍了 AutoCAD 基础知识，以及简单的绘制工具命令，对于不同命令，具体要求如下表：

	了　解	理　解	精　通
移动、删除、修剪			√
拉伸、延长		√	
复制、镜像			√
图层管理器		√	
偏移、阵列			√
倒角、缩放			√

今天我们学习的这些命令在 AutoCAD 绘图编辑中，都是非常有用而且常用的工具，大家一定要掌握他们的用法，为以后的高效绘图打下坚实的基础。

第**3**章

图形标注
——AutoCAD 2013 的工程语言

　　从这章开始，我们将学习与图形相配套的辅助命令工具，包括图形的尺寸标注、说明文字的输入、修改，以及表格及表格文字的输入等。

　　有了各种说明文字、有了尺寸、特性标注，才能算是完整的 CAD 图纸，通过图形与说明的配合，才能更加明确图纸所表达的内容和含义。

学习目的：	掌握 AutoCAD 的标注及文字
知识点：	AutoCAD 图形块定义，掌握 AutoCAD 2013 的文本输入，并学会使用图形标注工具。
学习时间：	3 小时

在特性管理器里修改单个线段的线型比例

　　通常在刚开始绘图时，要用到中心线的线型，而初始绘图时很可能线型比例设置得不合适，导致我们看到画出来的线是一条实线而不是中心线。LTSCALE 改变的线型比例是整个图形里所有线段的线型比例，而在选中对象后，在特性管理器里修改的线型比例是仅对所选线型起作用的线型比例。如果单个图元的线型比例改变了，那么这个图元的线型的真实比例就是 LTSCALE 比例与单个对象比例因子的乘积了。比如某个对象在特性管理器里的线型比例是 10，而 LTSCALE 的参数为 5，那么这个对象的线型比例应该是 50。

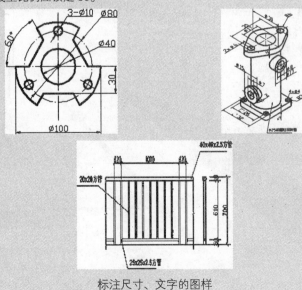

标注尺寸、文字的图样

勿对单个图层修改特性

设置图层时，通常要把图层中的几个设置都默认为随层（包括线型、颜色、线宽），以便以后对图形进行修改，不要强行赋予对象线型、颜色、线宽。

创建图块的图层

在二维 CAD 绘图图层中，0 图层建立的块具有插入层的特性，也就是说 0 图层的图块会随着插入目标层的属性变化而变化，其他层创建的块则不具备。

尺寸标注要作为整体

这样的好处是可以对尺寸标注很容易地自动修改，还可以对尺寸标注使用剪切（TRIM）和延伸（EXTEND）命令，尺寸标注会自动修改尺寸标注数字的大小。

第7个小时　CAD图形的辅助工具

▲3.1 设计中心及视口布局

AutoCAD 设计中心提供了查看和重复利用图形的强大工具，使用 AutoCAD 设计中心可以管理块参照、外部参照、光栅图像以及来自其他源文件或应用程序的内容。不仅如此，如果同时打开多个图形，就可以在图形之间复制和粘贴内容（如图层定义），简化绘图过程。打开设计中心的快捷键是Ctrl+2。

1. 查看图形

通过设计中心的预览图形功能，可以观察到是否是自己需要的图形，如图 3-1 所示。

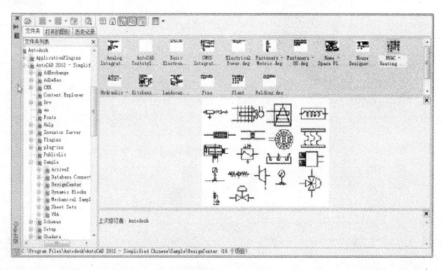

图 3-1　设计中心

2. 查看绘图信息

打开图库文件目录，找到需要的图块，打开对话框，双击图形，则可查看图形文件内部的所有信息，如图 3-2 所示。包括各种样式和图层图块，以及标注样式、布局、块、线型等用左键拖入绘图界面，则可插入整个图形，这样非常快捷而且准确。

事实上，设计中心不仅可以调用图块，还可以调用这些图形元素，可以自行尝试使用各种命令按钮。

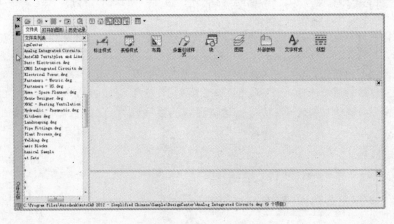

图 3-2　查看绘图信息

3.　插入图形内部元素

打开设计中心，点击左上方打开文件，可以弹出加载对话框，如图 3-3 所示，从中选择要预览的图形后，点击打开，找到的图形则会显示在如图 3-4 所示的左侧的树状信息图窗口，点击左侧的"+"号，展开如图所示的各种功能，如果要插入图中某个外部参照，则可以点击"外部参照"，在右侧面板选择后，使用鼠标右键单击"附着外边参照"即可插入到文件当中。其他命令可依次自行练习，方式与外部参照一样，这里就不展开一一讲解。

图 3-3　加载图形

图 3-4　展开图形内部元素

▲*3.2* 创建和插入图块的方法

3.2.1 图块的作用

我们在绘图过程中，经常会用到同样的图形，如桌椅和树形等。因此建立一些常用图形、部件、标准件的标准库，就可以将同样的图块多次复制使用，大大提高制图的效率，如图 3-5 和图 3-6 所示。

外部参照：外部参照与块很类似，但它们的主要区别是：块一旦被插入到图形中，将成为图形的一部分，而以外部参照形式插入到图形时，被插入的对象并不直接加入到图形中，在图形中只是记录参照的关系，像是"引用"。外部参照每次改动的结果都会及时反映在最后一次被参照的图形中。

当打开一个含有外部参照的文件时，系统会按照记录的路径去搜索外部参照文件，而不会将外部参照作为图形文件的内部资源进行存储。

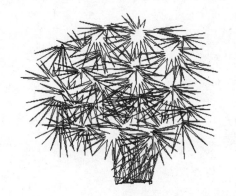

图 3-5 室内植物图例

图 3-6 人物图例

3.2.2 创建内部图块

执行"绘图 >块> 创建"命令，弹出块定义对话框，如图 3-7 所示。

图 3-7 块定义对话框

下面进行创建块操作：

输入块名：输入自己容易识别、记忆的编辑符号，如（人物 1）。

基点：一般选择用"在屏幕上指定"，该点也就是块将来插入时的定位参考点，需选取方便放置的特征点。

选择对象：找到选择组成块的元素，可以是 1 个或多个。

单击确定按钮。

提示

把对象放在"0"层的好处是，在插入图块的时候，这个图块的属性会根据我们插入的图层的属性改变而改变，以便于对图层的冻结操作。

在定义块名称时提示："01"已定义为块，希望执行什么操作？这时应点击"不重新定义01"，然后重新为块定义名字。出现的原因是之前你已经定义了一个相同名称的块，计算机会自动筛选，重新为之命名，如图 3-8 所示。

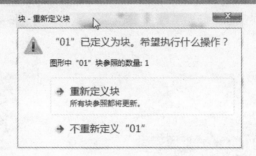

图 3-8　重新定义块对话框

3.2.3　创建外部图块

命令步骤：

命令：WBLOCK(写块)>回车/空格；

弹出写块对话框，如图 3-9 所示。

图 3-9　写块对话框

下面进行写块的步骤：

输入块名：输入自己容易识别、记忆的编辑符号，如（桌 01）；

基点：一般选择用"拾取点"；

选择对象：找到选择组成块的元素，可以是 1 个或多个；

文件路径：选择要存放的位置；

插入单位一般默认为毫米；

单击确定按钮即可。

3.2.4 插入图块

命令步骤：

"插入>块"；

命令: INSERT/I>回车/空格；

弹出插入对话框，如图 3-10 所示。

输入块名：通过点击名称后面的"浏览"可选择已写入的块或直接输入需要的块名字，如（01），如图 3-11 所示；

如果需要改变比例，则勾选"在屏幕上指定"，或提前设置比例数值；

输入 X 比例因子：如（5）；

输入 Y 比例因子及 Z 比例因子；

如果需要旋转，则在对话框"旋转"下的"角度"中输入要旋转的度数；如果角度需要在图上旋转，则勾选"在屏幕上指定"。

指定旋转角度 <0>:输入要旋转的角度即可。

图 3-10　插入对话框

图 3-11　输入块名

3.2.5 块的编辑

块不能在外部编辑内部元素，可以整体复制、移动、阵列、镜像、删除等，但是不能裁剪、延伸、打断。

➤ 通过重定义块进行关联修改：

在重复插入或复制同一块时，发现块需要修改，此时不必逐个修改，可以通过修改图块的方法关联修改全部。

步骤如下：

双击任意一个需要修改的图块；

弹出"编辑块定义"的对话框，如图 3-12 所示，单击确定按钮；

然后在块的编辑空间内修改、增减块的图形；

在右上角点击"关闭块编辑器";

弹出"块-未保存更改"对话框,选择"将更改保存到"即可,如果发现不需要更改,则选择"放弃更改并关闭块编辑器",如图3-13所示。

 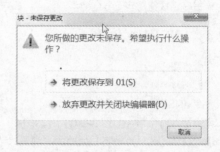

图3-12 编辑块定义   图3-13 "块-未保存更改"对话框

➤ 标准块

标准块就是制作标准单位尺寸的块,以适应不同比例大小的场合。如果不同门框需要的门有800宽、700宽、600宽等不同尺寸,为方便插入,则可做一个1000宽的门的块,只需要插入时将比例改为0.8,0.7,0.6即可。

提示

在AutoCAD中,在模型空间内绘图的比例是1:1的,而单位则可以定义为毫米、厘米、分米、米等,但常用的单位是毫米,如1000,则意味着1000毫米,即1米。

■ 浮雕图案的绘制——图形绘制.swf
■ 浮雕图案的绘制——图形绘制.dwg

■ 浮雕图案的绘制——块的定义与插入.swf
■ 浮雕图案的绘制——块的定义与插入.dwg

自我
检测

对于工程技术人员来说，学会 AutoCAD 是一件非常简单的事。因为绘制施工平面图所用到的 AutoCAD 命令相对很少。但是如果你已经习惯了手工绘图，而且是 AutoCAD 新手，学习软件使用的路程一样充满坎坷。

下面几个自测就能说明问题，看起来很简单的例子，做起来却不是轻而易举，还需要大家熟练操作。

自测15　浮雕图案的绘制—图形绘制

　　下面我们将为大家讲解浮雕图形的绘制，虽然这个自测不难，但是各种命令的综合运用很多，希望大家能快速完成。

使用到的命令	图层工具、直线、圆形、剪切、镜像、拉伸工具
学习时间	30 分钟
视频地址	光盘\视频\第 3 章\浮雕图案的绘制—图形绘制.swf
源文件地址	光盘\源文件\第 3 章\浮雕图案的绘制—图形绘制.dwg

01 按"Ctrl+N"快捷键，打开一个新的文件。

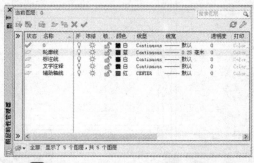

02 输入"LAYER"图层命令，设置轮廓线为黑色，0.25 毫米，并点击 将轮廓线置为当前图层。

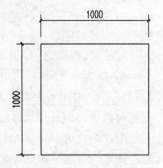

03 执行"RECTANG"矩形命令，单击空白处任意一点为第一点，输入尺寸（D），输入长、宽分别为1000、1000，回车。

04 执行"OFFSET"偏移命令，将刚才绘制的矩形分别向内偏移距离为30、50、30。

05 如上图所示，将内侧的两个矩形选中后，执行炸开工具"X"，回车后，整体的矩形变为几条线段，以便编辑。

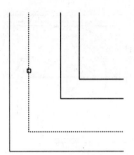

06 执行"EXTEND"延长命令，选择第二个矩形为延长目标线段，回车，点击要延长的线。

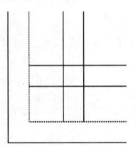

07 结果如上图所示，两侧的延长线延长到了外侧矩形上。

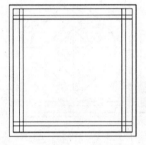

08 重复上述步骤，将其他四个角进行同样的延伸，结果如图所示。

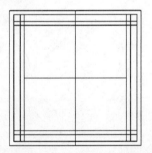

09 执行"LA"图层命令，将轴线层设置为当前，分别绘制矩形的横向、纵向轴线，结果如图所示。

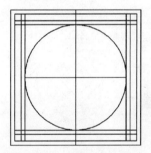

10 以两条轴线交点作为圆心，执行"C"圆命令，绘制一个半径为 390 的圆，结果如图所示。

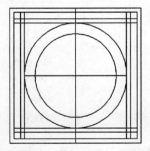

11 利用"O"偏移命令，将圆向内偏移80，得到同心圆。

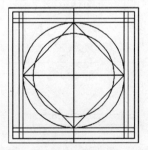

12 执行"PLINE"命令，连接大圆与矩形的四个切点，结果如图所示。

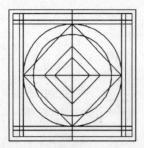

13 再次执行偏移命令，将刚刚得到的矩形向内分别偏移 120、60，得到两个如图所示的方形。

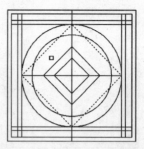

14 执行"TR"剪切命令，选取圆内最大的方形为剪切边界，如图所示。

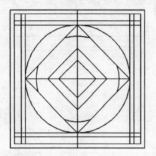

15 选择完剪切边界后，回车，点取要剪切的图线，结果如图所示。

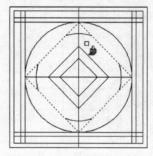

16 下面我们将两条轴线图层及特性转变为黑色轮廓线，激活特性刷"MA"，点取目标特性的线，结果如图所示。

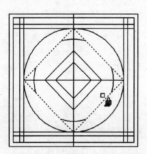

17 点取后，则直接点击要改变特性的红色轴线，结果如图所示，轴线特性变为轮廓线特性。

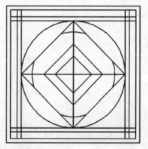

18 利用剪切命令，将中轴线长出来的线段剪切掉，结果如图所示。

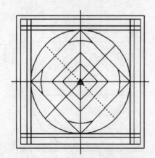

19 执行"ROTATE"命令，选择刚改变线性的两条轴线为目标线段，选择圆心为旋转点，输入角度为 45°。

20 回车后，十字轴线则逆时针旋转 45°，结果如图所示，则浮雕图案绘制完毕，"Ctrl+S"保存文件。

操作小贴士：

　　通过上面的自测复习了矩形、圆形的绘图命令，重点是练习了旋转命令的使用，选择正确的点是旋转正确的基础，同时旋转角度，顺时针旋转，角度值为负数，逆时针旋转，角度值为正数，这点希望大家掌握。

　　特性刷也是较为方便的工具，不仅可以改变颜色，还可以更改图形的图层、线型及比例，对文字、图形，尤其是填充图案都适用。

自测16　浮雕图案的绘制—块的定义与插入

接下来我们利用上一个自测的结果，练习如何定义块，并如何将图块插入到图形中。

使用到的命令	文件管理、块定义、插入块
学习时间	30 分钟
视频地址	光盘\视频\第 3 章\浮雕图案的绘制—块的定义与插入.swf
源文件地址	光盘\源文件\第 3 章\浮雕图案的绘制—块的定义与插入.dwg

01 执行"Ctrl+O"命令，打开文件中上个自测绘制的图形。

02 找到图形后将其打开，结果如图所示。

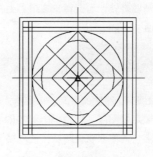

03 执行 "BLOCK" 矩形命令，弹出块定义对话框，在名称栏输入想要输入的名称，如（图案1）。

04 单击基点中的拾取点后，系统自动跳转到图面上，选择图形的中点为拾取点后，系统又回到块定义对话框。

05 继续点击"选择对象"，系统继续跳回图形，框选所有元素，回车。

06 保持选择对象（转换为块）前点为选中，单位为（毫米），单击确定按钮则完成块定义，系统自动保存。

07 接下来执行 "INSERT" 插入命令，弹出插入对话框，点取名称下拉菜单，找到要插入的块名称。

08 勾选插入点（在屏幕上指定），比例如果不变可以不勾选，三条轴等比变化可勾选统一比例，也可分别输入比例值。

09 如果不需要旋转，则不用勾选任何地方，如果需要旋转，可选择（在屏幕上指定）或输入角度值45°。

10 单击确定按钮后，则插入了输入比例和旋转角度后的图块，插入完成。

操作小贴士：

　　AutoCAD 图块的定义，以及插入相对较为简单，但经常会用到，需要大家注意的知识点是定义时要定好图层，已经插入时的图层是否为你要设定的图层，如果插入后，发现不是需要的目标图层，则需要双击图块，进入编辑状态转变图层后，关闭块编辑即可。

第8个小时　填充命令及表格的使用

▲*3.3*　创建图案填充

在 AutoCAD 绘图中，图案的填充使用得非常广泛，不论在室内设计、建筑设计还是机械设计图中，都可以通过填充的图案来明显区分各种面域的不同，同时美化整体图案。

3.3.1　图案填充的激活

➤ 执行命令：

输入命令：HATCH/H，回车；

如图 3-14 所示，点击功能区的填充图案按钮。

如果想调出图案填充对话框，则需要在工作空间为（AutoCAD 经典）时，点击"绘图>图案填充"。

图 3-14　填充图案按钮

在弹出的"填充图案和渐变色"对话框中，拾取内部点和选择对象为选择要填充的面域工具，如图 3-15 所示。

➤ 点击右下角的展开按钮，可以得到如图 3-16 所示的功能对话框；一般将孤岛检测勾选，并选择外部，这样填充时就不会影响到内部图案了。右侧的三个图形也分别代表了填充后的效果图，普通 M：只填充奇数；O：只填充图形的外部；G：所有的都填充。

类型选项：在系统自带的"预定义"图案中，有各种常用图案可以选择，并且都是经过分类的，如金属、木地板、混凝土等；用户也可以自己下载安装其他填充图案。

➤ 单击图案后的扩展命令按钮，打开"填充图案选项板"对话框，如图 3-17 所示。

➤ 在选择图案样例下方是可以调整填充图案比例及旋转角度的选项，如图 3-18 所示，用户可根据不同情况进行调整，得到最好的效果。

➤ 关联的作用：当关联打开时，如图 3-19 所示，改变外轮廓面域图形形状时，图形内的空白位置被填充图案自动修复，如果不关联，结果如图 3-20 所示，图案仍保留在原有轮廓线状态下。

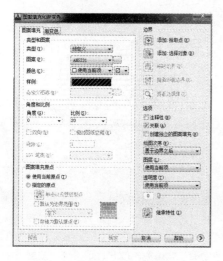

图 3-15　填充图案和渐变色对话框

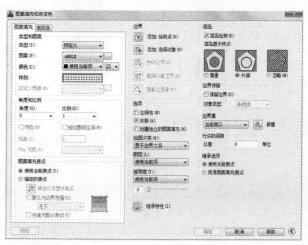

图 3-16　展开对话框

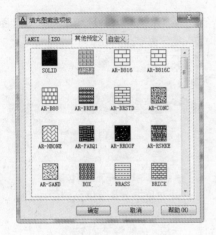

图 3-17　填充图案选项板

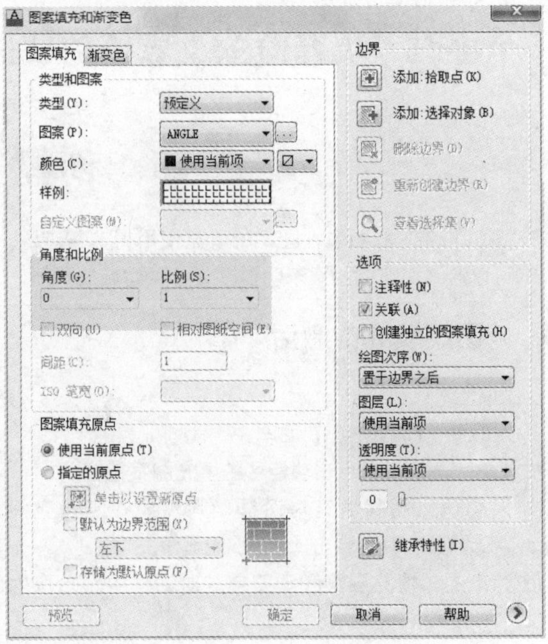

图 3-18　角度及比例调整

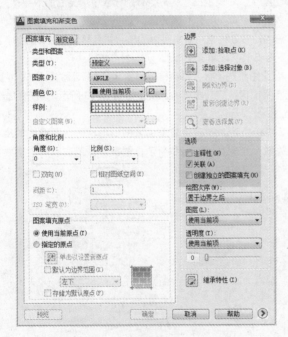

图 3-19　障碍物的填充

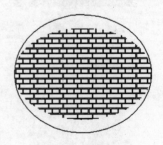

图 3-20　去掉障碍物后

> 调整完基本的参数后，就可以选择填充对象了，利用边界的两个拾取按钮进行选择，点击"拾取点"，可以点击需要填充的闭合图案内部空白处；点击"选择对象"，则可以选择外轮廓线为一条完整、密闭的图形并进行填充，如图 3-21 所示。

> 如果填充完以后，觉得图案太密或太稀疏，可以双击图案调整"填充比例"，如果需要旋转，则可输入"角度"值，如图 3-22 所示。

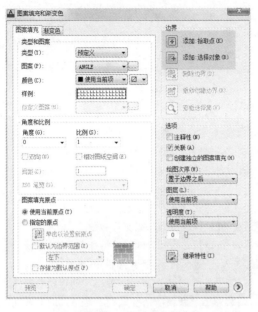

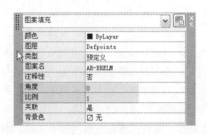

图 3-21　边界选项卡　　　　　　　　图 3-22　更改图案参数

3.3.2　渐变色填充

在渐变色选项卡中，可以利用两种不同颜色之间的渐变进行图案填充，基本选项与图案填充类似，如图 3-23 和图 3-24 所示。

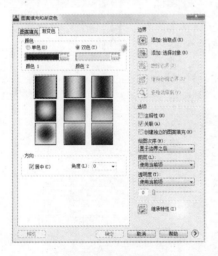

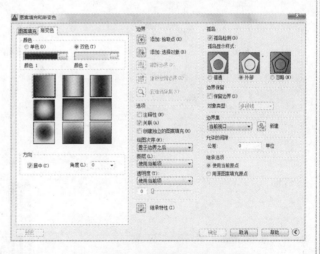

图 3-23　双色渐变填充　　　　　　　图 3-24　双色渐变填充展开图

一般"渐变色"填充用在 3D 建模渲染的时候，在二维图形中用"图案填充"。

▲3.4　表格的创建与编辑

表格的使用在 AutoCAD 中较为普遍，不仅可以用来列举各种材料名称、数据、照明灯具种类与数量，还可以体现区域的面积、竖向标示、符号等。

3.4.1 绘制表格

➢ 激活步骤：

输入命令：TABLE 并回车；

或单击"绘图"工具栏上的(表格)按钮；

系统弹出插入表格对话框，如图 3-25 所示。

利用表格对话框可选择表格样式，设置表格的列数、行数、列宽、行高等参数。

➢ 表格样式：选项用于选择所使用的表格样式。可点击后边展开"标高样式"，如图 3-26 所示。

➢ 插入选项：利用下列子菜单选项组，确定如何为表格填写数据。

➢ 预览框：用于预览表格的样式。

➢ 插入方式：选项组设置将表格插入到图形时的插入方式，一般为指定。

➢ 列和行设置：选项组则用于设置表格中的行数、列数以及行高和列宽等参数。

➢ 设置单元样式：利用给出选项组分别可设置第一行、第二行和其他行的特殊单元样式。

➢ 设置单元样式：利用给出选项组分别可设置第一行、第二行和其他行的特殊单元样式。

在表格样式中点击新建，可建立新的表格样式，结果如图 3-27 所示，弹出"创建新表格样式"对话框，在新样式名内输入新名字后，点击继续，则会弹出"新建表格样式：表格 1"的对话框，如图 3-28 所示，利用各个设置参数来创建需要的表格，非常方便。

图 3-25　插入表格对话框

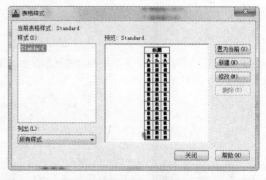

图 3-26　表格样式对话框

图 3-27　创建新表格样式对话框

图 3-28　新建表格样式：表格 1 对话框

在插入方式选择指定后，设置好"插入表格"对话框确定表格数据后，单击"确定"按钮，而后根据提示确定表格的位置，即可将表格插入到图形，如图 3-29 所示，插入后 AutoCAD 弹出"文字格式"工具栏，并显示表格中的第一个单元格，此时就可以向表格输入文字，如图 3-30 所示。

图 3-29 插入指定点表格 　　　　　　图 3-30 指定后弹出文字格式对话框

3.4.2 编辑表格

AutoCAD 中插入的表格不仅可以先设置再插入，还可以在插入后进行编辑，如图 3–31 所示，可在表头处双击后输入文字。

在左侧表格内双击也可以输入名称及内容，如图 3–32 所示。

图 3-31 输入表头 　　　　　　　　　图 3-32 输入内容

提示

很多情况下，我们会在填写表格时发现，表格的行或列缺少了，因此需要再次添加、插入更多的行和列，AutoCAD 的表格和 EXCEL 一样，均可以自由添加、编辑。

在双击表格右下侧的空格处，在弹出的表格对话框内，左侧工具按钮依次为：在上方插入行，在下方插入行、删除行，及在左侧插入列，在右侧插入列，删除列。此外还提供了文字对齐、锁定、符号插入等诸多功能，可依次点击自行学习，如图 3-33 和图 3-34 所示。

图 3-33 在目标表格下方插入行 　　　　　图 3-34 在左侧插入列

提示

目前 AutoCAD 无法将 AutoCAD 绘制的表格转换成 EXCEL 表格使用，两者是不兼容的表格，目前市场上有个别软件可以转换，但效果不是很理想，希望在不远的将来可以实现，这样就可以直接使用该表格进行修改、添加、删除、打印，省去了许多表格调整工作的烦恼。

🎬 浮雕图案的绘制——图案填充.swf

🖼 浮雕图案的绘制——图案填充.dwg

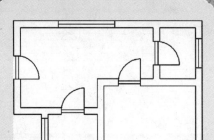

🎬 双线建筑墙体的绘制.swf

🖼 双线建筑墙体的绘制.dwg

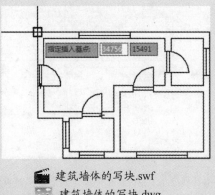

指定插入基点 34756 15491

🎬 建筑墙体的写块.swf

🖼 建筑墙体的写块.dwg

自我检测

　　无论多么复杂的图形，无疑都是由线条、填充图案以及标注组成的，经过刚才的学习，下面我们就来通过自测练习这些命令。

　　下面的几个自测重点在于对填充图案的理解和熟练掌握。有兴趣的学员，可以自己先练习一下，再对照讲解进行学习。

自测17 浮雕图案的绘制—图案填充

接下来我们将继续利用上个自测的结果练习图案填充的命令，包括普通图案的填充及渐变色的填充练习。

使用到的命令	保存、打开功能、图层工具、填充工具
学习时间	25 分钟
视频地址	光盘\视频\第 3 章\浮雕图案的绘制—图案填充.swf
源文件地址	光盘\源文件\第 3 章\浮雕图案的绘制—图案填充.dwg

01 按 "Ctrl+O" 快捷键打开命令，找到上个自测绘制的图形，单击确定按钮将其打开。

02 输入 "LAYER" 图层命令，建立填充图层，颜色选为（灰 8），并置为当前，结果如图所示。

03 执行 "HATCH" 填充命令，会弹出一个图案填充和渐变对话框，图案后边有一个可展开的菜单。

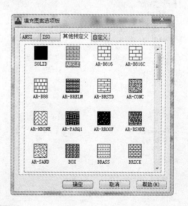

04 点击可展开菜单，则弹出填充图案选项板。

05 拖曳右侧的下拉条，选择（DOTS），点击后，单击确定按钮。

06 自动退回主对话框后，在右上角有两种填充方式：拾取点、填充对象，如果要填充的不是一个连续图形，选择拾取点，单击确定按钮。

07 系统自动回到图案模型空间后，依次点击中间四个小方形空白处，如图所示。

08 回车后，会自动弹出填充的对话框，接下来可以调整比例、角度，如果可以了，则可点击预览，进行观察。

09 如果预览发现间距太大，则比例过大，任意点击一下，则返回后，调整比例，缩小数值，单击确定按钮。

10 图案如上图所示，内部方形则按照要求填充完毕。

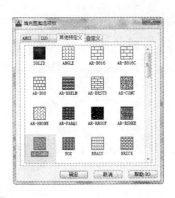

11 执行"HATCH"命令，弹出对话框，选择图案（SAND）。

13 执行"HATCH"命令，弹出对话框，选择图案（CROSS）。

15 下面我们退回空白图形，对其进行渐变色的填充。

12 继续选择（拾取点）进行填充，比例设置为 10，依次点击圆及方形的差集区域，填充结果如图所示。

14 继续选择（拾取点）进行填充，比例设置为 10，依次点击方形条形区域，填充结果如图所示。

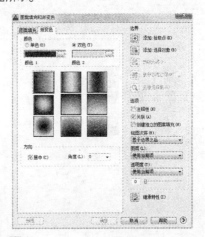

16 执行"HATCH"填充命令，弹出对话框，选择（渐变色>单色）选项，同样后边也有个可展开菜单。

17 单击展开菜单，共包括三个主要选
色分类。

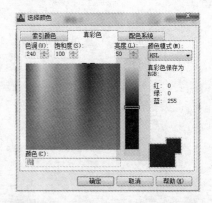

18 中间按钮是真彩色，通过选色板可以
挑选颜色，并通过右侧的下拉条调整深浅度。

19 第二个分类是索引颜色，系统软件已根
据颜色类别调出不同色系的颜色，根据不同号码
可进行选择。

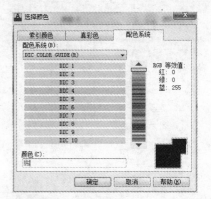

20 第三类是配色系统，读者可根据颜色
色的特殊需要，进行自行配色，这里不深入
讲解。

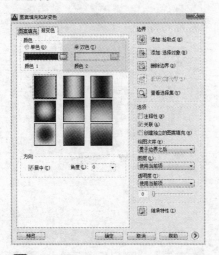

21 回到主对话框，单色的右侧是双色，同
样后边也有可展开的菜单。

22 单击展开菜单，与单色菜单的选择颜
色对话框内容一样，只不过在双色板里选择的
颜色是与单色共同组成渐变颜色的色系。

23 选择好两种渐变颜色后，单击主对话框右上角的"添加：拾取点"，进行填充，同样下侧有预览和确定按钮，用法与"图案填充"一样。

24 单击要填充的空白区域，点击确定后，渐变色的填充就完成了，读者可根据自己的喜好进行不同的颜色及区域填充。

操作小贴士：

在 CAD 的工程制图中，渐变色的应用相对没有图案填充广泛，因此对图案的样式、种类要求较高，在填充中经常遇到填充完看不到填充图案的情况，主要是因为比例过大，图案间隔过大所致，还有可能就是填充的图案所在图层已经被关闭或锁定，这样也是看不到的。因此填充时确认图层是否选择正确。

自测18 双线建筑墙体的绘制

接下来我们将主要利用双线，绘制简单的建筑平面底图，并通过其他几种命令，来完善平面图的构图。

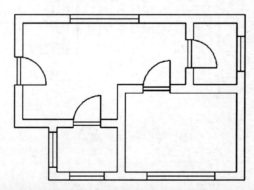

使用到的命令	双线、剪切、删除、直线
学习时间	20 分钟
视频地址	光盘\视频\第 3 章\双线建筑墙体的绘制.swf
源文件地址	光盘\源文件\第 3 章\双线建筑墙体的绘制.dwg

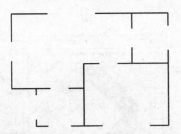

01 按"Ctrl+O"快捷键找到本自测的底图。

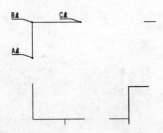

02 执行"MLINE"多线命令，输入对正（J）回车，输入无（E）回车，输入比例（S）回车，输入240，回车，则多线准备工作设置完成。

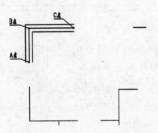

03 按照提示，指定起点，按照点 A、B、C，依次点击绘制240厚的墙体，结果如图所示。

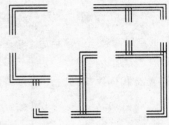

04 按照同样的方法，将底图上所有墙体都绘制多线，结果如图所示。

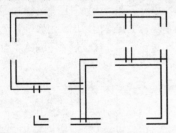

05 将多线中间的底图线利用"E"删除，结果如图所示。

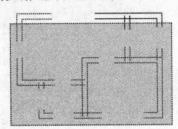

06 执行"X"炸开命令，将所有图形选中，回车，结果如图所示。

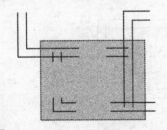

07 执行"TRIM"修剪命令，将下边厨房从右下角到左上角进行选择，回车。

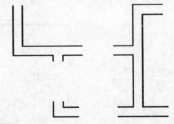

08 依照上图，将不需要的线段进行点击、剪切，结果如图所示。

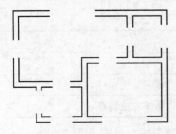

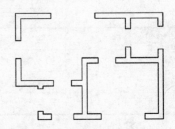

09 按照同样的命令，将整体平面图的双线角点处进行同样的剪切，这样建筑平面图轮廓就绘制完毕了。

10 执行"LINE"直线命令，将各墙体、窗户端口进行连接，结果如图所示。

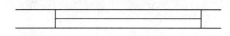

11 继续执行直线命令，将上侧窗户两端进行连接，结果如图所示。

12 执行"OFFSET"偏移命令，输入偏移距离为120，点取窗户直线，向下点击空白处两次，窗户绘制完毕。

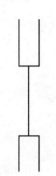

13 执行"LINE"命令，连接左侧主入口的门框中线。

14 执行"OFFSET"偏移命令，输入偏移距离为50，分别向两侧偏移，结果如图所示。

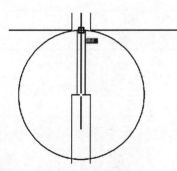
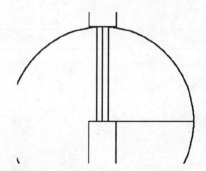

15 执行"CIRCLE"圆命令，以门框中心为圆心，门框宽度为半径绘制圆，结果如上图所示。

16 利用直线命令，从圆心出发，做垂直于门框的垂线，结果如图所示。

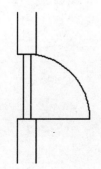
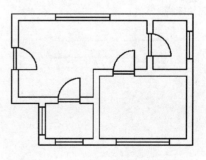

17 执行"TRIM"剪切命令，依照上图，进行门的剪切。

18 绘制窗户及门，将图上相应的门及窗户绘制完毕。

操作小贴士：

建筑平面图的墙体大多是由双线构成的，双线根据样式比例可选择宽度，常用的室内墙厚为 200 或 240，根据承重材料的不同还有其他尺寸。要剪切多线不能直接进行，需要炸开才能编辑。

自测19 建筑墙体的写块

接下来我们将进行图块的写块练习，以建筑平面图为对象，利用外部写块命令进行练习。

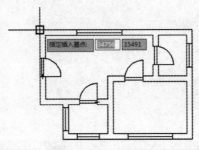

使用到的命令	写块
学习时间	15 分钟
视频地址	光盘\视频\第 3 章\建筑墙体的写块.swf
源文件地址	光盘\源文件\第 3 章\建筑墙体的写块.dwg

01 按组合键"Ctrl+O"，寻找到上一自测绘制的图样。

02 执行"WBLOCK"命令，则系统自动列出相关字母的命令。

03 点击命令后，弹出写块对话框，如上图所示，点击块后边的下拉条可将已编辑为块的图形名称直接调出写块。

05 点选对象后，可利用选择"基点、对象"两项来选择我们要写的块目标图形，先选择拾取点。

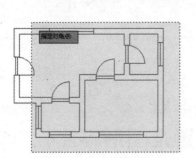

07 点击"选择对象"，则将整个图形全部选中，如图所示。

09 打开快速选择对话框通过颜色、图层、线性等多个特征从复杂的图形中快速选出需要的图形来。

04 选择"整个图形"，则意味着整个当前图面的所有图形都被选为对象。

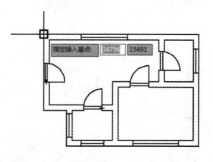

06 点击完拾取点后，系统跳回图形，我们以建筑的左上角为基点。

08 在上图所示的黄色选框为快速选择，点击此按钮可进行快速选择。

10 在文件名和路径一栏中为默认的存储块的目标地址，如果想更改，可点击后边的展开菜单。

11 点击展开菜单后，则弹出文件对话框，选择要存放的目标位置。

12 最后单击保存按钮，则外部写块完成。

操作小贴士：

> 写块最大的方便之处在于，可以将图块另存为一个完整的图形文件，可以在不同的图形文件中分别打开、调用，而定义块则只在当前编辑绘制图形中存在，如需要使用它时，则可打开原有图形，从中复制出来，没有写块简单。

第9个小时　标注工具的使用

▲*3.5* 标注的设置及图形标注

尺寸标注是绘图中重要的部分，它不仅描述图形对象的组成部分大小尺寸，而且还体现了相对位置的关系情况，是实际生产中不可缺少的组成部分。

3.5.1　尺寸标注的组成

> 尺寸文字

图形中实际数值，可用符号加文字表示。

> 尺寸线

规定了标注的范围，AutoCAD 可将尺寸线或文字设定在测量区域的外部或中间。

> 尺寸箭头

箭头样式可进行自行选择，大小也可根据图形进行设置。

> 尺寸界线

尺寸界线即从被标注的对象延伸到尺寸线。

> 超出尺寸线

尺寸界线超出箭头的部分。

3.5.2　创建并编辑标注样式

进行尺寸标注之前，要先根据绘图界限和绘图尺寸大小以及所绘图形的内容来设置合适的标注样式。

➤ 激活方式

点击"格式 >标注样式",弹出"标注样式管理器",如图 3-35 所示。

点击"新建",系统弹出"创建新标注样式"对话框,如图 3-36 所示。在新样式名中输入新名字,如(标注样式 1),单击继续按钮。

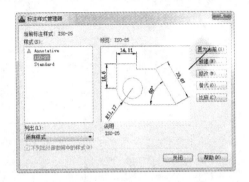

图 3-35 标注样式管理器

图 3-36 创建新标注样式

➤ 单击继续按钮后,弹出"新建标注样式:标注样式 1"对话框,先单击"线"选项卡,对基线间距和超出尺寸线和偏移量进行设置,如图 3-37 所示。

➤ 单击"符号和箭头"选项卡,可以根据图样对象进行"箭头"的选择,选项中第一个、第二个和引线均需要设置,最后设计箭头大小,如图 3-38 所示。

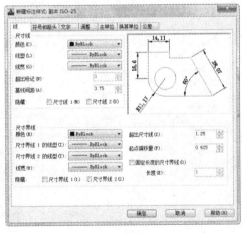

图 3-37 线的设定

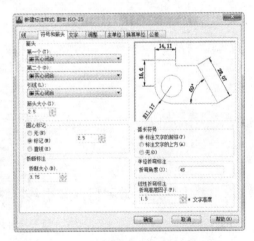

图 3-38 符号和箭头选项卡

➤ 在文字选项卡中,文字样式一般默认为"STANDERD",后边有一个扩展选项卡,文字常设为宋体,置于尺寸线上方,水平置中,与尺寸线对齐,如图 3-39 所示。

➤ "调整":使用全局比例是指全部放大,全部缩小。"调整"选项卡中,如当标注文字、箭头整体太小,首先利用它调整全局比例,如果觉得还不合适,再逐个调整文字、箭头、偏移大小,如图 3-40 所示。

➤ "主单位"中可设置"单位格式"和"精度","单位格式"中,建筑标注没有单位,比较特殊,一般则选为"小数"、"0"即可。前后缀的设置,则可输入符号,如在前缀中输入"%%P"为正负号,输入"%%C"为直径符号;在后缀中输入"%%d"为度数符号,如图 3-41 所示。

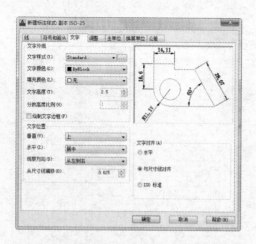

图 3-39　文字选项　　　　　　　　　　图 3-40　调整

> "换算单位"、"公差"一般使用较少，可以自行了解，如图 3-42 所示。

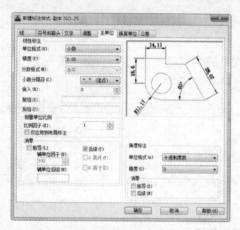

图 3-41　主单位　　　　　　　　　　图 3-42　换算单位

3.5.3　基本标注、效率标注和引线标注

> 六种基本标注方法：线性标注（用于标注水平和垂直间距）、对齐标注、坐标标注、半径标注、直径标注、角度标注。
> 另外还有三种效率标注：快速标注、基线标注和连续标注。

快速标注：适应于有中心线等辅助线的标注。

基线标注：从上一个或选定标注的基线处创建线性、角度或坐标标注。

连续标注：可在其他标注后，使用连续标注，可以创建一系列连续的线性、对齐、角度或坐标标注。

3.5.4　掌握尺寸标注方法

以线性标注矩形为例：

在工作空间为 AutoCAD 经典时，点击"标注>线性"后，利用鼠标点击要标注的点即可，如图 3-43、图 3-44 所示。

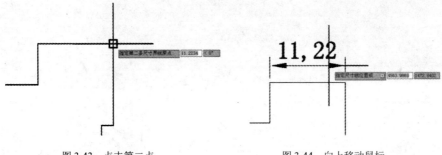

图 3-43　点击第二点　　　　　　图 3-44　向上移动鼠标

点击第一点后，系统提示点击第二点，向上移动鼠标，在适当位置点击空白处即可完成。

> **提示**
>
> 　如果在线性标注后需要继续在同一方向上进行标注，则不需要每次点击"线性"，只需要点击"标注>连续"，即可自动向右连续标注。

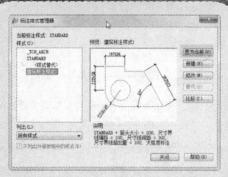

设置文字样式并创建标注样式.swf

设置文字样式并创建标注样式.dwg

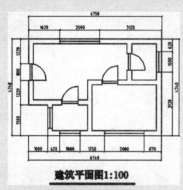

建筑平面图1:100

图形的尺寸标注.swf

图形的尺寸标注.dwg

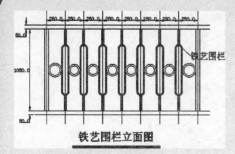

铁艺围栏立面图

绘制、标注铁艺栏杆.swf

绘制、标注铁艺栏杆.dwg

自我检测

这一节我们学习了关于文字样式、标注样式及表格的创建技巧，这些在 AutoCAD 中是非常常用的工具，如果这些参数不能设置到位，那么标注出来的数据就无法达到合理的标准。

这里我们着重练习的是标注样式的设置及标注的过程，看看大家能不能在规定时间内完成呢。

下面让我们一起来完成吧。

自测20 设置文字样式并创建标注样式

在我们进行文字及尺寸标注前，一般要对 AutoCAD 的文字样式及标注样式进行设置，下面我们就来设置这些参数。

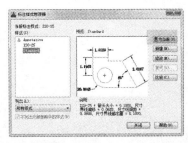

使用到的命令	文字样式、标注样式设置
学习时间	20 分钟
视频地址	光盘\视频\第 3 章\设置文字样式并创建标注样式.swf
源文件地址	光盘\源文件\第 3 章\设置文字样式并创建标注样式.dwg

01 按组合键"Ctrl+O"，寻找到本自测的图形。

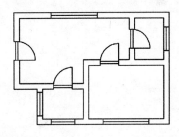

02 打开自测 5 的室内平面图，如上图所示。

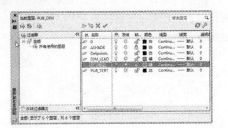

03 激活图层"LARRY"，建立文字层"TEXT"颜色为黑色，标注层"尺寸标注"颜色为绿色。

04 将工作空间调为 AutoCAD 经典后，单击"格式>文字样式"，弹出文字样式对话框。

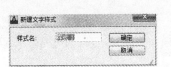

05 点击新建后，弹出文字样式对话框，在样式名内输入"样式 1"单击确定按钮。

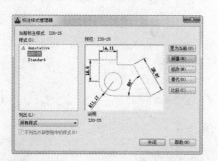

07 将工作空间调为 AutoCAD 经典后，点击"格式>标注样式"，弹出标注样式管理器对话框，点击新建。

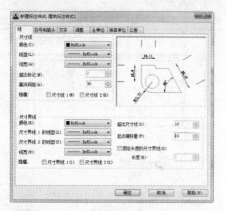

09 这时系统自动弹到"修改标注样式"对话框，点击"线"栏，设基线距离为 30，超出尺寸线、起点偏移量为18。

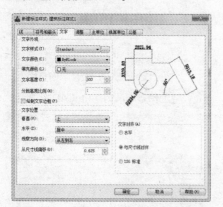

11 点击"文字"栏，文字样式为"STANDARD"，文字高度为 500，文字位置为：上，居中，从左到右。

06 如上图所示，在样式中选择"样式1"，字体选择宋体，样式为常规，保持"使用大字体"不被勾选，高度为350，单击应用按钮。

08 点击后弹出创建新标注样式对话框，在新样式名内输入建筑标注样式 1，单击继续按钮。

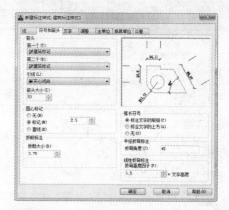

10 点击"符号和箭头"栏，均选择建筑标记，引线为实现闭合，箭头大小为 50，折弯角度为45°。

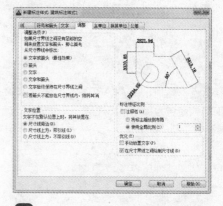

12 点击"调整"栏，点选文字或箭头（最佳效果），文字位置在尺寸线旁边。

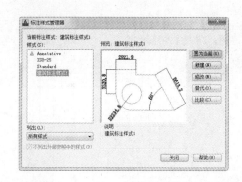

13 点击"主单位"栏，精度调为 0.0，其他为默认值。

14 单击确定按钮后，系统自动跳回标注样式管理器，单击样式中的"建筑标注样式 1"。

操作小贴士：

文字样式调整好后，只要输入文字时，文字的样式、尺寸均会默认为调整的样式参数，如果需要，可在输入文字时再进行适当调整。

自测21 图形的尺寸标注

接下来我们利用已经设置好的标注样式进行标注。

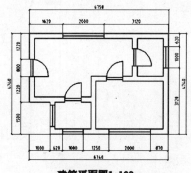

建筑平面图1:100

使用到的命令	标注、移动、单行文字、多段线
学习时间	20 分钟
视频地址	光盘\视频\第 3 章\图形的尺寸标注.swf
源文件地址	光盘\源文件\第 3 章\图形的尺寸标注.dwg

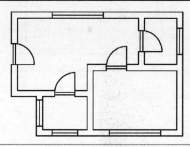

01 按组合键"Ctrl+O"，寻找到本自测的底图，结果如图所示。

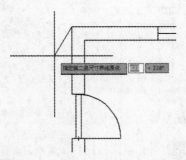

02 将工作空间调为 AutoCAD 经典后，点击"标注>线性"，激活线性标注。

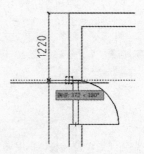

03 按照系统提示，点击墙体第一点后，会提示点击第二点，如上图所示。

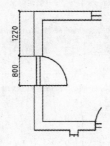

04 点击墙体第二点后，数字会自动出现在标注线外侧，如上图所示。

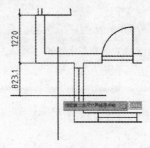

05 点击"标注>连续"后，系统可自动以上一次结束点为起点，继续标注下一点即可。

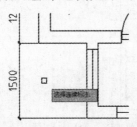

06 依次点击需要点击标注的墙体线，如上图所示。

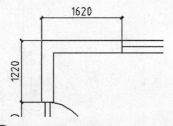

07 点击完成后，回车，结束这组的标注，如果要进行下一方向的标注，需要重新点击线性，而不能回车。

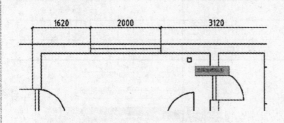

08 点击"标注>线性"，从墙体第一个角点开始向右点击。

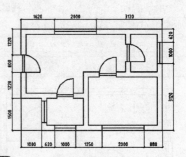

09 点击"标注>连续"后，可继续多次连续点击标注，结果如上图所示。

10 执行同样的步骤，将图形不同方向的尺寸分别进行标注，结果如图所示。

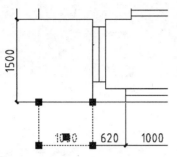

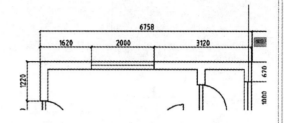

11 点击已经标注好的标注线，可以看到有各个可移动的点，将长短不对齐的标注线进行移动，使之对齐。

12 在日常的工程图绘制中，通常在分别标注分段尺寸后，进行总尺寸的标注，如图所示。

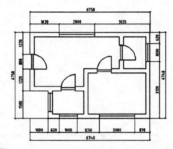

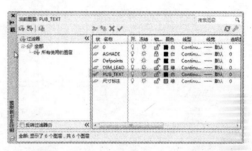

13 如上图所示，这样就能清晰地看到每一段的尺寸及总墙体的尺寸。

14 打开图层管理器"LA"将"TEXT"文字图层置为当前。

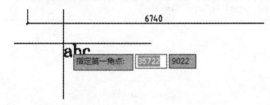

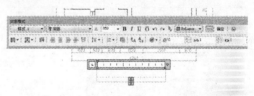

15 执行"TEXT"单行文字，在图形下方点击输入文字框的角点及第二点。

16 在弹出的文字格式对话框内，可以调节文字的样式、大小、字体等参数，高度调为 300。

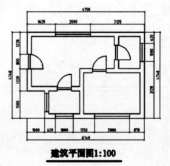

17 在文字框内输入（建筑平面图1:100），单击确定按钮。

18 执行"PLINE 多段线命令，制定起点，输入宽度（W），起点及端点宽度均为50，点击第二点"，回车。

操作小贴士：

　　图形的尺寸标注一定要建立独立的图层，因为有时为了查看方便，以及打印的特殊要求，需要将标注层进行特定编辑，通常情况下，标注层颜色均为绿色。

自测22　绘制、标注铁艺栏杆

下面通过铁艺栏杆的绘制来继续练习几个常用的命令，并通过标准样式的设定来复习标注的相关命令。

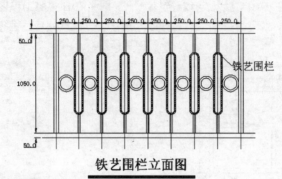

铁艺围栏立面图

使用到的命令	双线、圆、块定义、镜像、标注样式
学习时间	20 分钟
视频地址	光盘\视频\第 3 章\绘制、标注铁艺栏杆.swf
源文件地址	光盘\源文件\第 3 章\绘制、标注铁艺栏杆.dwg

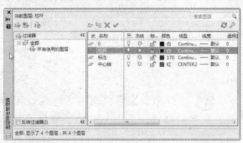

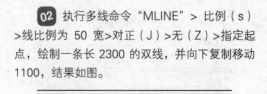

01　建立新的空白文件，输入图层命令"LARRY"，建立图层"栏杆、中心线、标准"图层，将栏杆图层置为当前。

02　执行多线命令"MLINE" > 比例（s）>线比例为 50 宽>对正（J）>无（Z）>指定起点，绘制一条长 2300 的双线，并向下复制移动 1100，结果如图。

03　继续执行多线命令后，连接上下两条多线，形成连接钢件。

04　执行"MOVE"命令，以连接钢件端点为基点，向右移动 150 后，得到上图。

05 输入"OS"命令，选中中点、垂足点后，按确定按钮完成。

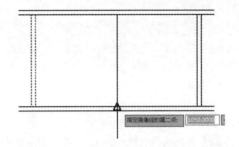

06 执行"MIRROR"镜像命令，选择连接钢件，以上下双线的中点连接线为对称轴，进行镜像，结果如图所示。

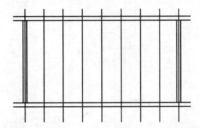

07 打开图层管理器，将中轴线图层置为当前后，绘制连接钢件的中轴线，并向右侧偏移250，结果如图所示。

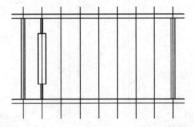

08 执行"RECTANG"矩形命令，点击任意一点后，输入 D，回车，输入长、宽分别为650、100，将矩形移动到轴线上。

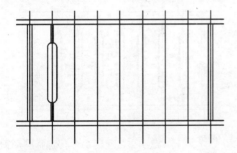

09 激活"FILLET"圆角命令，输入半径（R），输入值为 4，分别点击矩形四个角两条边线，进行倒角，结果如图所示。

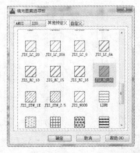

10 激活"O"偏移命令，将得到的矩形铁艺向内偏移 100，点击"HATCH"填充命令，选择（STELL）图案，比例设为5，进行填充。

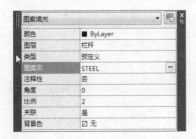

11 双击填充图案，可以进行对填充图案的调整设置。

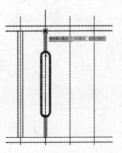

12 激活"BLOCK"块定义命令，以顶点为拾取点，选择矩形铁艺及上下连接钢管为对象。

13 在名称栏中输入栏杆，其他为默认值即可，单击确定按钮，栏杆块定义完成。

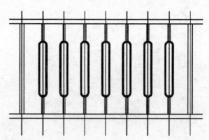

14 执行 "COPY" 复制命令，将铁艺块以顶点为基点进行复制，复制到右侧七条中轴线上，结果如图所示。

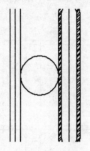

15 激活 "CIRCLE" 圆命令，输入 2 点（2p），选择栏杆中点为直径第一点，矩形铁艺垂线为第二点，绘制圆形。

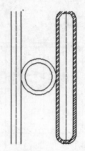

16 执行 "OFFSET" 偏移命令，指定偏移距离为 20，选择圆形，点击内部空白处，得到铁艺圆环。

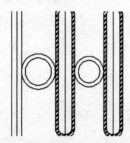

17 按照同样的步骤，执行圆命令，选择两点（2p），点取两侧矩形铁艺中点，绘制圆形，向内偏移 10 个距离。

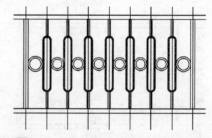

18 执行 "COPY" 复制命令，选择圆形铁艺为对象，选择中轴线点为基点，依次向右复制，最后将大圆环镜像到右侧，得到上图。

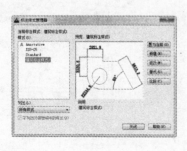

19 将工作空间调为 AutoCAD 经典后，点

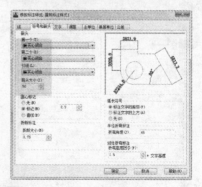

20 点击进入（新建标注样式）后，间距

击"格式>标注样式"，弹出标注样式管理器对话框，点击新建样式1。

调为 30，超出尺寸线及起点偏移量都设为 18，"箭头"均选实心箭头，大小为 50，其他为默认值。

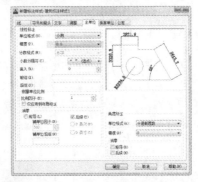

21 文字栏中，文字高度为 50，位置为外部、居中，对齐方式为水平。

22 主单位一栏中，精度调为 0.0，单位格式为十进制，单击确定按钮。

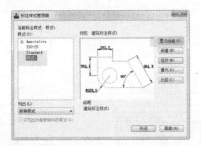

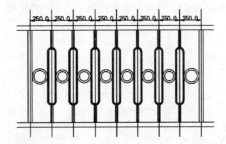

23 单击确定按钮后，弹回样式管理器，点击刚才编辑的样式 1，将"标注"图层置为当前，准备标注。

24 点击"标注>线性"后，点取第一条轴线及第二条轴线端点，再点击"标注>连续"，依次如图标注。

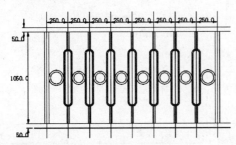

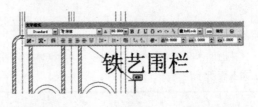

25 执行同样的步骤，分别点击"标注>线性"、"标注>连续"对竖向的距离分别标注，结果如上图所示。

26 点击"标注>多重引线>点击铁艺上一点，向外侧空白处引出文本框，输入字体高度为 60 的铁艺围栏。

铁艺围栏立面图

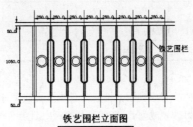

铁艺围栏立面图

27 输入单行文字命令（TEXT）调整字高度为 100，采用宋体，输入铁艺围栏立面图，结果如图所示。

28 执行"PLINE"多段线命令，点击文字下一点，输入宽度（W），指定起点和端点宽度均为 30，点击第二点，回车，则图形完成。

操作小贴士：

这个自测中除了之前学习的命令之外，重点就是标注样式的设置，设置的文字高度、尺寸线大小以及尺寸线尺寸，都是要依据所绘制图形大小而定的。如果绘制图形比例相似，可利用之前设置的样式，而不用每次都进行设置。

自 我 评 价

要绘制完整而漂亮的 AutoCAD 图形，标注的尺寸及文字说明非常重要，不仅从另一角度说明解释了图样中重要的信息，而且也对图样无法表达的东西进行了补充和完善，因此，对 AutoCAD 图样的标注及标注设置，一定要在理解的基础上熟练使用。

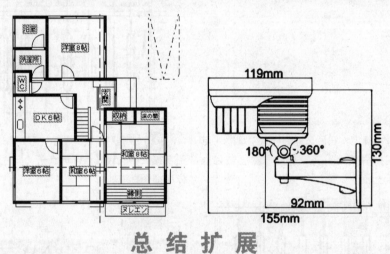

总 结 扩 展

在上面的几个案例中主要介绍了 AutoCAD 图案填充，及文字标注、表格的不同命令介绍，具体要求如下表所示：

	了 解	理 解	精 通
设计中心		√	
图案的填充			√
写图块			√
文字输入			√
图表绘制		√	
标注设置及标注			√

AutoCAD 是一个大型的复杂的应用程序，在经过第一阶段的基础知识学习后，再加上后面几个自测例子的练习与巩固，相信对这些重要的命令有了更深一层的理解，只要我们手勤、眼勤、脑勤，相信我们可以很快成为 CAD 绘图的高手，让我们一起努力吧！

第 **4** 章

模型创建
——AutoCAD 2013 的三维语言

下面我们将进入三维世界，通过对前几章的学习，我们已经学习了AutoCAD二维的基本命令，这些命令很大程度上都影响着三维命令的使用和拓展。

学习三维模型的创建，首先将学习有哪些建模工具，然后引入如何创建几何模型、实体修改，以及模型的编辑渲染等。

三维图形也是由多个二维图形通过拉伸、挤压等方式产生出来的，因此要想学好三维建模，二维命令的使用也必不可少。

学习目的:	掌握 AutoCAD 的三维模型工具
知识点:	AutoCAD 基础模型建立，掌握 AutoCAD 2013 模型编辑、二维与三维的转换等。
学习时间:	3 小时

学习 AutoCAD 三维建模首先要学好什么？

　　首先应熟悉什么是世界坐标系，以及与三维空间的关系，同时应掌握 AutoCAD 用户坐标系及多角度视图工具的使用，因为在绘制过程中需要绘图者不断观察图形，进行实时调整。对于各种基本的绘制实体模型的工具命令，一定要熟悉其每个命令的使用方法尤其是提示下的子命令，更要注意其包含的内容，对于面域的定义及使用也要较为熟悉，反复练习，才能游刃有余。

绘制精美的三维实体

如何确定 AutoCAD 的绘图平面	多视口观察图像有什么好处	三维可使用哪些二维命令
在 AutoCAD 默认的平面，主要是 X-Y 平面，或者与之平行的平面进行，所有二维图像及大多数三维图像都在这里完成，因此，平面视图往往就指 XY 水平面。	在绘制三维模型时，有时需要实时观察图形的变换，当需要确定某一实体位置形态时，更需要从多个角度进行确定，以防止图形变形或走样。	只要不存在线宽的二维线框命令，都可以在三维中使用，但它们只能在 XYZ 的某两个轴组成的面中使用，通过二维到三维的转变工具，创建实体。

第10个小时 三维坐标系与视角

▲4.1 三维坐标系

AutoCAD 为用户提供了世界坐标系（WCS）和用户坐标系（UCS）两种坐标系，默认情况下是世界坐标系，也就是笛卡儿坐标系，如图 4-1 所示。

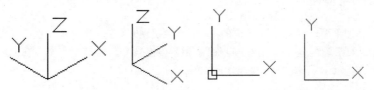

图 4-1　世界坐标系与用户坐标

4.1.1　坐标系的可调整性

AutoCAD 默认的坐标系是世界坐标系。在绘制二维图形的时候，在大多数情况下，世界坐标系就能满足作图需要，但绘制三维图形时，为了便于输入坐标和寻找相对位置，常常需要移动坐标系或者是调整坐标方向，或者是绕某一个坐标轴旋转坐标系。如图 4-2 所示为通过确定新的原点来创建坐标系。

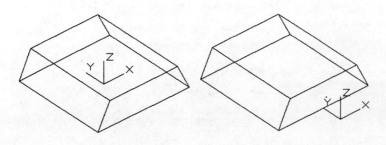

图 4-2　通过确定原点来创建新的用户坐标系

4.1.2　坐标系的多方向性

在 AutoCAD 中，无论二维还是三维图形的创建，都是在 xy 平面中绘制图形。而在绘制图形时，有时需要在 yz 平面或 xz 平面绘制图形，此时需要绕某一轴旋转坐标系来绘制新的图形。如图 4-3 所示，以 xy 平面为圆柱体底面。

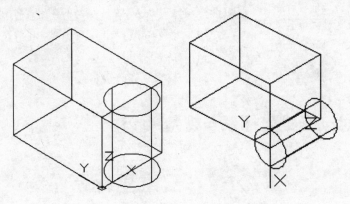

图 4-3　坐标系统 X 轴旋转给绘图带来的变化

4.1.3　图形的可变性

虽然 xy 是作图平面，但是由于 Z 值的不同，也会出现无数的绘图平面。在绘制三维图形的过程中，可以通过输入不等的坐标值来绘制不同的图形。如图 4-4 所示，分别是以 "20,20,0"、"20,20,20" 作为底面中点，半径和高度为 10 和 20。

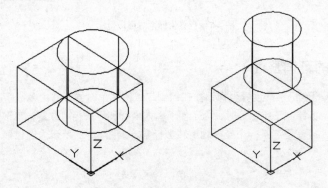

图 4-4　不同的 Z 值带来的不同绘图效果

▲ *4.2*　视点与视觉样式

三维模型与二维图形有很大不同，根据选择的视角不同，会展现出完全不同的实物。如图 4-5 所示从不同的观察角度观察台灯，形状完全不同。而由于不同的视觉样式，对于细节观察也会有很大影响。

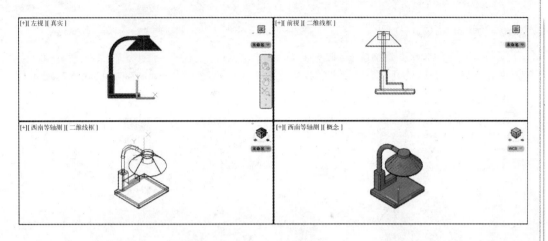

图 4-5　不同视点与视觉样式对比

视点是指观察图形的方向。例如对球体来说，如果我们使用前视图，将是一个二维圆形，如图 4-6 所示。如果我们使用西南等轴测，展现在我们面前的是球体，如图 4-7 所示。

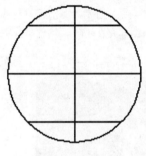

图 4-6　球体前视图

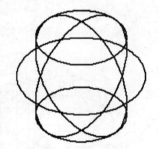

图 4-7　球体西南等轴测

提示

在以后的工作和学习过程中，要学会不断地调整视角，方便图形的观察，与新建用户坐标系结合，可以在很大程度上提高绘图效率。

4.2.1　设置视点

视点设置在 AutoCAD 2013 中非常重要，要在绘图过程中不断调整视角，以利于下一步图形的绘制。视点可以用以下方法设置：

使用"视图控件"：如图 4-8 所示，可以直接点击中间方括号中的文字，在下拉菜单中选择所需要的视点。

使用菜单栏：执行"视图>三维视图>视图选项"，如图 4-9 所示。

使用"ViewCube"设置：用户可以根据需要在 ViewCube 控件上选择不同的视图模式，同时也可以在 ViewCube 控件上单击鼠标右键进行设置，如图 4-10 所示。

图 4-8　视图控件

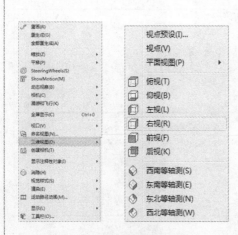

图 4-9　用菜单栏选择视图样式　　　　　图 4-10　ViewCube 控件及设置

4.2.2　设置视觉样式

　　视觉样式的改变可以给我们呈现出不同的感觉，如图 4-11 所示为减法运算前的线框模型和概念模型。如图 4-12 所示，虽然线框模型相同，但是概念模型却存在差异，这就是视图的调整带给我们的便利。

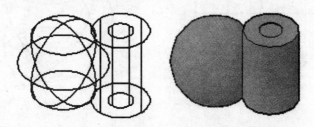

图 4-11　减法运算前的线框模型和概念模型

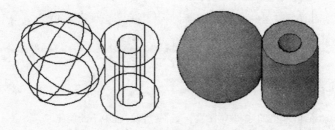

图 4-12　减法运算后的线框模型和概念模型

　　既然已经了解了调整试图样式的重要性，那么该如何调整视图样式呢？调整视觉样式主要有两种方法：

　　（1）使用菜单栏：执行"视图>视觉样式>选择试图样式"，如图 4-13 所示。

　　（2）使用"视觉样式控件"：可以使用鼠标左键单击绘图区左上角的"视觉样式控件"，在弹出的"视觉样式选择对话框"中选择所需的视觉样式，如图 4-14 所示。

[-][自定义视图][灰度]

图 4-13　菜单栏中的视觉样式　　　　图 4-14　用视觉样式控件选择视觉样式

軸承帽.swf

軸承帽. dwg

三维办公桌.swf

三维办公桌.dwg

自我检测

经过上述对三维建模基础知识的介绍，读者朋友是否对三维命令不那么陌生了，只要我们多做练习，都可以熟练掌握。

下面几个自测相对简单，但针对性较强。

自测23 轴承帽

下面我们将为大家讲解轴承帽的绘制，画法很简单，但涉及到了几种工具的使用，有的是上面讲到的，有的则是新的工具，让我们一起来绘制第一个小例子吧。

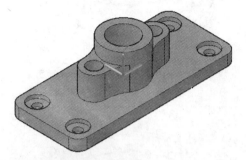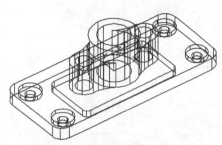

使用到的命令	圆柱体、长方体、拉伸、坐标变换、圆角、布尔运算等
学习时间	20 分钟
视频地址	光盘\视频\第 4 章\轴承帽.swf
源文件地址	光盘\源文件\第 4 章\轴承帽.dwg

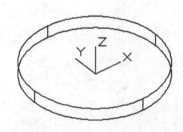

01 执行"文件>新建"命令，在弹出的对话框中选择"acad3D"样板，单击"确定"按钮，新建一个空白文档。

02 执行"建模">"圆柱体"命令，建立以"0,0,0"为底面圆心，半径为 57，高为 10 的圆柱体。

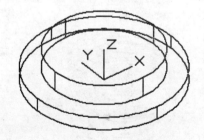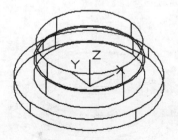

03 执行"建模">"圆柱体"命令，建立以"0,0,10"为底面圆心，半径为 42，高为 15 的圆柱体。

04 执行"建模">"圆柱体"命令，建立以"0,0,25"为底面圆心，半径为 41，高为 15 的圆柱体。

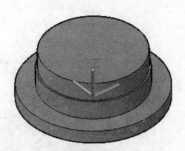

05 执行"实体编辑" > "并集"命令，把三个圆柱体合并。调整视图为"概念"，如图所示。

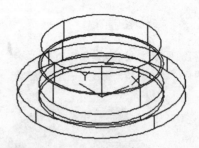

06 执行"建模" > "圆柱体"命令，以"0,0,0"为底面圆心，建立高度为 3，半径为 42 的圆柱体。

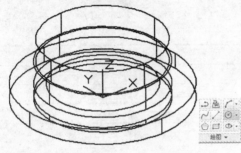

07 执行"绘图" > "圆"命令，以"0,0,10"为圆心，35 为半径绘制圆。

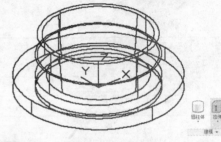

08 执行"建模" > "拉伸"命令，以圆为对象，输入 T，角度为 5，高度为 30，进行拉伸。

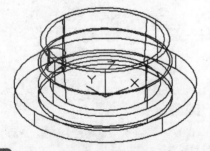

09 执行"建模" > "圆柱体"命令，以"50,0,0"为底面圆心，建立高度为 10，半径为 5 的圆柱体。

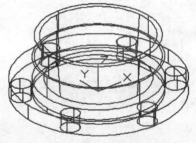

10 执行"编辑" > "三维阵列"命令，选择环形阵列模式，以原点为圆心，项目数为 6，填充角度为 360° 进行阵列。

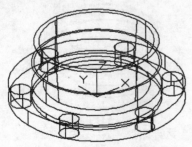

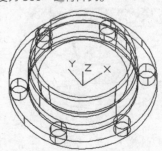

11 执行"修改" > "分解"命令，选择阵列后的 6 个圆柱体作为对象，进行分解。

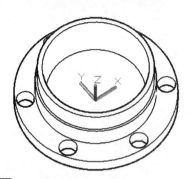

12 执行"实体编辑" > "差集"命令，将 6 个小圆柱体和上下两个后面绘制的圆柱体从整体中减去。

13 调整视图模式为真实。

14 调整到概念视图，如图所示，轴承帽绘制完毕。

操作小贴士：

　　本实例应该注意，在阵列之后一定要对阵列实体进行分解，因为阵列后的图形是一个"块"，不能够参与布尔运算。

自测24　三维办公桌

下面我们将为大家讲解办公桌模型的绘制。

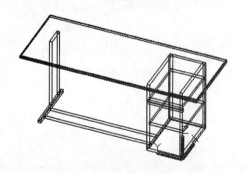

使用到的命令	镜像、长方体、复制、圆角等
学习时间	20 分钟
视频地址	光盘\视频\第 4 章\三维办公桌.swf
源文件地址	光盘\源文件\第 4 章\三维办公桌.dwg

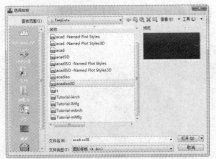

01 执行"文件>新建"命令，在弹出的对话框中选择"acad3D"样板，单击"确定"按钮，新建一个空白文档。

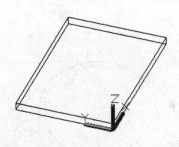

02 执行"建模">"长方体"命令，以"0,0,3"、"60,3,77"为对角点绘制长方体。

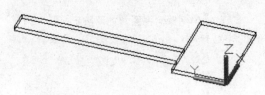

03 再次执行"建模">"长方体"命令，以"10,40,0"、"15,120,3"为对角点绘制长方体。

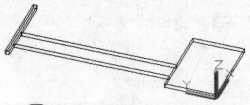

04 重复"长方体"命令，以"0,160,0"、"60,3,3"为对角点绘制长方体。

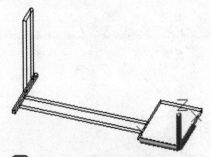

05 重复"长方体"命令，以"30,160,3"、"20,3,77"为对角点绘制长方体。

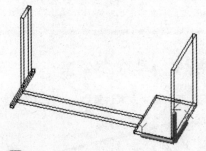

06 重复"长方体"命令，以"0，0，3"、"600,3,77"为对角点绘制长方体。

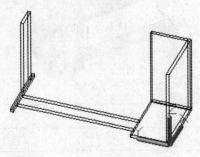

07 重复"长方体"命令，以"57,0,3"、"3,40,77"为对角点绘制长方体。

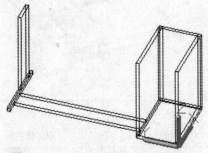

08 执行"修改">"三维镜像"命令，选择右侧长方体为对象，zx 为镜像面，镜像面上的点为"0,20,0"，进行镜像。

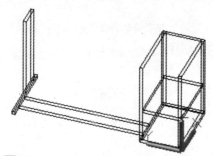

09 重复"长方体"命令，以"3,1.5,30"、"56,37,3"为对角点绘制长方体。

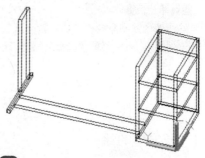

10 执行"修改">"复制"命令，选择上一步的长方体为对象，"3,1.5,30"为复制基点，"0,0,30"为目标基点。

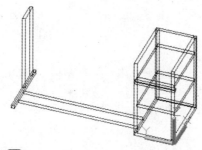

11 执行"建模">"长方体"命令，以"0,0,57"、"3,40,3"为对角点绘制长方体。

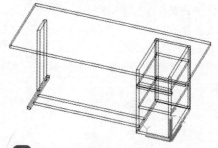

12 执行"建模">"长方体"命令，以"−10,−20,80"、"80,200,3"为对角点绘制长方体。

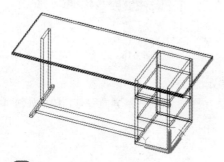

13 执行"修改">"圆角"命令，设定 R 为 1，对桌面进行圆角处理。

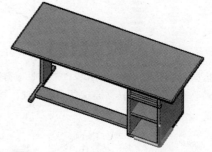

14 执行"实体编辑">"并集"命令，将左右图形合并为一个整体，调整到"概念"模式，办公桌模型如图所示。

操作小贴士：

在本实例中，不断重复长方体命令，第一点为绝对坐标，第二点为默认输入相对坐标。在进行复制的过程中，要注意基点的选择和目标点相对坐标的输入。

第11个小时 三维实体的建立

所谓实体图源，就是在 AutoCAD 中绘制的实心立体对象，包括长方体、楔体、圆锥体、球体、圆柱体、圆环体及棱锥体。

这些图源的绘制命令在"功能区"选项板中选择"常用"选项卡后都能显示，在"建模"面板中单击相应的按钮，或在菜单中选择"绘图>建模"子命令来创建。

▲4.3 三维实体图元的绘制

4.3.1 长方体的绘制

长方体在 AutoCAD 的三维建模中是较为基本的三维模型，通过对简单图形三维编辑后，都可以得到最终模型设计。

下面通过绘制一个长、宽、高都为 100 的立方体来说明使用过程：

➤ 执行菜单："绘图>建模>长方体"。

或者点击"建模"工具栏>"长方体"按钮。

或者执行命令：BOX。

在"三维建模"模型中，视图设置为"西南等轴测"，视图样式为"二维线框"，如图 4-15 所示。

执行"绘图>实体>长方体"，任意点击绘图区一点作为直线的起点，如图 4-16 所示。

[-] [西南等轴测] [二维线框]

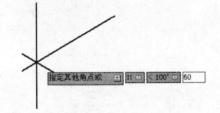

图 4-15 调整视图   图 4-16 选择长方体工具

根据提示输入"100、100、60"并回车确定，如图 4-17 所示。

调整观看角度，只需要按住 Shift 键，再按住鼠标中键，调整视点方向即可，结果如图 4-18 所示。

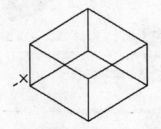
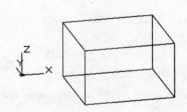

图 4-17 长方体   图 4-18 调整视点

➤ 上述的步骤为直接输入第二点、第三点的长度的做法，如果点击第一点坐标后，按照系统提示，输入（长方体/C）则自动绘制出一个立方体，并要求输入立方体的长度，如图 4-19 所示。

➤ 如果输入（长度/L），系统提示要求输入平面方向及长度，如图 4-20 所示，然后输入宽度，如图 4-21 所示，再输入高度，如图 4-22 所示。

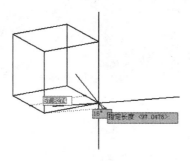

图 4-19　输入立方体长度

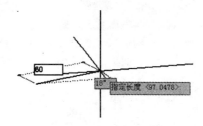

图 4-20　输入方向及长度

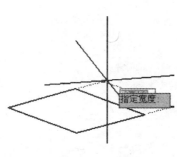

图 4-21　输入宽度

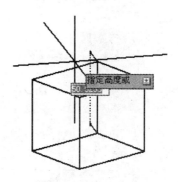

图 4-22　输入长方体高度

　　当激活长方体命令后，点击第一点时，按照系统提示，输入了（中心/C），那么系统会自动让用户点击的点为长方体的中心，然后后续命令又需要选择（第二点/立方体/长度），用法与上两步类似，如图 4-23、图 4-24 所示。

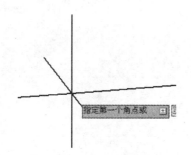

图 4-23　选择中心点

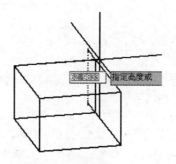

图 4-24　选择第二点坐标

提示

　　在绘制模型时，输入的长度值或坐标值为正值时，则以坐标系的 *X*、*Y*、*Z* 轴的正向建立图形；输入为负值时，则以系统 *X*、*Y*、*Z* 轴的负向建立图形。

4.3.2　绘制楔体

　　楔体可以创建底面为正方形或矩形，其高度与 *Z* 轴相平行。

　　绘制一个底面为 60X50，高度为 48 的楔体：

➢ 执行菜单："绘图>建模>楔体"。

或者点击"建模"工具栏>"楔体"按钮。

或者执行命令：WEDGE。

按照系统，任意指定空白区域第一点后，按照提示，输入（L）长度，回车，如图 4-25 所示。

输入长度为 60 后，回车，输入宽度 50，回车，结果如图 4-26 所示。

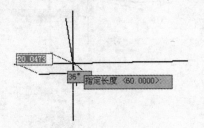 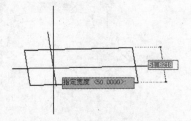

图 4-25　输入矩形长度　　　　　　　　　图 4-26　输入矩形宽度

按照提示，输入高度为 48，如图 4-27 所示。

按住 Shift 键，再按住鼠标中键，调整视点方向即可，结果如图 4-28 所示。

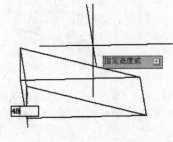 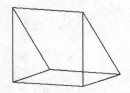

图 4-27　输入楔形高度　　　　　　　　　图 4-28　调整方向

4.3.3　绘制圆锥体

可用命令"CONE"绘制底面为圆形或椭圆的尖头圆锥体或圆台，同样圆锥体高度的正负值决定了圆锥头的方向。

绘制一个底面半径为 35，高为 60 的圆锥，步骤如下：

➢ 执行菜单："绘图>建模>圆锥体"。

或者点击"建模"工具栏>"圆锥体"按钮。

或者执行命令：CONE。

在任意位置点击第一点，作为圆心，系统提示输入半径为 35，如图 4-29 所示。

按照提示，输入高度为 60，回车，图形绘制完毕，如图 4-30 所示。

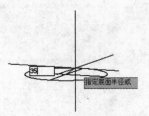 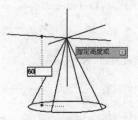

图 4-29　输入底面半径　　　　　　　　　图 4-30　输入高度数值

➢ 如果需要做棱台，则在第二步输入高度数值时，输入顶面半径（T），如图 4-31 所示；
在棱台上面输入小圆的半径值后，回车即可，如图 4-32 所示。

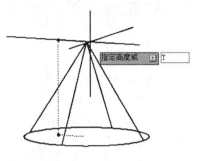

图 4-31 输入顶面半径 T

图 4-32 输入小圆数值

提示

当需要绘制某个固定底圆时，在激活命令后，可根据系统提示，依据三点、两点、切点半径、椭圆等子选项进行绘制，方法与二维绘制圆形一样。

4.3.4 绘制圆柱体

激活"CYLINDER"命令，可绘制底图为圆或椭圆的实体圆柱体。下面我们绘制底图半径为 50，高度为 90 的圆柱体，步骤如下：

➢ 执行菜单："绘图>建模>圆柱体"。
或者点击"建模"工具栏>"圆柱体"按钮。
或者执行命令：CYLINDER。
在"三维建模"模型中将视图设置为"西北等轴测"，视图样式为"二维线框"，如图 4-33 所示。
在绘图区任意位置点击一点作为底面圆心，半径输入为 50，如图 4-34 所示。

[-] [西北等轴测] [二维线框]

图 4-33 调整视图样式与视点

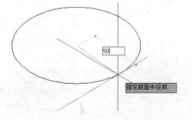

图 4-34 输入半径

根据提示输入圆柱体高为 90，确认后，如图 4-35 所示。
按住 Shift 键，再按住鼠标中键，调整视点方向，如图 4-36 所示。

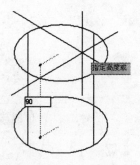

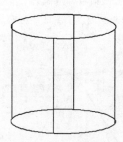

图 4-35　输入高度　　　　　　　　　　　　　图 4-36　改变观察角度

4.3.5　绘制棱锥体

棱锥体命令为"PYRAMID"，可以创建最多为 32 个侧面的实体棱锥体或棱台，下面绘制底面半径为 50 的六边形，以及顶面半径为 30，高为 60 的棱台，步骤如下：

➤ 执行菜单："绘图>建模>棱锥体"

或者点击"建模"工具栏>"棱锥体"按钮；

或者执行命令："PYRAMID"；

按照提示，再输入底面第一点或边或侧面时，输入侧面为 S，如图 4-37 所示；

输入侧面数值为 6，如图 4-38 所示；

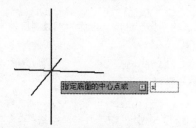

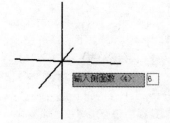

图 4-37　激活侧面命令　　　　　　　　　　　图 4-38　输入侧面数

输入侧面半径值为 50，如图 4-39 所示；

输入高度或顶面半径，输入顶面半径为 t，如图 4-40 所示；

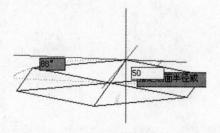

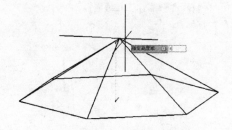

图 4-39　输入半径数值　　　　　　　　　　　图 4-40　激活顶面半径

按照提示输入顶面半径值为 30，如图 4-41 所示；

输入高度为 60，回车后，结果如图 4-42 所示。

图 4-41　输入顶面半径值　　　　　　图 4-42　结果

4.3.6　绘制球体

球体命令格式：

➢ 执行"绘图>建模>长方体"，绘制一个长、宽、高为 50 的正方体，结果如图 4-43 所示。

执行菜单："绘图>建模>球体"；

或者点击"建模"工具栏>"球体"按钮；

或者执行命令：SPHERE；

在确定第一点时，输入三点为 3p，回车，如图 4-44 所示。

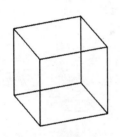

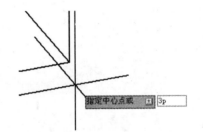

图 4-43　绘制正方体　　　　　　图 4-44　输入三点方式

系统提示点击第一点时，请点击正方体底面的某一点，如图 4-45 所示。

然后点击与之相邻的第二点作为圆球通过的第二点，如图 4-46 所示。

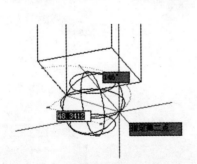

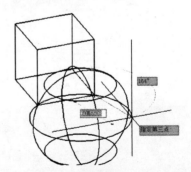

图 4-45　点击第一角点　　　　　　图 4-46　点击第二角点

将鼠标向外移动适当距离后，点击一点作为第三点；

区域左上角的"二维线框"变为"概念"后，圆球体正好通过正方体的底面两点，如图 4-47、图 4-48 所示。

[−] [自定义视图] [二维线框]

<table>
<tr><td>图 4-47　转换概念模式</td><td>图 4-48　结果</td></tr>
</table>

4.3.7　绘制圆环体

圆环体命令为 "TORUS"，下面通过例子绘制一个半径为 50，管半径为 5 的圆环体。

步骤如下：

➢ 执行菜单："绘图>建模>圆环体"；

或者点击 "建模" 工具栏> "圆环体" 按钮；

或者执行命令：TORUS；

在绘图区任意位置单击鼠标左键作为环圆心，环半径为 50，管半径为 30，如图 4-49、图 4-50 所示。

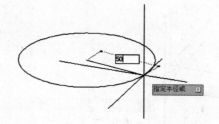

图 4-49　确定大圆半径

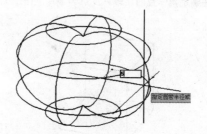

图 4-50　输入管内半径

按回车后，圆环体绘制完毕，在 "概念" 状态下进行观察，如图 4-51、图 4-52 所示。

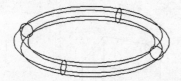

图 4-51　圆环体

图 4-52　概念渲染后的效果

> **提示**
>
> 　　圆环体需要输入两半径值：第一个是确定圆环外边缘大小的半径，第二个是圆环中心到管状物中心的距离，即环切面的半径。若指定的圆环的半径小于环切面半径值，即可绘制自身相交的无中心的圆环。

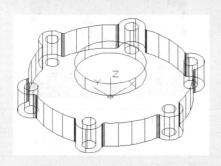

压盖的绘制.swf

压盖的绘制.dwg

台灯.swf

台灯.dwg

自我检测

经过对基础模型绘制工具的学习，大家是否已经找到了绘制三维模型的感觉和诀窍了呢。

下面为大家准备了几个小例子，我们一起练习吧。

自测25 压盖的绘制

下面我们将为大家执行的小测验是压盖的绘制，画法很简单，但涉及到了图层的建立及调整，以及几种工具的使用，让我们一起来绘制吧。

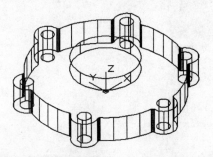
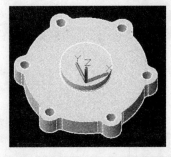

使用到的命令	圆柱体建模、阵列、圆角、分解
学习时间	20 分钟
视频地址	光盘\视频\第 4 章\压盖的绘制.swf
源文件地址	光盘\源文件\第 4 章\压盖的绘制.dwg

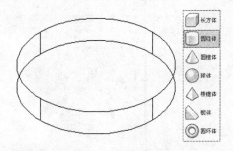

01 执行"文件>新建"命令，在弹出的对话框中选择"acadiso3D"样板，单击"确定"按钮，新建一个空白文档。

02 执行"建模" > "圆柱体"命令，在任意一点建立半径为 60，高为 20 的圆柱体，如图所示。

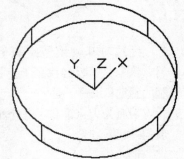

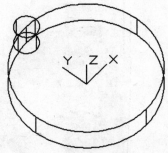

03 执行"工具" > "新建 UCS" > "原点"命令，捕捉圆柱体底面中点为新原点。

04 执行"建模" > "圆柱体"命令，以"0,60,0"为底面中心，半径为 10，高为 20，绘制圆柱体。

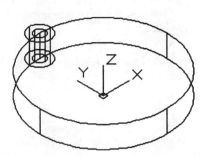

05 执行"建模">"圆柱体"命令,以"0,60,0"为底面中心,半径为5,高为20,绘制圆柱体。

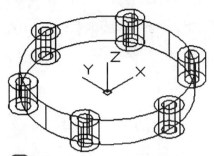

06 执行"修改">"环形阵列"命令,对两个小圆柱以"0,0,0"为中心,项目数为6,填充角度为360°,阵列。

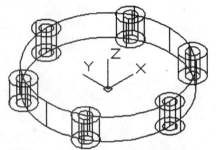

07 执行"修改">"分解"命令,选择上一步的阵列块为对象,执行分解操作。

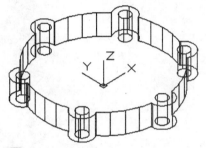

08 执行"实体编辑">"并集"命令,把半径为10的圆柱体与半径为60的圆柱体合并。

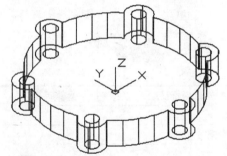

09 执行"实体编辑">"差集"命令,把半径为5的圆柱体从整体中减去。

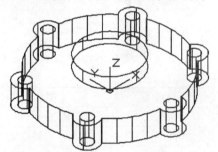

10 执行"建模">"圆柱体"命令,以"0,0,20"为底面中点,建立半径为60,高为20的圆柱体,如图所示。

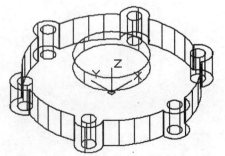

11 执行"实体编辑">"并集"命令,把半径为26的圆柱体与下面的圆柱体合并。

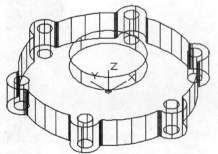

12 执行"修改">"圆角"命令,对大小圆柱结合处的12条边进行圆角处理,圆角半径为2。

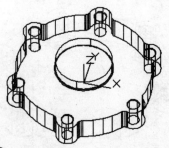 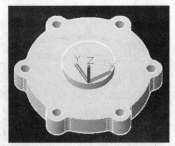

13 执行"修改">"圆角"命令，对上下
圆柱结合处的边进行圆角处理，圆角半径为1。

14 把视图调整到"概念"模式，结果如
图所示。

自测26　台灯

下面我们将为大家讲解零件轴测图的绘制，画法很简单，但涉及到了图层的建立及调整，以及
几种工具的使用，让我们一起来绘制吧。

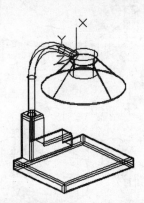 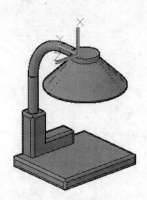

使用到的命令	圆柱体、长方体、拉伸、坐标变换、圆角、布尔运算等
学习时间	30 分钟
视频地址	光盘\视频\第 4 章\台灯.swf
源文件地址	光盘\源文件\第 4 章\台灯.dwg

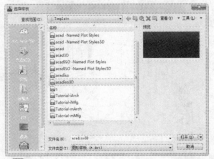 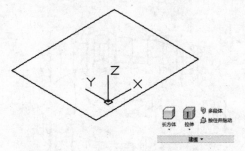

01 执行"文件>新建"命令，在弹出的对
话框中选择"acadiso3D"样板，单击"确定"
按钮，新建一个空白文档。

02 执行"绘图">"长方形"命令，输入
"–35，–15"和"170，140"作为长方形的两
角点，如图所示。

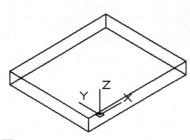

03 执行"建模">"实体编辑"命令,选择刚刚绘制的长方形为编辑对象,拉伸距离为20,如图所示。

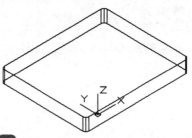

04 执行"修改">"圆角"命令,输入圆角距离为5,结果如图所示。

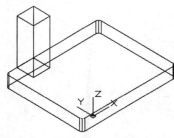

05 执行"建模">"长方体"命令,输入"-15,95,0"、"30,30,80"作为长方体两角点。

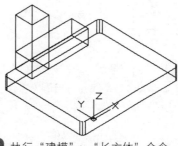

06 执行"建模">"长方体"命令,输入"-15,95,0"、"100,30,25"作为长方体两角点,结果如图所示。

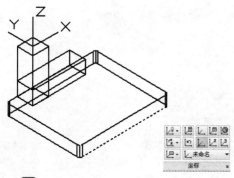

07 执行"工具">"新建 UCS">"原点"命令,输入新原点坐标为"0,110,80",结果如图所示。

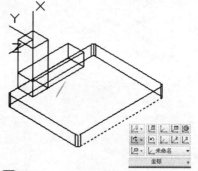

08 执行"工具">"新建 UCS">"Y"命令,将坐标系绕 Y 轴旋转 270°,结果如图所示。

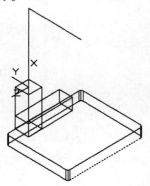

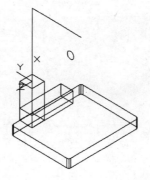

09 执行"绘图" > "多段线"命令，输入"0,0"、"150,0"、"0,-120"作为多段线的三点，如图所示。

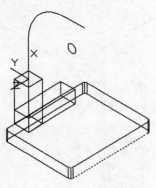

10 执行"绘图" > "圆"命令，在任意一点绘制半径为8的圆，如图所示。

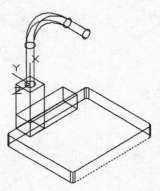

11 执行"修改" > "圆角"命令，设定R为80，选择多段线角点进行圆角操作，结果如图所示。

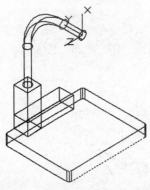

12 执行"建模" > "扫略"命令，选择半径为8的圆为扫略对象，多段线为路径进行扫略，结果如图所示。

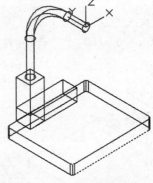

13 执行"工具" > "新建UCS" > "原点"命令，输入新原点坐标为"150,-120,0"，结果如图所示。

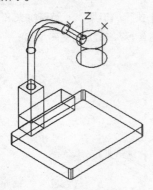

14 执行"工具" > "新建UCS" > "Y"命令，将坐标系统绕Y轴旋转90°，结果如图所示。

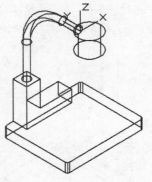

15 执行"建模" > "圆柱体"命令，输入"0,-20,-30"作为底面中心点，半径为25，高为35，绘制圆柱体。

16 执行"实体编辑" > "并集"命令，将上面绘制的五个实体执行并集命令，结果如图所示。

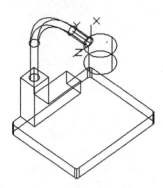

17 执行"工具">"新建 UCS">"Y"命令，将坐标系统 Y 轴旋转 270°，结果如图所示。

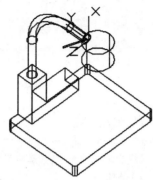

18 执行"绘图">"多段线"命令，依次输入"0,3"、"0,2"、"-50,50"、"-2,0"，再输入 c 闭合多段线。

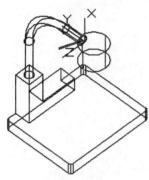

19 执行"绘图">"面域"命令，选择多段线为对象，执行面域操作，结果如图所示。

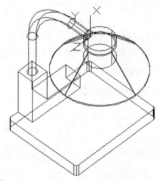

20 执行"建模">"旋转"命令，选择面域后的图形为对象，以半径 25 的圆柱中心轴为旋转轴进行 360° 旋转。

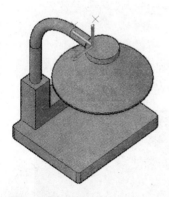

21 调整视图为概念视图，如图所示。

22 执行"修改">"圆角"命令，设置 R 为 5，把所有棱进行圆角处理，结果如图所示。

操作小贴士：

台灯的绘制都是由一些简单的图形组成的，但是在确定绘图平面时，要不断地变换用户坐标系，使得我们在绘制的过程中更容易操作。在平时的生活中，可以观察周围的物体是由哪些图元组成的，又是通过哪些逻辑运算得到的。

第12个小时 布尔运算的学习

▲4.4 认识布尔运算

布尔运算是通过对两个以上的实体进行并集、差集、交集的运算，从而得到新的物体形态。并集可以将二个或多个实体或面域合并成为一个整体。其中相交部分自动合并。交集与并集相反，可以将二个实体或面域保留相交的部分，将没有相交的部分删除掉。差集是用一个实体或面域减掉另一个实体或面域，只减掉相交的部分。

通过布尔运算，可以将相对简单的实体组建、修改成相对复杂的实体，下面我们就来学习如何运用布尔运算。

4.4.1 并集

并集是通过两个或两个以上实体含有的公共部分，将两个或多个实体合并为一个整体。得到的组合实体包括所有选定实体所封闭的空间形态。通过实例我们来说明一下：

➢ 执行"绘图>建模>圆锥体"，绘制底面半径为 30，高为 80 的圆锥体，执行菜单："绘图>建模>球体"，绘制半径为 40 的球体，如图 4-53、图 4-54 所示。

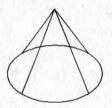

图 4-53 绘制圆锥体

图 4-54 绘制球体

点击"实体编辑"面板>"并集"按钮；

或者执行命令：UNION；

执行"修改>实体编辑>并集"，选择圆锥体和球体为对象，回车确认，如图 4-55 所示。

更改视图样式为"概念"，视点为"西南等轴测"，如图 4-56 所示。

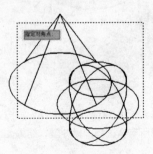

图 4-55 选择对象

图 4-56 调整视图样式

4.4.2 差集

差集是从一组实体中减去与另一组实体的公共实体。去掉部分将以空白显示，下面通过实例来说明它的原理：

➤ 执行"绘图>建模>圆锥体"，绘制底面半径为 30，高为 80 的圆锥体，执行菜单："绘图>建模>球体"，绘制半径为 40 的球体，如图 4-57、图 4-58 所示。

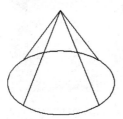

图 4-57　绘制圆锥体

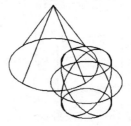

图 4-58　绘制球体

执行菜单："修改>实体编辑>差集"；

或者点击"实体编辑"面板>"差集"按钮；

或者执行命令：SUBTRACT；

按照提示选择圆锥体及球体为差集的对象，并执行差集命令，如图 4-59 所示。

更改视图样式为"概念"，视点为"西南等轴测"，如图 4-60 所示。

图 4-59　执行差集命令

图 4-60　调整视图样式

4.4.3　交集

交集是用两个或两个以上实体的公共部分创建符合三维实体的运算，非公共部分将自动剪切掉。下面通过实例来说明一下：

➤ 执行"绘图>建模>长方体"，绘制长、宽、高为 100、80、60 的长方体，执行菜单："绘图>建模>长方体"，绘制长、宽、高为 80、60、50 的长方体，如图 4-61、图 4-62 所示。

执行菜单："修改>实体编辑>交集"；

或者点击"实体编辑"面板>"交集"按钮；

或者执行命令：INTERSECT；

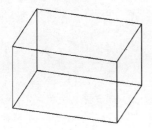

图 4-61　绘制长方体

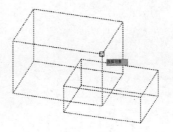

图 4-62　绘制长方体

执行"修改>实体编辑>交集",选择两个长方体为对象,回车确认,如图 4-63 所示。

更改视图样式为"概念",视点为"西南等轴测",如图 4-64 所示。

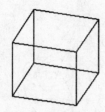

图 4-63 执行交集命令

图 4-64 调整视图样式

提示

利用布尔运算的优势很多,可以非常快捷、准确地删除不需要的体块,但要求两个或两个以上的三维体块必须是实体。

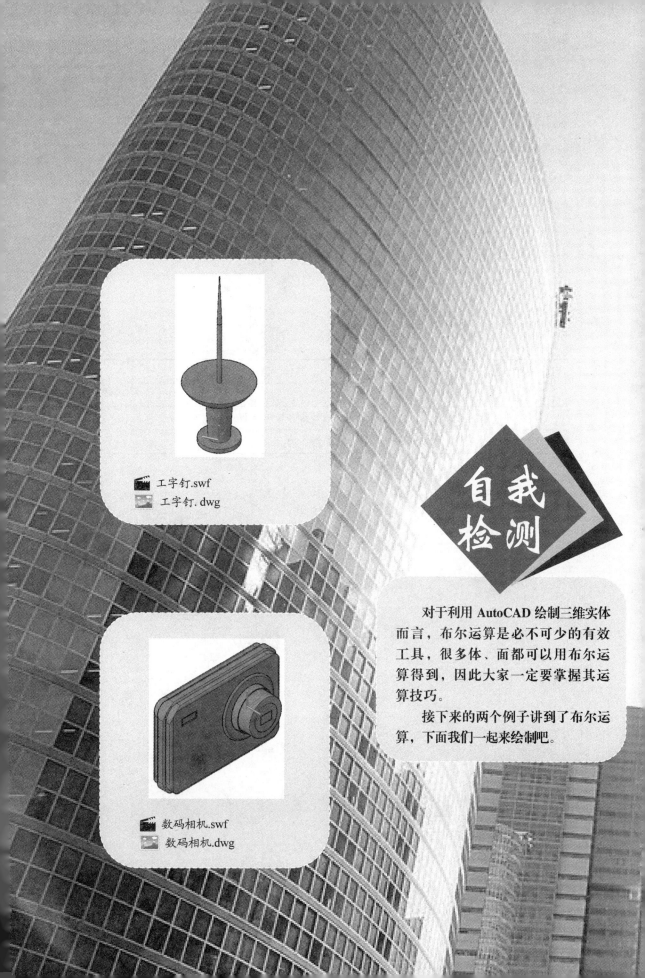

工字钉.swf

工字钉.dwg

数码相机.swf

数码相机.dwg

　　对于利用 AutoCAD 绘制三维实体而言，布尔运算是必不可少的有效工具，很多体、面都可以用布尔运算得到，因此大家一定要掌握其运算技巧。

　　接下来的两个例子讲到了布尔运算，下面我们一起来绘制吧。

自测27 工字钉

下面我们将讲解工字钉模型的绘制。

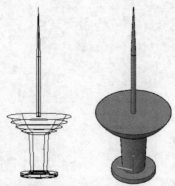

使用到的命令	圆柱体、球体、拉伸、圆角、布尔运算等
学习时间	20 分钟
视频地址	光盘\视频\第 4 章\工字钉.swf
源文件地址	光盘\源文件\第 4 章\工字钉.dwg

01 执行"文件>新建"命令，在弹出的对话框中选择"acadiso3D"样板，单击"确定"按钮，新建一个空白文档。

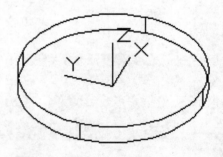

02 执行"建模">"圆柱体"命令，以原点为底面圆心，半径为 50，高度为 10 绘制圆柱体。

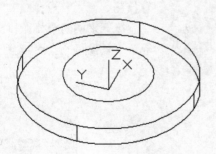

03 执行"绘图">"圆"命令，以"0,0,10"为圆心，25 为半径，绘制圆。

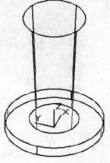

04 执行"建模">"拉伸"命令，以圆为对象，输入倾角 T 为-3，高度为 120，如图所示。

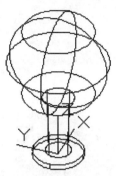

05 执行"建模" > "球体"命令，以 "0,0,210"为球心，100 为半径，绘制球体。

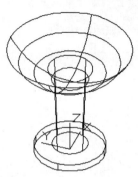

06 执行"三维编辑" > "剖切"命令，选择 *xy* 平面，过点"0,0,160"进行剖切，选择下部保留，结果如图所示。

07 执行"建模" > "圆柱体"命令，以 "0,0,130"点为底面圆心，半径为 5，高为 120 绘制圆柱体。

08 执行"建模" > "圆锥体"命令，以 "0,0,250"点为底面圆心，半径为 5，高为 100 绘制圆柱体。

09 执行"实体编辑" > "并集"命令，将所有图形合并为整体。

10 利用三维动态观察调整视角，如图所示。执行"修改" > "圆角"命令，输入 R 为 3，对顶部边进行圆角处理。

操作小贴士：

工字钉的绘制很简单，主要问题是要注意球体与圆柱体做差集处理的位置，还有就是要注意拉伸角度问题。

自测28 数码相机

下面我们将为大家讲解零件轴测图的绘制。

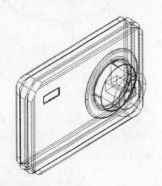 

使用到的命令	圆柱体、长方体、拉伸、坐标变换、圆角、布尔运算等
学习时间	20 分钟
视频地址	光盘\视频\第 4 章\数码相机.swf
源文件地址	光盘\源文件\第 4 章\数码相机.dwg

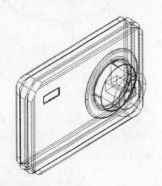 

01 执行"文件>新建"命令，在弹出的对话框中选择"acadiso3D"样板，单击"确定"按钮，新建一个空白文档。

02 执行"建模">"长方体"命令，输入"0,0,0"和"300,50,200"作为长方体的两角点，如图所示。

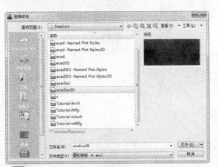 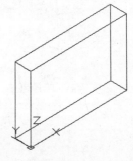

03 执行"建模">"长方体"命令，输入"-5,15，-3"和"310,20,206"作为长方体的两角点，如图所示。

04 执行"修改">"圆角"命令，输入圆角距离为 30，对第一个长方体的短边进行倒圆角，结果如图所示。

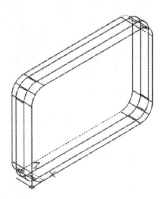

05 执行"修改">"圆角"命令，输入圆角距离为 30，对第二个长方体的短边进行倒圆角，结果如图所示。

06 执行"修改">"圆角"命令，输入圆角距离为 5，对第一个长方体的长边进行倒圆角，结果如图所示。

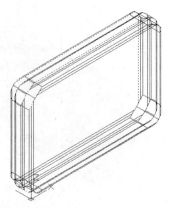

07 执行"修改">"圆角"命令，输入圆角距离为 4，对第二个长方体的长边进行倒圆角，结果如图所示。

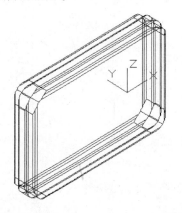

08 执行"工具">"新建 UCS">"原点"命令，以点"210,0,110"为新坐标系原点。

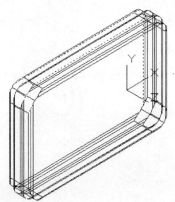

09 执行"工具">"新建 UCS">"X"命令，将坐标系统绕 X 轴旋转 90°，结果如图所示。

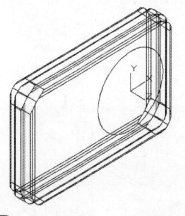

10 执行"绘图">"圆"命令，以"0,0"为圆心绘制半径为 70 的圆，如图所示。

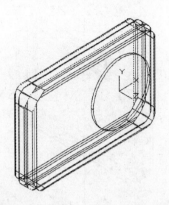

11 执行"建模" > "拉伸"命令，以圆为对象，高度为 5 进行拉伸。

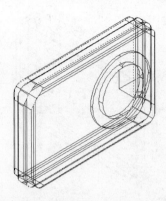

12 执行"建模" > "圆柱体"命令，以"0,0,0"为底面圆心，50 为半径绘制高度为 10 的圆柱体。

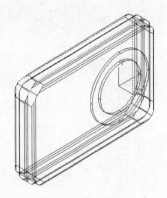

13 执行"实体编辑" > "差集"命令，把刚绘制的小圆柱从大圆柱中减去。

14 把视图调整到"概念"模式进行临时观察，可以看到数码相机的雏形已经绘制出来了。

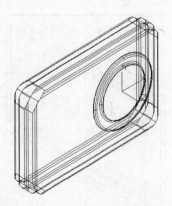

15 执行"修改" > "圆角"命令，输入圆角距离为 4，对差集结果进行倒圆角，结果如图所示。

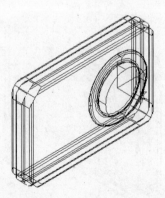

16 执行"建模" > "圆柱体"命令，以"0,0,0"为底面圆心，半径为 48，绘制高度为 20 的圆柱体。

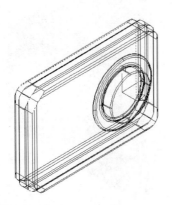

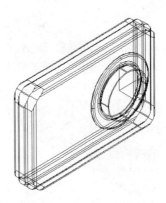

17 执行"建模">"圆柱体"命令,以"0,0,0"为底面圆心,46 为半径绘制高度为 22 的圆柱体。

18 执行"实体编辑">"差集"命令,把刚绘制的小圆柱从大圆柱中减去,结果如图所示。

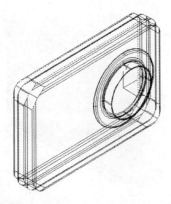

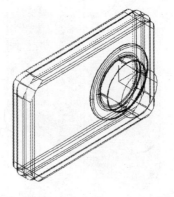

19 执行"修改">"圆角"命令,输入圆角距离为 1,对差集结果进行倒圆角,结果如图所示。

20 执行"建模">"圆柱体"命令,以"0,0,0"为底面圆心,44 为半径绘制高度为 50 的圆柱体。

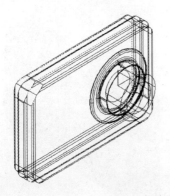

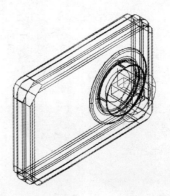

21 执行"建模">"圆柱体"命令,以"0,0,0"为底面圆心,30 为半径绘制高度为 52 的圆柱体。

22 执行"建模">"长方体"命令,以"-15,-10,0"和"30,20,52"为角点绘制长方体。

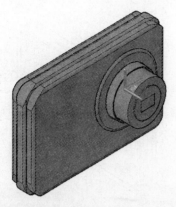

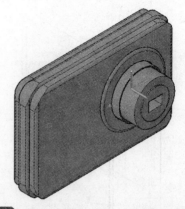

23 执行"实体编辑">"并集"命令，把
小长方体以外的所有实体进行合并，调整到"概
念"视图，结果如图所示。

24 执行"实体编辑">"差集"命令，把
刚绘制的小长方体从整体中减去，结果如图所
示。

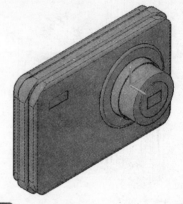

25 执行"建模">"长方体"命令，以
"–15，–10，50"和"30，20，2"为角点绘
制长方体。

26 执行"建模">"长方体"命令，以
"–180，40，–2"和"40,20,0"为角点绘制长
方体，作为闪光灯。

27 执行"实体编辑">"差集"命令，
把刚绘制的小长方体从整体中减去，结果如图
所示。

28 执行"修改">"圆角"命令，输入圆
角距离为 1，对差集结果进行倒圆角，结果如图
所示。

自 我 评 价

通过以上一些实例的练习，我们学习了三维模型体的创建，同时还学习了如何利用 AutoCAD 工具对简单的模型进行编辑、渲染。

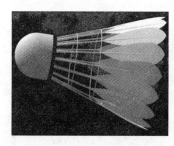 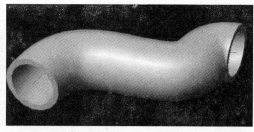

总 结 扩 展

在上面的几个案例中主要介绍了 AutoCAD 绘制三维模型的基础知识，以及如何简单绘制并编辑这些实体，具体要求如下表所示：

	了解	理解	精通
坐标系统		√	
视角设置		√	
圆锥、圆柱、球体			√
布尔运算			√
长方体、楔形体			√
圆环体			√

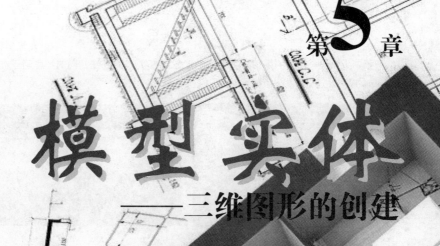

第**5**章

模型实体
——三维图形的创建

这一章我们将继续延续并拓展上一章学习的内容，通过二维图像转换三维图形，以及三维的动态调整，来更深一步地学习创建实体。

对于面域、布尔运算这些重要的三维命令集概念，大家做到理解即可，而实体图形的绘制命令，则需要大家能够真正掌握其绘图方式，并掌握绘图技巧，对于有子项命令的工具，更需要大家多练习，多思考。

学习目的：	掌握 AutoCAD 的三维实体创建
知识点：	AutoCAD 2013 二维图形转换为三维图形的方法，掌握三维动态编辑命令
学习时间：	3 小时

 ## 怎样使用夹点编辑三维实体？

　　未经复合、剖切、编辑等操作的单个实体和曲面，利用夹点可以更改其大小和形状，经过复合、剖切、编辑等操作，可以将其移动。用夹点编辑三维实体和曲面的方法及效果，取决于被编辑对象的类型以及创建该对象使用的方法。

渲染完美的三维模型图片

曲面关联有何意义?

对于关联曲面,改变生成曲面所依据的轮廓形状,该曲面会自动重塑形状。若要修改从曲线或样条曲线生成的关联曲面的形状,应该修改生成曲面所依据的曲线,而不是曲面本身。

什么是贝塞尔曲线?

贝塞尔曲线是采用矢量方法绘制的曲线。一般的矢量图形软件都可以绘制出精确的曲线,曲线上的节点可以拖动,较为方便、实用。

尺寸标注主要作为整体

在实际使用中,分别为图形中的每个对象设置不同高度和厚度十分烦琐,一般都会以统一高度和厚度绘制对象,然后用"特性"选项板来修改对象的厚度值和 Z 轴标高。

第13个小时　二维图形创建三维模型

▲5.1　利用二维图形创建三维模型

下面我们将介绍在 AutoCAD 2013 中另一种创建三维图形的方式,利用二维图形通过编辑、操作将二维图形转换为三维实体。

5.1.1　面域

面域是指使用二维曲线或直线对象创建二维闭合区域,其边界可以是直线、多段线、圆、圆弧、椭圆等图形。这些对象可以是自行封闭,也可以是共同形成封闭区域,但必须在同一平面上,自行相交的曲线不能构成面域。

如果形成面域,则可以利用我们后面将要讲到的各种命令,如拉伸、旋转等生成三维模型。

生成面域的命令有"REGION"、"BOUNDARY"。

点击"绘图>面域"。

选择已经绘制完毕的二维闭合图形,如图 5-1 所示。

回车后,转换为可拉伸的面域,如图 5-2 所示。

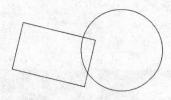

图 5-1　二维闭合图形

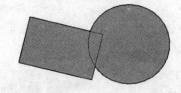

图 5-2　面域

5.1.2　多段体

利用"POLYSOLID"命令可创建具有固定高度和宽度的直线段及曲线段的三维墙体,下面绘制一段高为 150 的曲线段及直线段多段体,步骤如下:

点击"绘图>建模>多段体";

或输入命令"POLYSOLID";

按照提示，输入高度"H"数值为150，如图5-3所示。

系统提示，指定某空白处为起点，输入曲线（A），如图5-4所示。

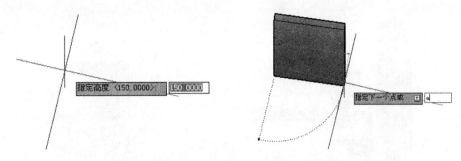

图 5-3 输入多段体高度 　　　　　 图 5-4 激活曲线命令

指定圆弧大小的端点，或单击任一点作为圆弧第二点，如图5-5所示。

输入直线（L），则可由曲面变为直线，如图5-6所示。

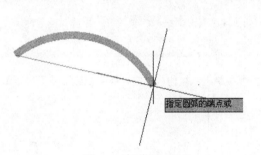
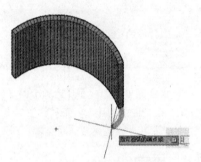

图 5-5 绘制曲面多段体 　　　　　 图 5-6 转换为直线多段体

5.1.3 拉伸

在 AutoCAD 2013 的三维建模中，可利用拉伸命令，将对象拉伸到三维空间来创建实体和曲面，一般情况下，可将闭合对象转换为三维实体，还可以将开放对象如直线、圆弧转换为三维曲面。

➤ 执行"ARC"、"RECTANG"，绘制一条曲线及一个矩形，如图5-7所示。

菜单："绘图>建模>拉伸"；

或者点击"建模"面板>"拉伸"按钮；

或者执行命令：EXTRUDE；

选择矩形为拉伸对象，并输入数值为100，如图5-8所示。

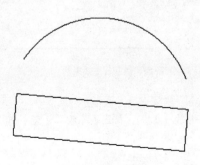
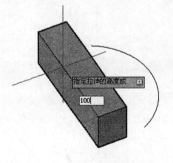

图 5-7 绘制矩形与弧线 　　　　　 图 5-8 拉伸矩形

继续执行拉伸命令，选择弧线为拉伸对象，并输入高度为 60，如图 5-9 所示。

拉伸结果如图 5-10 所示。

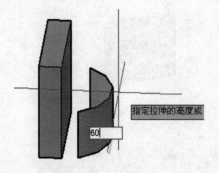
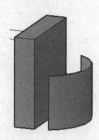

图 5-9　输入拉伸高度值　　　　　　　　　　图 5-10　拉伸结果

提示

　　可以拉伸的对象较多，但对于二维多段线不能拉伸具有交叉线段的多段线，拉伸时应忽略厚度和宽度。

　　在三维空间里的"曲面"选项卡的"创建"面板中单击"拉伸"，在"曲面创建"工具栏中单击"拉伸"，在"曲面创建二"工具栏中单击"拉伸"，是默认选择将闭合轮廓线拉伸成曲面，其余情况则是默认选择将闭合轮廓拉伸成实体。

5.1.4　放样

　　放样命令用来在若干的横截面之间的空间中，对横截面轮廓进行放样，下面通过绘制一个模型体来说明如何使用放样工具，步骤如下：

➢ 执行菜单："绘图>建模>放样"

　　或者点击"建模"面板>"放样"按钮；

　　或者执行命令：LOFT；

　　执行"绘图>圆>圆心、半径"命令，在绘图区绘制半径为 30 的圆，如图 5-11 所示。

　　把视图调整到"左视图"，可以看到圆形变为一条直线，如图 5-12 所示。

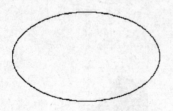

图 5-11　绘制二维圆形　　　　　　　　　图 5-12　左视图效果

　　执行"修改>复制"命令，将圆向上复制移动 5 个单位，并复制 5 个圆形，如图 5-13 所示。

　　执行"SCALE"缩放命令，依次将第二条及第四条缩放 1.1 倍，第三条缩放 1.2 倍，如图 5-14 所示。

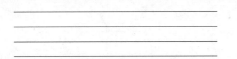

图 5-13　复制五份圆形　　　　　图 5-14　进行缩放处理

如图 5-15 所示为缩放完毕的效果。

执行"绘图>建模>放样"命令，选择所有圆形后，调整视图角度为西南等轴测，结果如图 5-16 所示。

图 5-15　缩放完成效果　　　　　图 5-16　执行放样命令

 提示

> 放样命令是利用各条曲线之间组成面，进行光滑的连接处理，组成光滑的曲面或平面，是绘制图形中经常用到的命令。

5.1.5　旋转

利用"REVOLVE"拉伸命令，可将绘制的二维对象拉伸到三维空间来创建实体和曲面，一般情况下，要求二维图形必须是闭合对象，才能转换为三维实体，当然还可以将开放对象如直线、圆弧转换为三维曲面，下面利用旋转绘制一个花瓶。

执行"LINE"、"PLINE>A>S"，绘制一条长为 125 的直线，及一条曲线，如图 5-17 所示。

执行菜单："绘图>建模>旋转"；

或者点击"建模"面板> "旋转"按钮；

或者执行命令：REVOLVE；

按照系统提示，选择对象，点击曲线作为旋转对象，如图 5-18 所示。

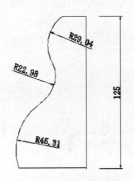

图 5-17　绘制左视图平面　　　　　图 5-18　选择对象

选择对象后，根据提示，选择旋转轴，点击垂直线上任意两点即作为确定旋转轴，如图 5-19 所示。
输入选择角度为 360°，回车，结果如图 5-20 所示。

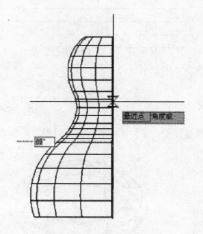

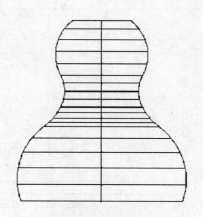

图 5-19　确定旋转轴　　　　　　　　　　　　　　　　图 5-20　输入旋转角度

更改视图样式为"概念"，视点为"西南等轴测"，旋转得到的实体如图 5-21 所示。
"二维线框"变为"概念"后，渲染视图更改视图样式为旋转实体，如图 5-22 所示。

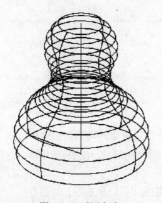

图 5-21　透视角度　　　　　　　　　　　　　　　　图 5-22　实体效果

5.1.6　扫掠

扫掠命令就是将指定图形沿指定路径进行面域拉伸。下面绘制一个两头大小不同的管状实体，步骤
如下：

> 将视图调为俯视图后，执行菜单："PLINE"及"CILCLE"，绘制一条曲线，及一个半径为 10
> 的圆，如图 5-23 所示。

执行菜单："绘图>建模>SWEEP"；

或者点击"建模"面板>"SWEEP"按钮；

或者执行命令：SWEEP；

按照提示，选择要扫掠的对象，选择小圆，回车，如图 5-24 所示。

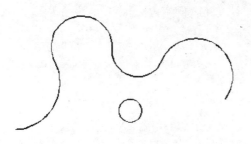

| 图 5-23　绘制曲线及小圆 | 图 5-24　选择小圆为对象 |

输入比例因子，输入 3，即另一端头圆的大小是小圆的 3 倍，如图 5-25 所示。

选择要扫掠的路径：选择曲线为路径，如图 5-26 所示。

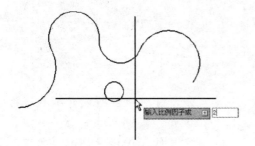 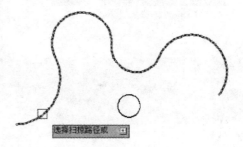

| 图 5-25　输入比例因子 | 图 5-26　选择路径 |

如图 5-27 所示为扫掠的结果图。

"二维线框" 变为 "概念" 后，渲染视图更改视图样式为旋转实体，如图 5-28 所示，两端圆一个半径为 10，一个半径为 30。

 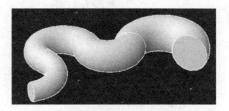

| 图 5-27　调整视觉角度 | 图 5-28　最终三维图形 |

提示

　　扫掠的原理就是把选中的面域按照指定的路径来拉伸成实体，拉伸是扫掠的一个特性，如果扫掠的时候将路径设成直线，命令结果就同拉伸一致，但区别在于不能设定拉伸成椎体，在实际应用中，扫掠主要用来绘制弯曲的实体，比如弹簧、弯头、线缆等。

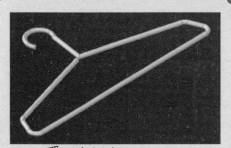

🎬 创建晾衣架.swf
🖼 创建晾衣架.dwg

🎬 音箱的创建.swf
🖼 音箱的创建.dwg

自我检测

　　针对上述我们介绍的二维图形创建三维图形的命令及方法，在日常工作当中经常用的，尤其对于面域概念的理解和使用，很多读者都理解不透彻。

　　通过下面两个自测，希望读者朋友能够体会出对于二维图形转换为三维图形的重要性。

自测29　创建晾衣架

下面我们将为大家讲解晾衣架的绘制。

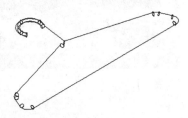

使用到的命令	多段线、扫略、圆角、拉伸工具
学习时间	20 分钟
视频地址	光盘\视频\第 5 章\创建晾衣架.swf
源文件地址	光盘\源文件\第 5 章\创建晾衣架.dwg

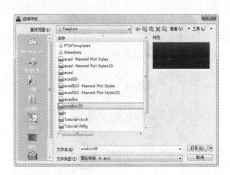

01　执行"文件>新建"命令，在弹出的对话框中选择"acadiso3D"样板，单击"确定"按钮，新建一个空白文档。

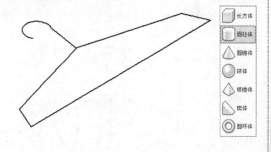

02　执行"绘图" > "多段线"命令，以任意一点为起点，依次输入 A、S、"18.3,29"、"14.7，–31"、L、"–7，–53"、"153，44"、"16，38"、"–338,0"、"16，38"、"151,42"，绘制多段线。

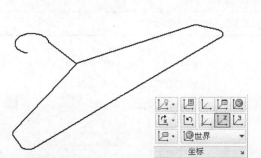

03　单击"修改" > "圆角"命令，根据提示设置 R 为 5，对四个角点进行圆角处理。

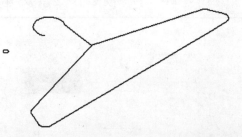

04　执行"绘图" > "圆"命令，在绘图区绘制半径为 1 的圆。

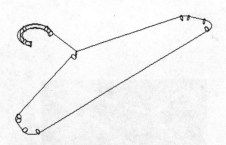 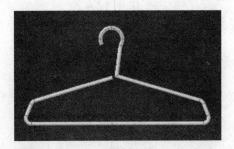

05 执行"建模">"扫略"命令，以圆为
对象，以多段线为扫略路径，结果如图所示。

06 调整到主视图，并改为概念模式，结
果如图所示。

自测30 音箱的创建

下面我们将为大家讲解音箱的绘制，涉及到空间坐标的控制，需要用心体会。

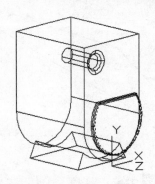 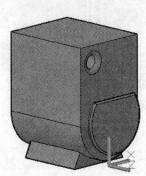

使用到的命令	圆柱体、长方体、剖切、圆角、布尔运算等
学习时间	20 分钟
视频地址	光盘\视频\第 5 章\音箱的创建.swf
源文件地址	光盘\源文件\第 5 章\音箱的创建. dwg

 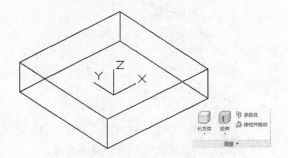

01 执行"文件>新建"命令，在弹出的对
话框中选择"acadiso3D"样板，单击"确定"
按钮，新建一个空白文档。

02 执行"建模">"长方体"命令，输入
"–58，–58，0"和"116，116，30"作为长方
体的两角点，如图所示。

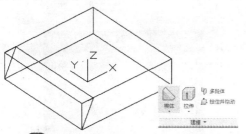

03 执行"建模">"楔体"命令，输入
"-58，-58，30"和"15，116，-30"作为角
点和对角点，绘制楔体。

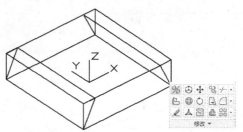

04 执行"修改">"三维镜像"命令，选
择楔体为对象，yz 为镜像面，"0，0，0"点为
yz 平面的点并进行镜像。

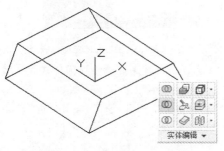

05 执行"实体编辑">"差集"命令，将
两个楔体从长方体中减去。

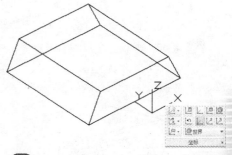

06 执行"工具">"新建 UCS">"原
点"命令，新原点坐标为"0，-83，0"。

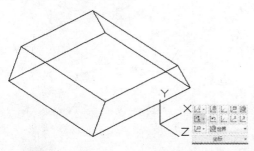

07 执行"工具">"新建 UCS">"X"命
令，根据提示将坐标绕 X 轴旋转 90°，如图所
示。

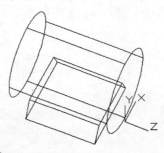

08 执行"建模">"圆柱体"命令，输入
"0，78，-165"作为底面中心点，半径为 68，
高为 165，绘制圆柱体。

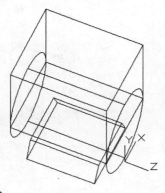

09 执行"建模">"长方体"命令，输入
"-68、78、0"和"136、136、-165"作为长

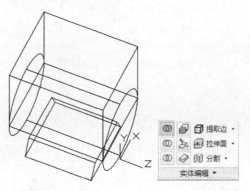

10 执行"实体编辑">"并集"命令，合
并所有图形，如图所示。

方体的两个角点，如图所示。

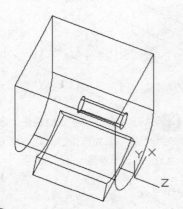

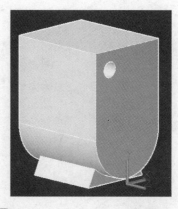

11 执行"建模">"圆柱体"命令，输入"–38、184、0"作为底面中心点，半径为12.5，高为–70，绘制圆柱体。

12 执行"实体编辑">"差集"命令，将圆柱体从音箱中减去。调整视图样式为"概念"，结果如图所示。

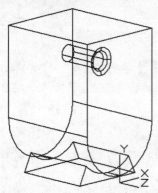

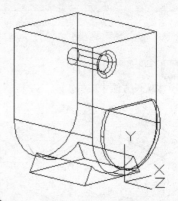

13 执行"修改">"圆角"命令，依次输入"R"、"8"，对差集产生的孔进行圆角处理。

14 执行"建模">"圆柱体"命令，输入"0、78、0"作为底面中心点，半径为60，高为6，绘制圆柱体。

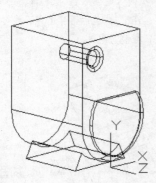

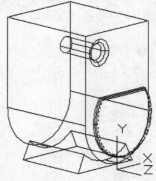

15 执行"实体编辑">"剖切"命令，根据提示输入 zx 平面，点为"0、115、0"，结果如图所示。

16 执行"修改">"圆角"命令，依次输入"R"、"3"，对剖切后的圆柱体进行圆角操作，结果如图所示。

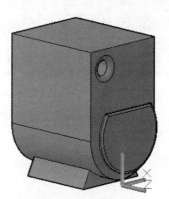

17 调整视图为"概念"视图,结果如图所示。

第14个小时 三维动态编辑的应用

▲*5.2* 三维形态编辑

在 AutoCAD 2013 中,对三维实体的操作包括镜像、移动、三维对齐、旋转、圆角、倒角、阵列等。

5.2.1 镜像

在 AutoCAD 2013 中,三维镜像的目的是将绘制图形对于某一条指定的平面对称复制,复制完成后,可以删除源对象,也可以不删除源对象,进行保留。

使用方法:

➢ 执行:"MIRROR3D"命令,或执行菜单"修改>三维操作(3)>三维镜像(D)",或点击"修改"
  >"三维镜像";

选择要镜像的图形,如图 5-29 所示;

指定平面 yz 为镜像平面;

指定镜像平面上的点,确定平面位置,选择不删除源对象;

按 Y 将其删除,如图 5-30 所示。

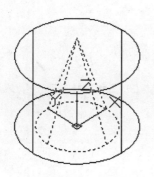

图 5-29 选择圆锥体为镜像对象

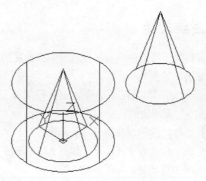

图 5-30 镜像结果

5.2.2　三维移动

用于将选中的实体在三维空间中进行移动。

使用方法如下：

➢ 执行："3DMOVE"命令，或执行菜单"修改>三维操作(3)>三维移动(M)"，或点击"修改"> "三维移动"；

选择要移动的图形，如图 5-31 所示；

指定圆锥体底面中心为移动基点，如图 5-32 所示；

指定移动基点的目标位置，如图 5-33 所示；

移动结果如图 5-34 所示。

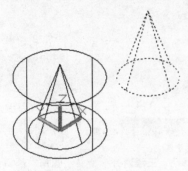

图 5-31　选择圆锥体为移动对象

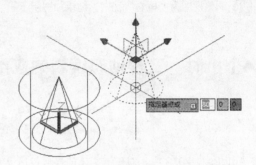

图 5-32　指定圆锥体底面中心为移动基点

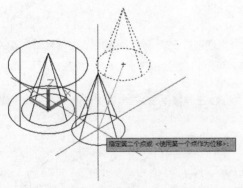

图 5-33　指定移动第二个基点

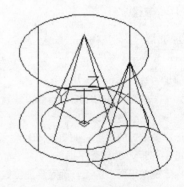

图 5-34　移动结果

5.2.3　三维旋转

三维旋转用于将选中的实体在空间中按指定的旋转轴旋转一定的角度。

使用方法如下：

➢ 执行："3DRATATE"命令，或执行菜单"修改>三维操作(3)>三维旋转（R）"，或点击"修改" > "三维旋转"；

选择要旋转的图形，如图 5-35 所示；

指定底面中心点为旋转基点，如图 5-36 所示；

拾取 X 轴为旋转轴，如图 5-37 所示；

输入旋转角度为 45°，如图 5-38 所示；

旋转结果如图 5-39 所示。

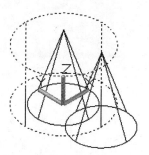

图 5-35　选择圆柱体为旋转对象

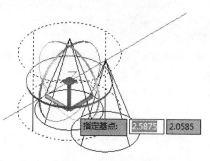

图 5-36　指定底面中心点为旋转基点

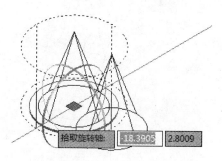

图 5-37　拾取 X 轴为旋转轴

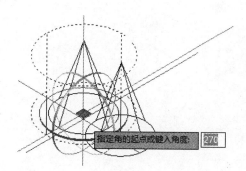

图 5-38　输入旋转角度

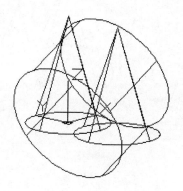

图 5-39　旋转结果

5.2.4　对齐

在三维空间中使用 3DALIGN 命令可以指定至多三个点，以定义源平面，然后指定至多三个点，以定义目标平面，来进行对齐操作。

使用方法如下：

➢ 执行："3DALIGN"命令，或执行菜单"修改>三维操作(3)>三维对齐（A）"，或点击"修改">"三维对齐"按钮；

选择要旋转的图形，如图 5-40 所示；

指定对齐基点，如图 5-41 所示；

指定第二对齐基点，如图 5-42 所示；

指定第三对齐基点，如图 5-43 所示；
指定目标对齐基点，如图 5-44 所示；
指定第二目标对齐基点，如图 5-45 所示；
指定第三目标对齐基点，如图 5-46 所示；
对齐结果，如图 5-47 所示。

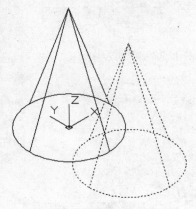

图 5-40　选择要旋转的图形

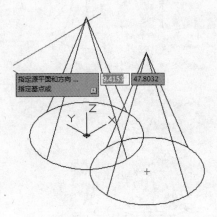

图 5-41　指定对齐基点

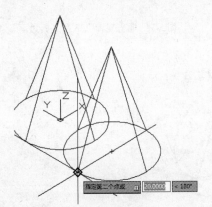

图 5-42　指定第二对齐基点

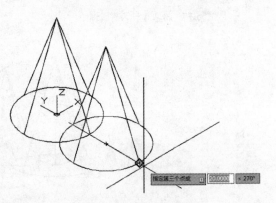

图 5-43　指定第三对齐基点

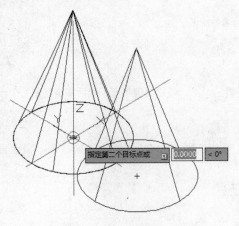

图 5-44　指定目标对齐基点

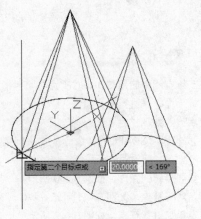

图 5-45　指定第二目标对齐基点

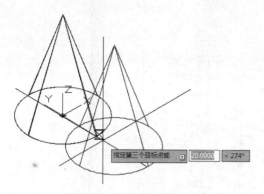

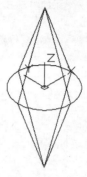

图 5-46　指定第三目标对齐基点　　　　　　　图 5-47　对齐结果

5.2.5　三维阵列

三维阵列用于将选择的实体在空间中进行规则的多重分布，包括矩形、环形和路径分布三种模式。

使用方法如下：

➢ 执行："3DARRAY"命令，或执行菜单"修改>三维操作(3)> 三维阵列（3）"，或点击"修改"＞"三维阵列"按钮；

选择环形阵列；

选择要旋转的图形，如图 5-48 所示为小圆柱体；

指定阵列的中心为原点，如图 5-49 所示；

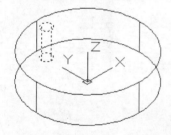

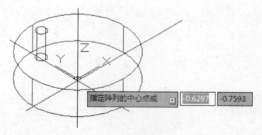

图 5-48　选择小圆柱体为阵列对象　　　　　　图 5-49　指定阵列中心点

输入项目数为 7，如图 5-50 所示；

输入填充角度为 360°，如图 5-51 所示；

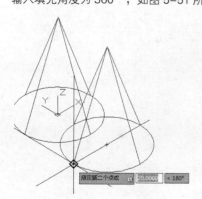

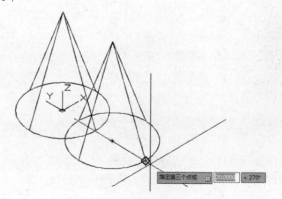

图 5-50　输入项目数　　　　　　　　　　图 5-51　输入填充角度

环形阵列结果如图 5-52 所示。

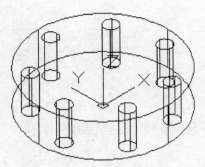

图 5-52　环形阵列结果

創建辦公椅.swf

創建辦公椅.dwg

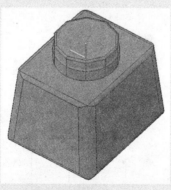

墨水瓶.swf

墨水瓶.dwg

自我检测

对于三维动态的编辑，是对三维图形更好的编辑处理，可以根据绘图者的意愿，任意更改其特性、形态及比例。

接下来通过两个自测，来学习如何利用三维动态命令编辑图形。

自测31　创建办公椅

下面我们将为大家讲解零件轴测图的绘制。

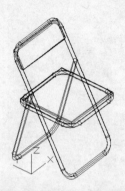

使用到的命令	圆柱体、长方体、拉伸、坐标变换、圆角、布尔运算等
学习时间	20 分钟
视频地址	光盘\视频\第 5 章\办公椅.swf
源文件地址	光盘\源文件\第 5 章\办公椅.dwg

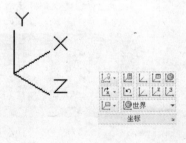

01 执行"文件>新建"命令，在弹出的对话框中选择"acadiso3D"样板，单击"确定"按钮，新建一个空白文档。

02 执行"工具" > "新建 UCS" > "X"命令，将坐标系绕 X 轴旋转 90°，结果如图所示。

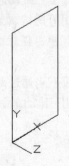

03 执行"绘图" > "长方形"命令，输入

04 执行"修改" > "圆角"命令，输入圆

"0、0"和"30、60"作为长方形的两角点，如图所示。

角距离为 5，对上一步绘制的长方形进行圆角操作。

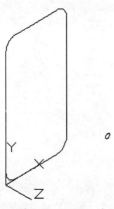

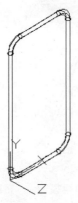

05 执行"绘图" > "圆"命令，在任意一点绘制半径为 1 的圆，如图所示。

06 执行"建模" > "扫略"命令，以上一步所绘制的圆为对象，以圆角四边形为路径进行扫略。

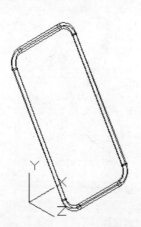

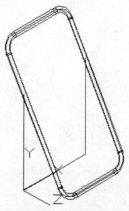

07 执行"修改" > "三维旋转"命令，以 X 轴为旋转轴，旋转点为"0,40,0"，旋转角度为-30°，结果如图所示。

08 执行"绘图" > "多段线"命令，依次输入"0、40"、"0、-40"、"30、0"、"0、40"，结果如图所示。

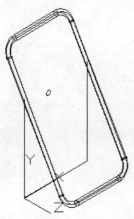

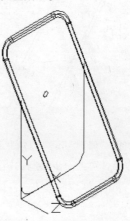

09 执行"绘图" > "圆"命令，在任意一

10 执行"修改" > "圆角"命令，输入圆角

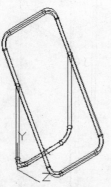
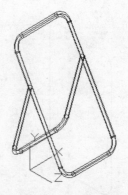
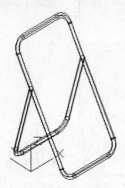
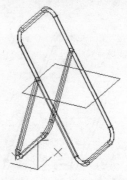
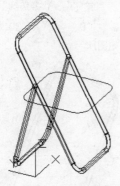
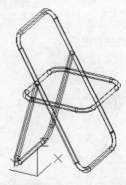

点绘制半径为 1 的圆，如图所示。

距离为 5，对上一步绘制的多段线进行圆角操作。

11 执行"建模">"扫略"命令，以上一步所绘制的圆为对象，以多段线为路径进行扫略。

12 执行"修改">"三维旋转"命令，选择扫略体为对象，以 X 轴为旋转轴，旋转点为"0、40、0"，旋转角度为 15°。

13 执行"工具">"新建 UCS">"X"命令，绕 X 轴旋转 270°。

14 执行"绘图">"矩形"命令，以"0.5、−22、32"、"29.5、29.5、0"为角点绘制矩形，如图所示。

15 执行"修改">"圆角"命令，输入圆角距离为 5，对上一步绘制的矩形进行圆角操作。

16 执行"绘图">"圆"命令，在任意一点绘制半径为 1 的圆，并对上一步矩形进行扫略处理。

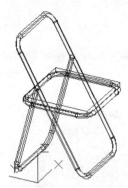

17 执行"建模">"长方体"命令,以
"0.75、-21.5、32.5"、"28、28、2"为角点绘
制长方体。

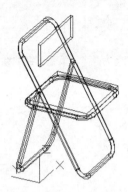

18 执行"建模">"长方体"命令,以
"1、0、50"、"29、1、9.5"为角点绘制长
方体。

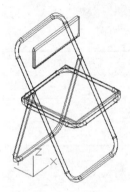

19 执行"修改">"圆角"命令,设定 R
为 0.5,对上面两步绘制的长方体进行圆角处理。

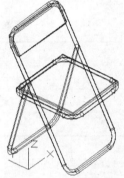

20 执行"修改">"三维旋转"命令,选
择小长方体为对象,以 X 轴为旋转轴,旋转点
为"0、0、40",旋转角度为-30°。

21 调整视图为"真实"模式,结果如图
所示。

22 调整视图为概念视图,如图所示。

操作小贴士:

在本例绘制的过程中,要不断地绘制和旋转物体,主要是我们的绘图操作都是在 XY 平面
进行的。应该在学习的过程中多多体会我们绘制的图形与坐标系的关系。

自测32　墨水瓶

　　下面我们将为大家讲解墨水瓶的绘制，画法稍稍有点复杂，涉及到一些三维的位置关系，以及几种工具的使用。

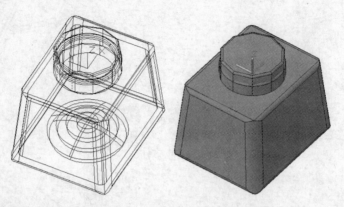

使用到的命令	圆柱体、长方体、拉伸、抽壳、圆角、布尔运算等
学习时间	30 分钟
视频地址	光盘\视频\第 5 章\墨水瓶.swf
源文件地址	光盘\源文件\第 5 章\墨水瓶.dwg

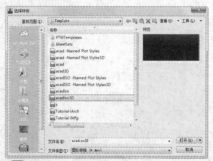

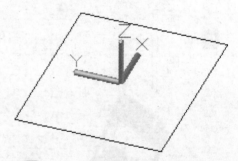

01 执行"文件>新建"命令，在弹出的对话框中选择"acadiso3D"样板，单击"确定"按钮，新建一个空白文档。

02 执行"绘图" > "矩形"命令，以"–80、–65"、"160、130"为对角点绘制矩形。

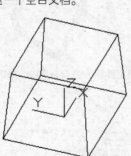

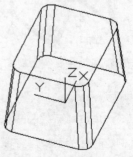

03 执行"建模" > "拉伸"命令，选择

04 执行"修改" > "圆角"命令，根据提

矩形为对象,输入 T,拉伸角度为 5,高度为 105。

示选择六面体为对象,设置圆角半径 R 为 15,选择四条斜边进行圆角。

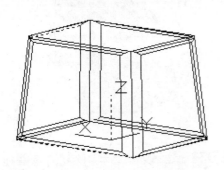

05 重复执行"修改">"圆角"命令,设置圆角半径 R 为 5,选择上下底面边进行圆角。

06 调整视图模式为"概念",结果如图所示。

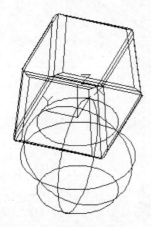

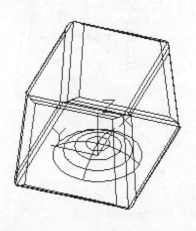

07 返回二维线框模型。执行"建模">"球体"命令,以"0、0、-120"为球心,150 为半径绘制球体。

08 执行"实体编辑">"差集"命令,把球体从拉伸实体中减去,结果如图所示。

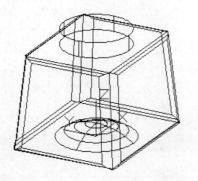

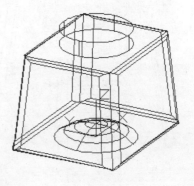

09 执行"建模">"圆柱体"命令,选底面圆心为"0、0、105",半径为 40,高为 18。

10 执行"实体编辑">"并集"命令,将圆柱体与瓶体合并为一个实体。

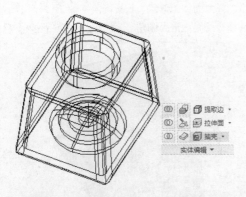

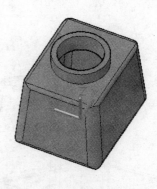

11 执行"实体编辑">"抽壳"命令，删除圆柱体上表面，输入抽壳距离为 8。

12 调整视图模式为"概念"，结果如图所示，瓶体基本绘制完成了。

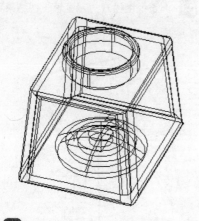

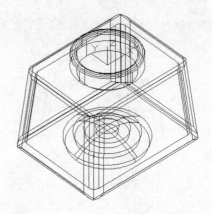

13 执行"修改">"圆角"命令，设定 R 为 3，对瓶口进行圆角处理。

14 执行"工具">"新建 UCS">"原点"命令，以"0、0、105"为新原点自建用户坐标系。

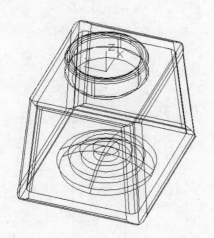

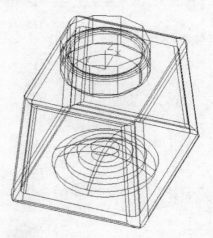

15 执行"绘图">"多边形"命令，输入 10，"0、0"为圆心，内接于圆，半径为 40。

16 执行"建模">"拉伸"命令，将正多边形拉伸高度为 60。

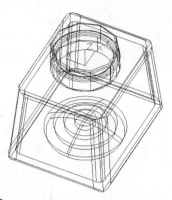
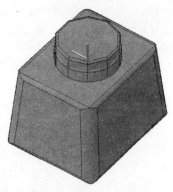

17 执行"修改">"圆角"命令，设定 R 为 5，对正多边棱柱体进行圆角处理。

18 调整视图模式为"概念"，结果如图所示，墨水瓶基本绘制完成了。

操作小贴士：

在绘图的过程中要时刻记得切换视点和视图，用左手按住 Shift 键，右手按住鼠标中键，可以自由观看三维视点。

在执行抽壳命令时，要注意壳的厚度。

第15个小时 特性编辑

▲5.3 三维特性编辑

5.3.1 实体剖切

三维实体的剖切命令，主要利用构造一个虚拟的剖切面，将目标实体进行切割，建造预想的实体。下面通过实例介绍命令的使用方法：

➤ 执行"绘图>建模>长方体"，绘制长、宽、高为 100、80、60 的长方体，如图 5-53 所示。

执行："SLICE"命令，或执行菜单"修改>三维操作(3)> 剖切"命令，或点击"实体编辑"面板的"平剖"。

根据提示，选择要剖切的对象：选择长方体为剖切对象，如图 5-54 所示。

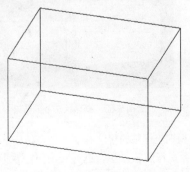
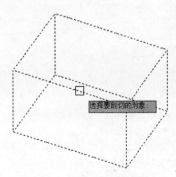

图 5-53　绘制长方体　　　　　　　图 5-54　选择长方体为剖切对象

在三维剖切命令中，一般使用三点来确定剖切面的位置：输入 3（点），回车。

按照提示，点击指定第一点、第二点，如图 5-55、图 5-56 所示。

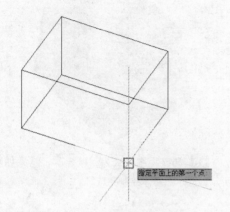

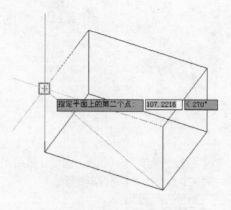

图 5-55　点击剖切面第一点　　　　　　　　　　图 5-56　点击第二点

继续点击确定剖切面的第三点，如图 5-57 所示，回车。

系统询问（是否要保留两个侧面/B），通常情况下确定是否两部分都要利用时，输入（B），则系统自动产生剖切面，并将物体分为两部分，如图 5-58 所示。

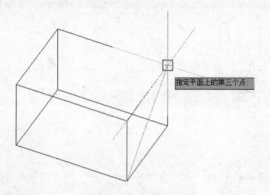

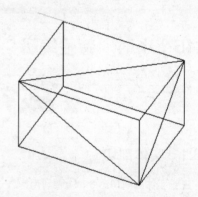

图 5-57　点取第三点　　　　　　　　　　图 5-58　剖切完成面

执行"MOVE"移动命令，将上部分移动到其他区域，如图 5-59 所示。

更改视图样式为"概念"，视点为"西南等轴测"，如图 5-60 所示。

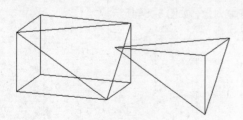

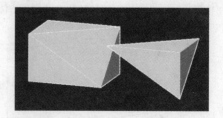

图 5-59　移动两部分　　　　　　　　　　图 5-60　概念状态下的结果

➤ 当我们需要在水平或垂直面进行切割时，就需要用到坐标轴的帮助。

我们以上一步骤中较大部分作为实体，当剖切命令执行到第二步，选择切面时，我们只要输入

（XY）并回车，则系统认为我们要在 XY 轴面上绘制剖切面，下一步即可点取水平面上两点，如图 5-61 所示。

点取两点后输入（B），回车，即可得到剖切后实体，如图 5-62 所示。

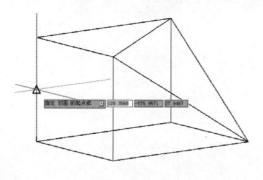

图 5-61　移动两部分

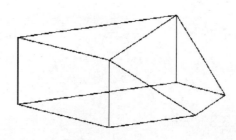

图 5-62　切割后的效果

5.3.2　抽壳

抽壳命令是用于从三维实体制作带有一定厚度的表皮的功能。被抽壳的对象可以是任何形状。

可以拉伸、移动、旋转、偏移、倾斜、复制、删除面、为面指定颜色以及添加材质。还可以复制边以及为其指定颜色。可以对整个三维实体对象（体）进行压印、分割、抽壳、清除，以及检查其有效性。

不能对网格对象使用 SOLIDEDIT 命令。如果选择了闭合网格对象，系统提示用户将其转换为三维实体。

使用方法如下：

➢ 执行："SOLIDEDIT" 命令，或执行菜单 "修改>实体编辑> 抽壳"，或点击 "实体编辑" > "抽壳" 按钮。

选择抽壳对象，如图 5-63 所示。

选择要删除的面，如图 5-64 所示。

指定抽壳距离，如图 5-65 所示。

抽壳结果，如图 5-66 所示。

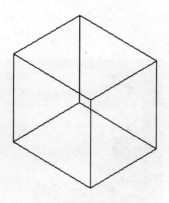

图 5-63　选择抽壳对象

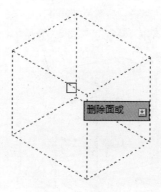

图 5-64　选择要删除的面

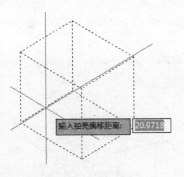
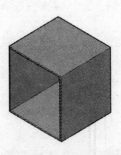

图 5-65　指定抽壳距离　　　　　图 5-66　抽壳结果

5.3.3　分解

分解命令类似于二维平面里的分解，可以将实体分解为 N 个部分，N 取决于实体有多少个闭合面。

> 执行"绘图>建模>长方体"，绘制长、宽、高为 80、60、120 的长方体，如图 5-67 所示。

执行"EXPLODE"命令，或执行菜单"修改> 分解"，或输入"X"。

根据提示，选择要剖分解的对象，选择长方体为对象，如图 5-68 所示。

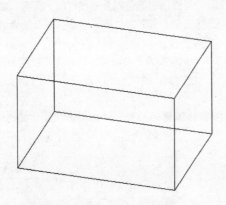
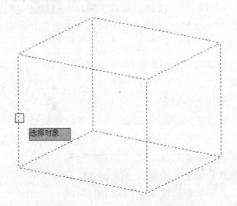

图 5-67　绘制长方体　　　　　图 5-68　选择长方体为分解对象

回车后，长方体已被分解为 6 部分，如图 5-69 所示。

更改视图样式为"概念"，如图 5-70 所示。

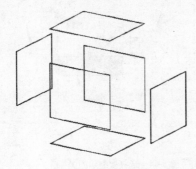
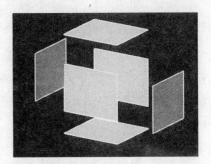

图 5-69　移动各分解部分　　　　　图 5-70　概念状态下的结果

5.3.4　圆角

圆角命令类似于二维平面的倒角命令，可将两个成角度的相交面进行圆角处理，并且执行命令，可同时对多个棱角进行圆角处理。

➤ 执行"绘图>建模>长方体"，绘制边长为 300 的正方体，如图 5-71 所示。

执行："FILLETEDGE"命令，或执行菜单"修改> 实体编辑>圆角边"。

根据提示，输入半径（R），并输入半径值为 30，然后可根据提示，依次点取需要圆角的顶部四条边线，如图 5-72 所示。

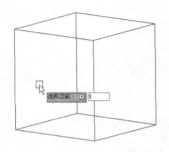

图 5-71　绘制正方体

图 5-72　选择圆角边

回车后，正方体顶面四条边圆角绘制完毕，如图 5-73 所示。

更改视图样式为"概念"，如图 5-74 所示。

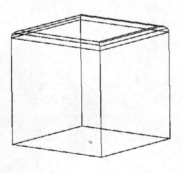

图 5-73　圆角完成

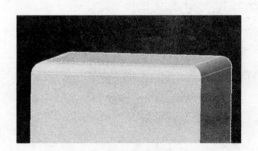

图 5-74　概念状态下的结果

三通模型.swf
三通模型.dwg

自我检测

在 AutoCAD 三维制图中，更多的用途是绘制机械零部件，同时绘制机械工程图，也需要较强的 AutoCAD 绘图水平，经过上述的学习，大家是不是觉得自己的水平也提升了不少呢？

下面我们就利用前面所学到的绘图技巧，一起来绘制一个机械模型，让我们开始吧！

自测33 三通模型

下面我们将为大家讲解三通模型的绘制，相对于前面的模型稍微有些复杂，但相信你通过前面的学习，一定可以掌握三通模型的画法。

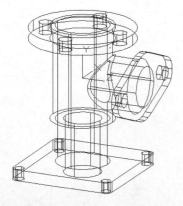

使用到的命令	圆柱体、长方体、拉伸、坐标变换、圆角、布尔运算等
学习时间	20 分钟
视频地址	光盘\视频\第 5 章\三通模型.swf
源文件地址	光盘\源文件\第 5 章\三通模型.dwg

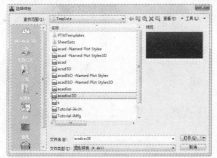

01 执行"文件>新建"命令，在弹出的对话框中选择"acadiso3D"样板，单击"确定"按钮，新建一个空白文档。

02 执行"绘图">"矩形"命令，输入"-40、-40"和"80、80"作为长方形的两角点，如图所示。

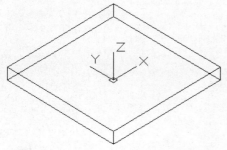
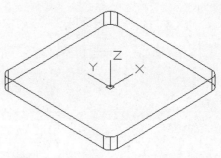

03 执行"建模">"拉伸"命令，输入拉

04 执行"修改">"圆角"命令，输入圆角

伸高度为8。

距离为5，对长方体的四条短边进行圆角处理。

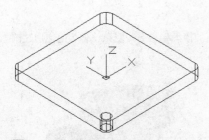

05 执行"建模">"圆柱体"命令，以"–35、–35、0"为底面圆心，3.5 为半径绘制高度为8的圆柱体。

06 执行"修改">"环形阵列"命令，以原点为阵列中心，项目数为 4，填充角度为360°。

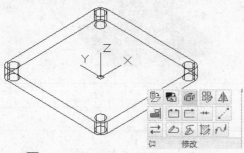

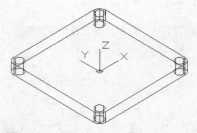

07 执行"修改">"分解"命令，选择阵列后的四个小圆柱体组成的块为对象，执行分解命令。

08 执行"实体编辑">"差集"命令，把四个小圆柱从底板中减去。调整到概念模式，如图所示。

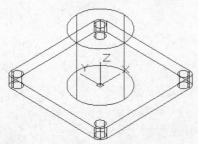

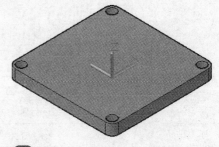

09 执行"建模">"圆柱体"命令，以"0、0、0"为底面圆心，20 为半径绘制高度为40的圆柱体。

10 执行"建模">"圆柱体"命令，以"0、0、0"为底面圆心，14 为半径绘制高度为40的圆柱体。

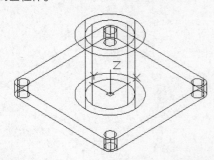

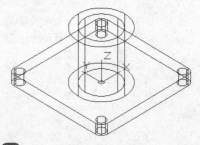

11 执行"实体编辑">"并集"命令，把

12 执行"建模">"圆柱体"命令，以

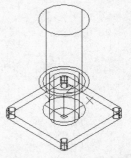

底板与直径为 20 的圆柱体合并。

"0、0、40" 为底面圆心，24 为半径绘制高度为 73 的圆柱体。

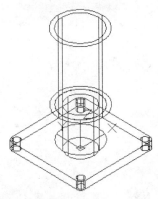

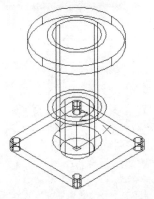

13 执行 "建模" > "圆柱体" 命令，以 "0、0、40" 为底面圆心，20 为半径绘制高度为 73 的圆柱体。

14 执行 "建模" > "圆柱体" 命令，以 "0、0、100" 为底面圆心，40 为半径绘制高度为 8 的圆柱体。

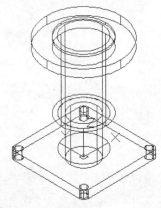

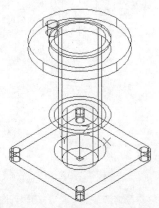

15 执行 "实体编辑" > "并集" 命令，把外层的三个图形合并成一个整体。

16 执行 "建模" > "圆柱体" 命令，以 "0、30、100" 为底面圆心，5 为半径绘制高度为 8 的圆柱体。

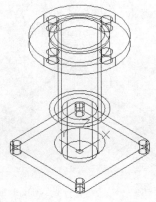

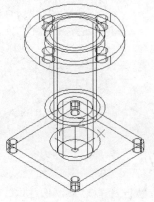

17 执行 "修改" > "环形阵列" 命令，以 "0、0、100" 为阵列中心，项目数为 4，填充角

18 执行 "修改" > "分解" 命令，选择阵列后的四个小圆柱体组成的块为对象，执行分解

度为 360°。

命令。

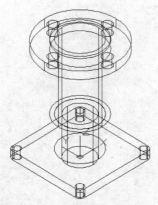

19 执行"实体编辑">"差集"命令，把四个小圆柱从整体中减去。

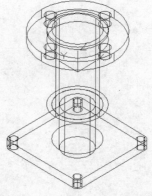

20 执行"工具">"新建 UCS">"原点"命令，以点"0、0、70"为新坐标系原点。

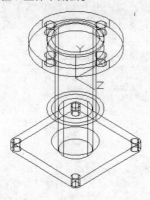

21 执行"工具">"新建 UCS">"X"命令，将坐标系统 X 轴旋转 90°，结果如图所示。

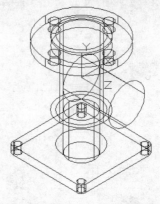

22 执行"建模">"圆柱体"命令，以"0、0、0"为底面圆心，20 为半径绘制高度为 50 的圆柱体。

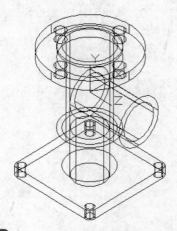

23 执行"建模">"圆柱体"命令，以"0、0、0"为底面圆心，15 为半径绘制高度为 50 的圆柱体。

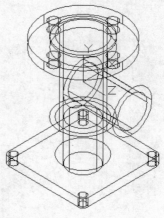

24 执行"实体编辑">"并集"命令，把方形接头与刚刚绘制的半径为 20 的圆柱体合并。

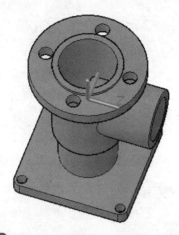

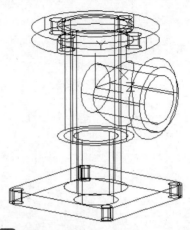

25 执行"实体编辑">"差集"命令，把半径为 24 与 14 的圆柱体从整体中减去，结果如图所示。

26 执行"绘图">"圆"命令，以"0、0、45"为圆心，25 为半径绘制圆。

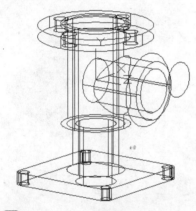

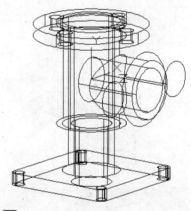

27 执行"绘图">"圆"命令，以"35、0、45"为圆心，12 为半径绘制圆。

28 执行"修改">"镜像"命令，选择 *yz* 平面为镜像平面，通过原点，镜像结果如图所示。

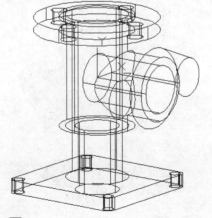

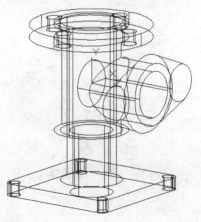

29 执行"绘图">"直线"命令，与半径为 25 和 12 的圆相切，如图所示。

30 执行"修改">"镜像"命令，选择直线为对象，镜像面为通过原点的 *yz* 和 *xz* 平面，两次镜像结果如图所示。

5

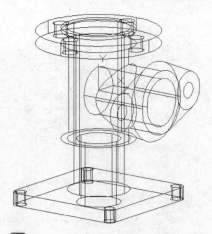

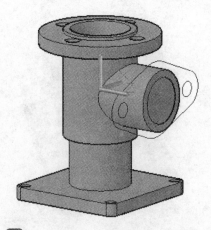

31 执行"绘图">"圆"命令，分别以"35、0、45"、"–35、0、45"为圆心，5 为半径绘制圆。

32 执行"修改">"修剪"命令，将分支头上多余的线剪掉，轮廓线如图所示。

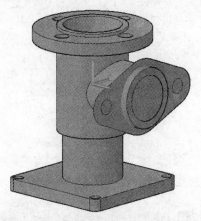

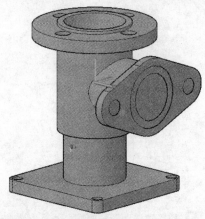

33 执行"绘图">"面域"命令，将轮廓线整合为面域，如图所示。

34 执行"建模">"拉伸"命令，将面域和左右两侧圆都拉伸为5。

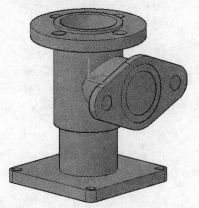

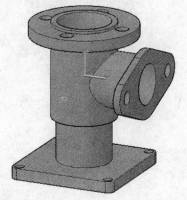

35 执行"实体编辑">"并集"命令，把分支与整体合并，结果如图所示。

36 执行"实体编辑">"差集"命令，把半径为 15 的圆柱体和两侧半径为 5 的圆柱体从整体中减去，结果如图所示。

自 我 评 价

通过以上内容的学习，及例子的练习，是否觉得绘制三维模型其实并不难，只要掌握了绘图工具，并能够融会贯通使用，创建三维模型就是这么简单。

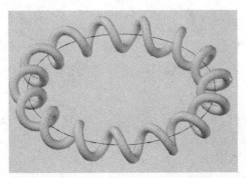 

总 结 扩 展

在上面的几个案例中主要介绍了有关三维动态编辑的命令，以及二维图像绘制三维图形的技巧及应用，对这些命令，具体要求如下表所示：

	了解	理解	精通
拉伸、放样			√
旋转、扫掠、多段体			√
镜像			√
三维移动、三维阵列		√	
对齐命令		√	
特性编辑			√

AutoCAD 的强大不仅在于完美地对二维图形的绘制，更让大家惊讶的是，对于三维图形的绘制，也有着强大而不俗的表现，只要大家充分利用了系统提供的命令及方法，并结合绘图的小技巧，相信大家都能成为三维高手，让我们期待下一章的学习吧！

第 **6** 章

建筑制图

——建筑工程图样的绘制

　　本章将正式学习 AutoCAD 2013 的强大绘图功能，让我们一起揭开 AutoCAD 软件的神秘面纱。

　　AutoCAD 具有良好的用户界面，通过交互菜单或命令行方式便可以进行各种操作。它的多文档设计环境，让非计算机专业人员也能很快学会。在不断实践的过程中更好地掌握它的各种应用和开发技巧，从而不断提高工作效率。

学习目的:	掌握 AutoCAD 的基本使用
知识点:	AutoCAD 工程制图概述、熟悉 AutoCAD 2013 的界面布局、熟悉 AutoCAD 文件的创建和管理
学习时间:	3 小时

在建筑制图中对文字有什么要求？

  除投标及其特殊情况外，均应采取以下字体文件，尽量不使用 TureType 字体，以加快图形的显示，缩小图形文件。同一图形文件内的字型数目不要超过四种。以下字体文件为标准字体，将其放置在 AutoCAD 软件的 FONTS 目录中即可。包括 Romans.shx(西文花体)、romand.shx（西文花体）、bold.shx（西文黑体）、txt.shx（西文单线体）、simpelx(西文单线体)、st64f.shx（汉字宋体）、ht64f.shx（汉字黑体）、kt64f.shx（汉字楷体）、fs64f.shx（汉字仿宋）、hztxt.shx。

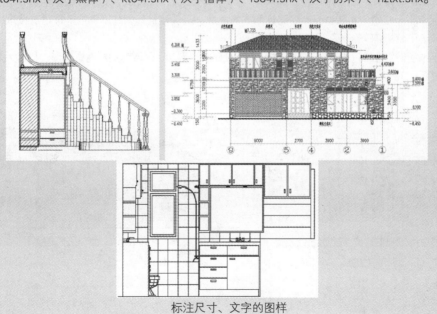

标注尺寸、文字的图样

建筑专业图样包含哪些?	图样都应配备什么?	工程图样详图的要求
一般包括建筑设计说明; 室内装饰一览表、建筑构造一览表、建筑定位图、平面图、立面图、剖面图、楼梯、部分平面、建筑详图、门窗表、门窗图。	正规图样都要配备图样封皮、说明、目录。图样封皮须注明工程名称、图样类别。图样说明须对工程进一步说明工程概况、工程名称、建设单位、施工单位、设计单位或建筑设计单位等。	在建筑工程制图中用 AutoCAD 绘制的建筑工程图样, 首先应考虑表达准确, 看图方便。在完整、清晰、准确地表达建筑各部分形状的前提下, 力求制图简便。

第16个小时　建筑设计的本质与含义

建筑设计是一种人工创造的物质形态。建筑形态构成是在基本建筑形态构成理论基础上探求建筑形态构成的特点和规律。为便于分析, 把建筑形态同功能、技术、经济等因素分离开来, 作为纯造型现象, 抽象、分解为基本形态要素, 探讨和研究其视觉特性和规律, 如图 6-1 所示为建筑平面图及立面图。

对于建筑形式而言, 可分为建筑的内部空间和外部形体。外部形体是建筑内部空间的反映, 建筑空间又取决于建筑功能的需要, 因此, 建筑形式与建筑功能有直接联系。建造房屋的目的是为了居住, 即所谓建筑功能。使用功能不同可以产生不同的建筑空间, 因此也就形成了各种各样的建筑形式, 从这一观点来说, 建筑功能决定了建筑形式。

然而对同一功能要求也可以用多种形式来满足, 也就是说有多种方案来适应一种建筑功能的使用要求, 因此建筑形式也并非一成不变, 它可以反过来对功能起到更新、发展的作用。建筑形式往往不是简单的建筑功能的反映, 人们还从建筑艺术和审美观点的角度去对建筑形式进行创造。随着科学技术的发展, 材料和施工技术的发展也会影响建筑形式的发展。高层建筑和大跨度建筑就是建筑技术发展的反映, 也赋予了新的建筑形式。

接下来我们将介绍以建筑设计为载体, 来学习如何使用 AutoCAD 绘制建筑图形, 相信大家会有非常大的收获。

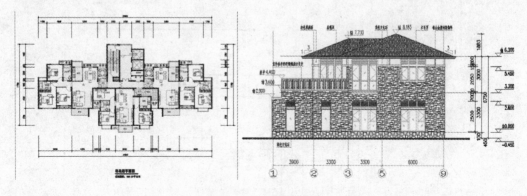

图 6-1　建筑平面图和立面图

▲6.1 建筑设计的基本内容设计要求

对于不同的使用要求，建筑体的包含内容会有相应的功能变化，但建筑与建筑之间的本质内容还是相同的，下面我们为大家介绍建筑设计所包含的内容及其含义。

6.1.1 建筑墙体

建筑物室外及室内之间垂直分隔的实体部分是墙，墙与基础相连，因此也可以说墙是基础的延伸。如图 6-2 所示为墙身大样图。

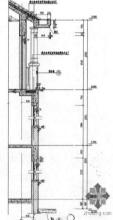

- 按在平面所处的位置分类，墙可分为内墙和外墙。

  凡位于建筑四周的墙称为外墙，其中位于建筑两端侧面的墙称为山墙。凡位于建筑物内部的墙称为内墙。沿建筑物短轴方向布置的墙称为横墙，沿建筑物长轴方向布置的墙称为纵墙。

- 按建筑物承重情况，墙分为承重墙和非承重墙，凡直接承受外来荷载的墙称承重墙，凡不承受外来荷载仅承受自身重量的墙称非承重墙。

- 按墙体所采用的材料和构造方式分，有砖墙、砌块墙、幕墙、复合墙、混凝土墙、大型墙板等。由于墙体具有承重和围护的双重作用，因墙体不仅需要有足够的强度和稳定性，而且要求具有保温、隔热、隔声、防风、防水等能力。

图 6-2　建筑墙体大样图

- 墙体的厚度及所选择的材料应满足上述要求，且符合有关规范的要求。在建筑设计中墙体的材料选择应根据不同的要求因地制宜来选用。一般内隔墙应选用轻质高强、有良好的隔声、防火、防水性能的材料，且有良好的经济性。外承重墙一般多为砖墙和混凝土材料。不承重外墙常常采用轻质、保温隔热性能良好、具有一定强度和良好的防水防腐蚀和耐久性好的材料。

6.1.2 玻璃幕墙

悬挂在建筑主体结构上以玻璃为主要材料的外围护结构称为玻璃幕墙。

- 玻璃有单层、双层、中空玻璃，起采光、通风、保温、隔热等围护作用。

连固件有预埋件、转接件、连接件、支承用材等，在幕墙与主体结构之间以及幕墙元件与元件之间起连接固定作用。

- 装修件包括后衬板（墙）、扣盖件及窗台、楼地面、踢脚、顶棚等部件，起密闭、装修、防护等作用。密缝材有密封膏、密封带、压缩密封件等，起密闭、防水、防火、保温、绝热等作用。

- 玻璃幕墙在设计时必须满足以下要求：（1）满足强度和刚度要求。（2）满足温度变形和结构构件变形要求。（3）满足围护功能要求。（4）防止"热桥"产生。（5）满足防火要求。（6）美观、经济、耐久、易维修、易清洁。（7）满足水密性、气密性、保温性、隔声性、强度、刚度、防火等性能指标的要求。

> **提示**
>
> 玻璃幕墙一般由金属框格、玻璃、连接固定件、装修件、密缝材五个部分组成。金属框有竖框、横框之分，起骨架和传递荷载作用。

6.1.3 建筑屋顶

屋顶是指建筑物最上层与室外分隔的外围护构件，屋顶可以起到抵抗雨、雪、防日晒、防寒、隔热等作用。如图 6-3 所示为建筑屋顶平面图。

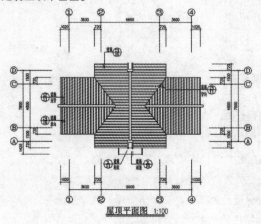

图 6-3　建筑屋顶平面图

➤ 屋顶一般分为坡屋顶和平屋顶两大类。坡屋顶的屋面常采用瓦，瓦有粘土瓦、水泥瓦、琉璃瓦、金属瓦、钢丝网水泥大波瓦、石棉水泥瓦、玻璃钢瓦等多种。

➤ 坡屋顶的屋面坡度主要决定于屋面材料和排水两方面因素。坡屋顶可以分为单坡、双坡、四坡等形式。

➤ 坡屋顶一般由承重结构和屋面两部分组成，其防水作用主要由屋面覆盖材料完成，其保温、隔热作用可以在屋面层做保温层，也可以在顶棚层上设保温材料完成。

➤ 屋顶的通风与隔热一种是把屋面做成双层，屋檐设进风口，屋脊设出风口，靠屋面通风隔热。另一种是在吊顶棚进行通风，起到隔热的作用。平屋顶以采用钢筋混凝土屋面板为承重层。平屋顶排水分无组织排水和有组织排水两种，采用无组织排水时，屋面伸出外墙形成挑檐。

➤ 屋面的雨水经挑檐自由落下。这种排水一般用于低层和次要建筑上。有组织排水是在屋面上做出排水坡度，有组织地把屋面上的水排到天沟或雨水口，然后经雨水口排泄到地面或雨水管道内。有组织排水又分为外排水和内排水两种形式。

➤ 平屋顶防水常采用卷材防水和刚性防水等形式。无论采取何种防水材料，在设计、选材和施工时，应严格遵守有关规范和要求，避免屋面渗漏现象发生。

 提示

平屋顶还应设置保温层，保温层一般设在屋顶结构层与防水层之间。为了防止室内水蒸气渗入保温层内，一般在保温层下设一道隔气层。屋顶保温材料应采用轻质，保温性能好，吸水率小的材料。

6.1.4　门、窗

门主要起对建筑和房间出入口进行封闭和开启作用，有时也兼通风或采光等辅助作用。因此要求门开启方便、关闭紧密、坚固耐用。

➤ 门的形式有平开门、弹簧门、推拉门、折叠门、转门、上翻门、卷帘门等多种。

➤ 按其组成材料分木门、钢门、铝合金门、塑料门、钢木组合门、玻璃门等。门的位置、数量、大小、形式和材料选用主要由使用和安全防火等要求决定。

> 门的位置和开启方向的设计会影响人的使用和家具布置，尤其在住宅等居住建筑中更为重要。手动开启的大门扇应有制动装置，推拉门应有防脱轨的措施。双面弹簧门应在可视高度部分装有透明玻璃。旋转门、电动门和大型门的邻近应另设普通门。开向疏散走道及楼梯间的门扇开足时，不应影响走道及楼梯平台的疏散宽度。

窗是建筑围护结构中的一个部件，它除起到分隔、保温、隔声、防水、防火等作用外，主要的功能是采光、通风和眺望等。

> 窗由开启部分和非开启部分组成，有平开窗、推拉窗、旋窗等几种形式。

> 窗的大小尺寸一般根据采光通风要求、结构要求和建筑立面造型要求等因素决定。窗按材料分为木窗、铝合金窗、塑料窗、钢窗等几种。由于保温、隔声的要求，窗分为单层、双层、三层窗，北方寒冷地区多采用双层窗。

> 窗玻璃厚度与窗扇分格大小有关。分格面积较大的窗，应选用较厚的玻璃。根据不同的使用要求，玻璃还可选用磨砂玻璃、压花玻璃、夹丝玻璃、钢化玻璃、彩色玻璃、镀膜玻璃、中空玻璃等。窗的形式在建筑立面造型上起到重要的作用，在满足窗的使用要求基础上，对窗的大小、形状、位置进行合理设计是搞好建筑立面设计的主要手段之一。

6.1.5 楼梯、变形缝、管道井

楼体

> 多层建筑中作为垂直交通之一的建筑构件，它由连续的梯段和休息平台围护栏杆组成。

> 人流较多和超过一定层数的建筑，一般设有自动扶梯和电梯，但在这种建筑中也应设置楼梯。

> 楼梯的数量、位置和楼梯间的形式可根据不同的使用要求和有关设计规范进行设计。

变形缝

> 为防止建筑物受力位移而设置的缝为变形缝，如图 6-4 所示。

> 变形缝包括伸缩缝、沉降缝、抗震缝。一般情况下，伸缩缝与沉降缝合并。抗震缝的设置亦应结合伸缩缝、沉降缝的要求统一考虑。变形缝应按缝的性质和条件设计，使其在产生位移或变形不受阻、不被破坏，并不破坏建筑物和建筑面层。

> 变形缝的构造和材料应根据其部位和需要分别采取防水、防火、保温、防虫等措施。依据缝的性质不同和建筑外部条件不同，变形缝的宽度也不同。一般伸缩缝宽为 20~30 毫米。

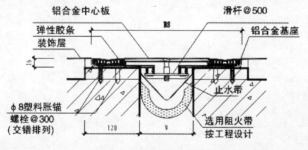

图 6-4　建筑变形缝剖面图

管道井

> 建筑物内供各种管道垂直通过而围合的空间称为管道井。管道井空间的大小应根据管道安装、检修所需要求确定。管道井的位置应尽可能在建筑物比较隐蔽的位置处，并应在每层公共走道一侧设检修门或者可以拆卸的壁板，检修口大小应使人在检修时可以进入。

> 在安全、防火和卫生方面互有影响的管道不应敷设在同一竖井内。管道井壁、检修门及管井开洞部分等应符合防火规范的有关规定。

> 管道井每隔二至三层在楼板处应用相当于楼板耐火极限的非燃烧体作为防火分隔。管道井与房间、吊顶等相连通的孔洞，其空隙应采用非燃烧材料紧密填塞。

6.1.6 无障碍设计

无障碍设计是指在规划和建筑设计中，为残疾人及老年人等行动不便者创造正常生活和参与社会活动的便利条件，针对不同类别的残疾人的动作特点和环境中的障碍情况，在设计中应采取相应的对策。如图 6-5 所示为无障碍设计高度图。

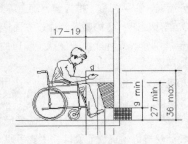

图 6-5 无障碍栏杆设计高度

> 对视力残疾者在设计中应简化行动线，布局平直；人行空间内无意外变动和突出物；强化听觉、嗅觉和触觉信息环境，便于引导（如扶手、盲文标志、音响信号等）；电器开关有安全措施且易辨别，不得采用拉线开关；对已习惯的环境不应轻易改变。

> 对肢体残疾者在设计时应考虑其行动要求。如设施选择应考虑有利于减缓操作节奏，减少程序，减小操作半径；采用肘式开关、长柄执手、大号按键，以简化操作；门、走道及所行动的空间均以轮椅能正常通行为标准进行设计。

> **提示**
>
> 在无障碍建筑设计中，上、下楼应有升降设备；按轮椅乘用者的需要设计残疾人专用卫生间设备及有关设施；地面应平整，尽可能不选用长绒地毯；坡道的宽度及坡度应考虑轮椅正常通行。

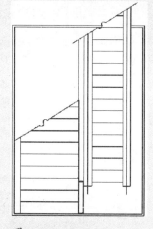

 楼梯间平面底图.swf

楼梯间平面底图.dwg

 一、二层楼梯间平面图

梯间平面图的标注.swf

楼梯间平面图的标注.dwg

自我检测

　　下面我们要进行的练习是关于建筑制图的某一部分的详图绘制，详图对于表达整体建筑的概念及内容有着重要的详述、补充作用。

　　希望大家通过下面的几个自测，能够体会到建筑详图绘制的方法及技巧，为以后的制图工作打下良好的基础。

自测34 楼梯间平面底图

下面我们绘制的例子是楼梯间平面图，通过这个例子，希望能够激发图形的空间想象能力，下面我们一起来完成它吧。

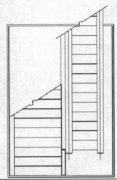

使用到的命令	矩形工具、偏移、剪切、多段线
学习时间	30 分钟
视频地址	光盘\视频\第 6 章\楼梯间平面底图.swf
源文件地址	光盘\源文件\第 6 章\楼梯间平面底图.dwg

01 按 Ctrl+N 快捷键，选择打开一个新的文件，单击打开按钮。

02 输入"LAYER"图层命令，设置楼体线为黑色，线宽为 0.25，标注层颜色为绿色，并将楼体线置为当前图层。

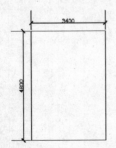

03 激活"RECTANG"矩形命令，点击任意一点，输入尺寸（D），长宽分别设为 4800，3400。

04 输入"OFFSET"偏移命令，将矩形向内偏移 50，得到上图。

05 激活"LINE"直线命令,以内侧矩形右下角点为起点,向左绘制 1400,向上绘制到顶部,结果如图所示。

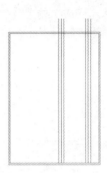

06 输入"OFFSET"偏移命令,将竖直的辅助线向右偏移 1000,再分别将两条线段向两侧分别偏移 100。

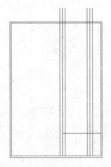

07 继续利用偏移命令,将横向的短辅助线向上偏移 800,得到上图。

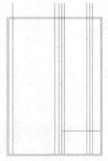

08 继续执行偏移命令,将左侧分别偏移150、1500,得到楼体轮廓线。

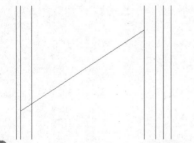

09 输入"LINE"命令,从左侧第二条线向右绘制一条斜度为 32°的线段,结果如图所示。

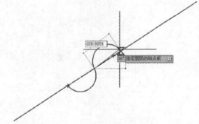

10 输入"PLINE"命令,点取第一点,弧形(A),第二点(S),在线段靠近中心的附近绘制两个连续的弧形,结果如图所示。

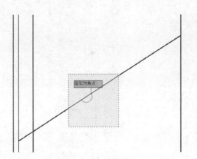

11 输入"TRIM"修剪命令，选择弧形线段及直线，结果如图所示。

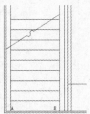

12 将弧线中间的直线部分剪切掉，结果如图所示。

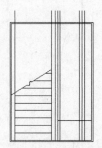

13 执行直线命令，连接 A,B 两点，利用"O"偏移命令，向上偏移 10 次距离为 300，结果如图所示。

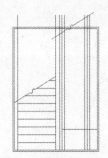

14 输入"TRIM"命令，选择折断线，将折断线以上部分的台阶直线剪切掉，结果如图所示。

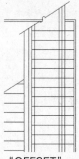

15 将折断线复制到右侧电梯台阶以上部分，结果如图所示。

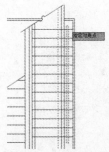

16 输入"OFFSET"，将下侧直线向上偏移 300，得到电梯台阶线，如上图所示。

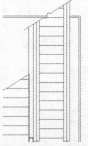

17 执行剪切命令，选择电梯右边内侧线为对象，将线右侧的台阶线都剪切掉。

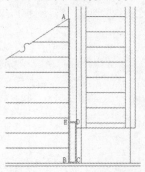

18 如上图所示为剪切后的电梯平面图。

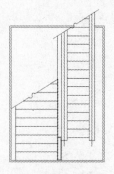

19 激活"PLINE"命令,依次连接 A、B、C、D、E 点,并向内侧偏移 50,得到上图。

20 利用"TRIM"剪切命令和"EXTEND"延长命令,将电梯入口修剪成如上图所示的结果,平面图完成了。

操作小贴士:

正如开头所说,台阶的绘制并不难,但要灵活运用多种命令共同完成,同时要有空间想象力。大家要多培养这种空间想象力。

自测35 楼梯间平面图的标注

下面我们将利用上自测的结果,对其进行符号的标注及尺寸文字的标注,来完善楼梯间平面图的所有元素。

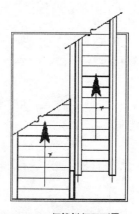

一、二层楼梯间平面图

使用到的命令	标注设置、直线、填充
学习时间	20 分钟
视频地址	光盘\视频\第 6 章\楼梯间平面图的标注.swf
源文件地址	光盘\源文件\第 6 章\楼梯间平面图的标注.dwg

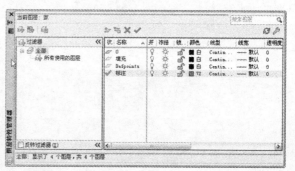

01 激活 Ctrl+N 快捷键,打开一个新的文件。

02 输入"LAYER"图层命令,设置楼体线为黑色,宽度为 0.25,标注层颜色为绿色,并将楼体线设置为当前图层。

03 执行"LINE"直线命令，绘制一条长为 500 的垂直直线。

04 继续执行直线命令，依照上图所示，在直线左侧绘制一个不等边三角形。

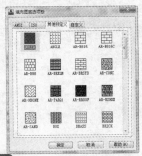

05 执行"HATCH"填充命令，点击填充图案后边的"填充图案选项板"，选择 SOLID 全色填充，单击确定按钮。

06 利用边界的拾取点，点取三角形空白处，进行填充。

07 执行"MIRROR"镜像命令，选择三角形为对象，以 500 长的线段为对称轴进行镜像，得到上图。

08 执行直线命令，以箭头下端凹处点为第一点，向下绘制长 1300 的直线，如图所示。

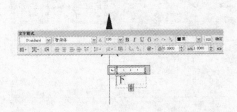

09 激活"MTEXT"多行文字，在箭头右侧点取范围，将文字大小调为 100，输入文字（下）。

10 输入"WBLOCK"写块命令，弹出写块对话框，点击拾取点选择块的基点。

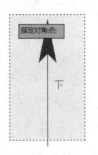

11 以箭头的顶点作为写块的基点。

12 从右下角像左上角选择对象，过程如图所示。

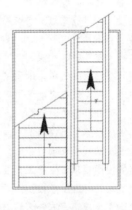

13 单击保存路径后边的展开菜单，弹出"浏览图形文件"对话框，选择存储路径，并输入"方向箭头"文件名。

14 将写好块的箭头分别复制到电梯和楼梯的上方，代表楼梯的走向。

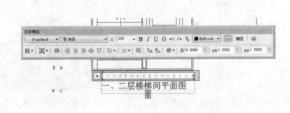

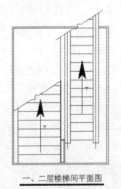

一、二层楼梯间平面图

15 激活"WTEXT"多行文字命令，在图像正下方选取文字，输入空间，将文字大小调为 200，输入图名，如图所示。

16 执行"PLINE"命令，点击图名下方第一点，输入宽度（W），设置端点及末点宽度为 50，点击第二点。

第17个小时　建筑设计的流程介绍

▲6.2 建筑设计的周期

在建筑设计过程中，通常建筑设计可划分为四个不同的设计阶段，分别是设计任务书阶段、建筑方案设计阶段、建筑初步设计和施工图设计阶段。

6.2.1　设计任务书

设计任务书是业主对工程项目设计提出的要求，是工程设计的主要依据。进行可行性研究的工程项目，可以用批准的可行性研究报告代替设计任务书。

设计任务书一般应包括以下几方面内容：

➢ 设计项目名称、建设地点。
➢ 批准设计项目的文号、协议书文号及其有关内容。
➢ 设计项目的用地情况，包括建设用地范围地形、场地内原有建筑物、构筑物、要求保留的树木及文物古迹的拆除和保留情况等。还应说明场地周围道路及建筑等环境情况。
➢ 工程所在地区的气象、地理条件、建设场地的工程地质条件。
➢ 水、电、气、燃料等能源供应情况，公共设施和交通运输条件。
➢ 用地、环保、卫生、消防、人防、抗震等要求和依据资料。
➢ 材料供应及施工条件情况。
➢ 工程设计的规模和项目组成。
➢ 项目的使用要求或生产工艺要求。
➢ 项目的设计标准及总投资。
➢ 建筑造型及建筑室内外装修方面要求。

6.2.2　建筑方案设计

建筑方案设计是依据设计任务书而编制的文件。如图 6-6 所示为立面效果图。

➢ 它由设计说明书、设计图样、投资估算、透视图四部分组成。
➢ 建筑方案设计必须贯彻国家及地方有关工程建设的政策和法令，应符合国家现行的建筑工程建设标准、设计规范和制图标准，以及确定投资的有关指标、定额和费用标准规定。建筑方案设计的内容和深度应符合有关规定的要求。
➢ 建筑方案设计一般应包括总平面、建筑、结构、给水排水、电气、采暖通风及空调、动力和投资估算等。

图 6-6　建筑方案设计效果图

> **提示**
>
> 建筑方案设计可以由业主直接委托有资格的设计单位进行设计，也可以采取竞标的方式进行设计。

6.2.3 初步设计

初步设计是根据批准的可行性研究报告或设计任务书而编制的初步设计文件。

➤ 初步设计文件由设计说明书（包括设计总说明和各专业的设计说明书）、设计图样、主要设备及材料表和工程概算书等四部分内容组成。

➤ 初步设计文件的编排顺序为：封面、扉页、初步设计文件目录、设计说明书、图样、主要设备及材料表、工程概算书。

➤ 初步设计文件深度应满足审批要求：应符合已审定的设计方案；能确定土地征用范围；能准备主要设备及材料；应提供工程设计概算，作为审批确定项目投资的依据；能进行施工图设计；能进行施工准备。

提示

在初步设计阶段，各专业应对本专业内容的设计方案或重大技术问题的解决方案进行综合技术分析，论证技术上的适用性、可靠性和经济上的合理性，并将其主要内容写进本专业初步设计说明书中。

6.2.4 施工图设计

施工图设计是根据已批准的初步设计或设计方案而编制的可供进行施工和安装的设计文件。施工图设计内容以图样为主，应包括封面、图样目录、设计说明（或首页）、图样、工程预算等，如图 6-7 所示为立面施工图。

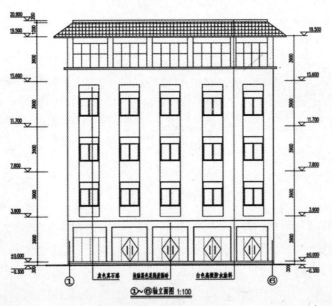

图 6-7　建筑立面施工图

➤ 施工图设计文件的深度应满足以下要求：能编制施工图预算。能安排材料、设备订货和非标准设备的制作；能进行施工和安装；能进行工程验收。

➤ 建筑平面图是用指北针来表示新建建筑的朝向的。指北针应按"国标"规定绘制，具体绘制方法后边我们会介绍到。

建筑平面图——图框.swf

建筑平面图——图框.dwg

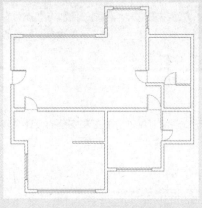

建筑平面图——平面底图.swf

建筑平面图——平面底图.dwg

建筑平面图不仅包括了图形本身，还有配套的标识系统、文字系统以及图框、指北针、图号等元素，因此我们在练习的时候不能光学会了制图而忽略了其他配套系统的学习。

下面将通过绘制平面图及配套系统，来深入了解、学习建筑平面图的绘制。

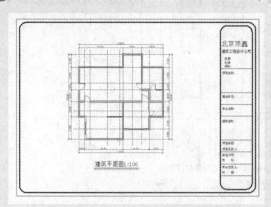

建筑平面图——平面图标注.swf

建筑平面图——平面图标注.dwg

自测36 建筑平面图—图框

在完整的工程制图中，除了有完整、清晰的图样信息以及文字、标注信息外，还要包括图形的图框及辅助图框文字信息，下面我们就来绘制图框部分。

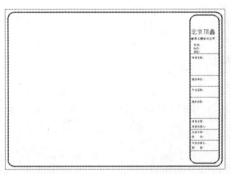

使用到的命令	图层工具、矩形、偏远、多行文字、圆角、线宽
学习时间	20 分钟
视频地址	光盘\视频\第 6 章\建筑平面图—图框.swf
源文件地址	光盘\源文件\第 6 章\建筑平面图—图框.dwg

01 执行 Ctrl+N 快捷键，打开一个新的文件，如图所示。

02 输入 "LAYER" 图层命令，依照上图设置各个图层，墙体层为黑色，粗度为 0.25；中轴线为红色；文字层、图框层及门窗层为 252 号颜色。

03 在 "AutoCAD 经典" 下，单击 "格式>文字样式"，建立新样式名 "文字标注"，并依据上图进行设置，置为当前。

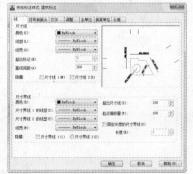

04 单击 "格式>标注样式"，建立新样式名 "建筑标注"，并点击继续，点击 "线"，依照上图进行设置。

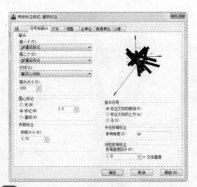

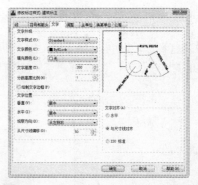

05 点击"符号和箭头"，依照上图进行设置。

06 点击"文字"并按上图进行参数设置。

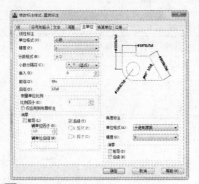

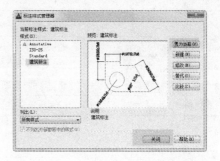

07 激活"主单位"，设置精度为 0，比例因子为 1。

08 确定后弹回主菜单，将建筑标准设置为当前。

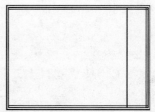

09 激活"RECTANG"命令，点击任意一点作为起点，输入尺寸（D），长、宽为 42000、29700，点击第二点，结果如图所示。

10 输入"OFFSET"偏移命令，将矩形向内偏移 550，并利用"X"炸开，将上、下两条线向上偏移 550，右侧线向左偏移 550、5800，得到上图。

11 执行"TRIM"修剪命令，依照上图进行偏移线的剪切。

12 输入"FILLET"圆角命令，半径设为 1200，分内侧两个矩形进行倒角，得到上图。

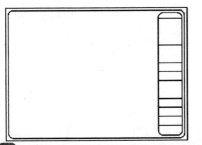

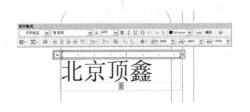

13 执行"LINE"命令,连接上部两个圆角的拐点,并向下分别偏移 6000、4000、2000、2000、4000、2000、2000、2000。

14 将第一条线删除后,输入"MTEXT"命令,点击第一个空格内的空白处,字高调整为800,输入上图文字,点击确定。

15 双击文字后,回车,字高调为 450,依照上图输入文字。

16 输入"MTEXT"命令,在下侧分别输入资质、电话、地址,结果如图所示。

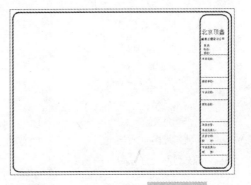

17 在以下横线处分别输入:项目名称、建设名称、专业名称、图样名称、项目负责人、项目主管、主设计师、校对、专业负责人、制图。

18 点击屏幕左下侧的 ，显示线宽,将内侧两个矩形边框选中,在特性中将线粗度调为 0.3,结果如图所示。

操作小贴士:

绘制图框主要应注意以下几点:图框的外尺寸,分为 A0、A1、A2、A3,此处绘制的是 A2 尺寸,对于图款辅助信息,除了包含自测中的所有内容,还可以根据项目及公司不同,分别进行添加,一般每个公司都有自己固定的各种尺寸的图框,每次使用,直接套用即可。

自测37 建筑平面图—平面底图

下面就进入建筑平面图的主要图形绘制阶段,绘图图形的基础工作直接影响着后期图形的质量,因此我们要对图形的设置问题理解、掌握。

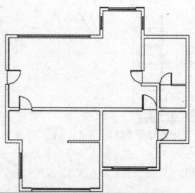

使用到的命令	图层工具、多段线、剪切、圆
学习时间	20 分钟
视频地址	光盘\视频\第 6 章\建筑平面图——平面底图.swf
源文件地址	光盘\源文件\第 6 章\建筑平面图——平面底图.dwg

01 执行 Ctrl+O 快捷键，选择上一个自测文件，以便利用已经设置好的图层项目。

02 点击"格式>线型"，弹出线型管理器对话框，点击中心线将全局比例设置为 15，单击确定按钮。

03 将轴线图层设置为当前后，绘制两条交点相隔 1 米、长为 16500 的垂直轴线，结果如图。

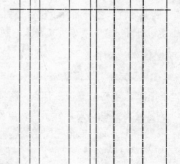

04 输入"OFFSET"命令，将纵向轴线向右分别偏移 9 次，距离分别为 1000、1000、2920、2100、600、1750、1600、1280、2350，得到上图。

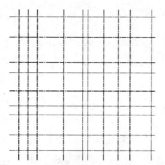

05 继续执行偏移，将横向轴线向右分别偏移1680、2100、980、1580、1950、1100、2700、2140。

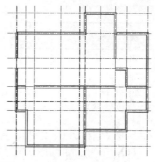

06 输入"MLINE"多线命令，比例选择240厚，对正为无，依照上图绘制平面墙体。

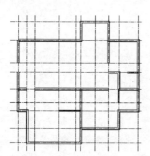

07 输入"MLINE"命令，设置比例为120，按照上图绘制内墙。

08 输入"LAYER"图层命令，将中轴线图层关闭。

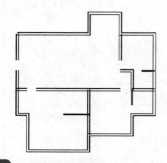

09 选择全部图形后，输入"X"分解命令。

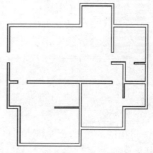

10 利用修剪命令"TRIM"对所有墙体交界处进行修剪，结果如图所示。

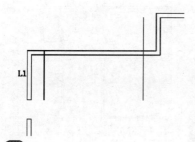

11 输入"OFFSET"命令，将L1线向右分别偏移1000、5860，得到上图。

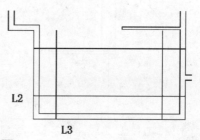

12 将L2向右偏移1000、4740，L3向上偏移1000、2020，得到上图。

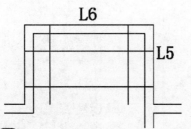

13 将 L5 向左偏移 700、2190，将 L6 向下偏移 700、980，结果如上图所示。

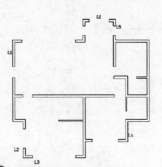

15 继续执行修剪命令，将 L1、L2、L3、L5、L6 偏移线段分别修剪，得到上图。

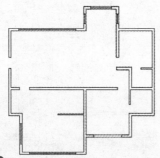

17 使用相同的方式，对其他门口进行绘制，结果如上图所示。

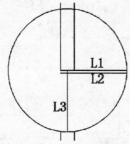

19 绘制直线 L1、L2，结合 L3，共同组成门框元素，结果如图所示。

14 将 L4 向左偏移 1000、2870，并执行 "TRIM" 命令，将线段修剪成如上图所示。

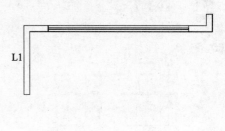

16 将门窗图层设置为当前后，执行 "LINE" 命令，链接各窗口的两条墙体线，并向内侧分别偏移 90，得到上图。

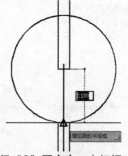

18 执行 "C" 圆命令，在门框一侧绘制半径为门框宽的圆，并绘制直线半径，结果如图所示。

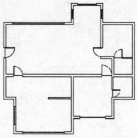

20 利用 "TRIM" 剪切工具命令，得到带滑道的门平面图，重复做法，绘制其他的门平面图，得到上图。

操作小贴士：

建筑平面图主要表现的是结构框架的关系，以及门窗的位置与墙体的关系。因此，墙体的厚度、门窗的位置要表达清晰，最后的绘图比例也要按照 1:1 的比例结合缩放的比例进行输入，以便打印出来以后，可以用比例尺在蓝图上进行测量、计算。

自测38 建筑平面图—平面图标注

在完成了建筑的底平面图之后，接下来就要对图形进行尺寸标注及文字标注了。

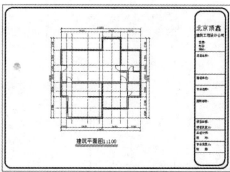

使用到的命令	图层工具、标注工具、多行文字、移动、缩放
学习时间	20 分钟
视频地址	光盘\视频\第 6 章\建筑平面图—平面图标注.swf
源文件地址	光盘\源文件\第 6 章\建筑平面图—平面图标注.dwg

01 执行 Ctrl+O 快捷键，选择打开上一自测绘制的图形。

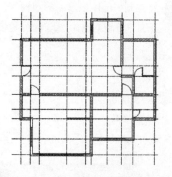

02 输入 "LAYER" 图层命令，将中轴线图层打开，得到完整图形。

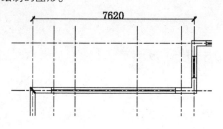

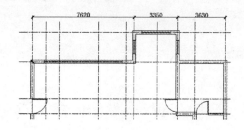

03 点击"标注>线性"，依照上图，对左上侧墙体中心线进行标注。

04 点击"标注>连续"，继续向右点击主要墙体中心线，进行标注。

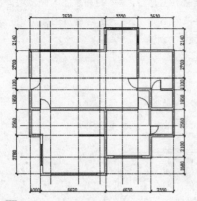

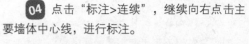

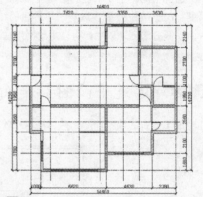

05 重复同样的命令，对其他四周墙体中心线进行标注，结果如图所示。

06 点击"标注>线性"，对四面外侧墙体中心线整体标注距离，结果如图所示。

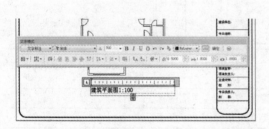

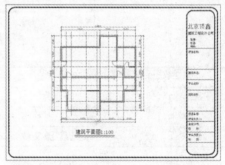

07 将绘制好的图像复制到图框中，并输入"MT"，在图下方输入高为 700 的图名和比例。

08 执行"MOVE"命令，将图形进行位置的适当调整，建筑平面图就绘制完成了，结果如上图所示。

操作小贴士：

> 在建筑平面图上，每一页图纸信息都要传达到位，包括墙体尺寸、窗户尺寸、门的位置（在自测中有所简化），还应表达图纸的序号，以及图名，而且都要与总图纸目录——对应，以便查找。

第18个小时　建筑设计包含的类型

▲6.3　建筑平面图

建筑平面图，表示建筑物水平方向房屋各部分内容及其组合关系的图样为建筑平面图。由于建筑平面图能突出地表达建筑的组成和功能关系等方面内容，因此一般建筑设计都先从平面设计入手。

在设计的各阶段中，都应有建筑平面图样。

6.3.1 主体的内容

主体内容是指最能够说明建筑设计主旨理念、形态及含义的内容，包含以下几项：

> 承重和非承重墙、柱（劈柱）、轴线和轴线编号、内外门窗位置和编号、门的开启方向、注明房间名称或编号和房间的特殊要求（如洁净度、恒温、防爆、防火等）。如图 6-8 所示为建筑二层平面图。

> 柱距（开间）、跨度（进深）尺寸、墙身厚度、柱（壁柱）宽、深和轴线关系尺寸。如图 6-9 所示为结构平面图。

> 轴线间尺寸、门窗洞口尺寸、分段尺寸、外包总尺寸。

> 变形缝位置尺寸。

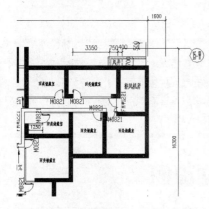

图 6-8 建筑二层平面图

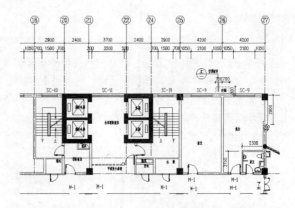

图 6-9 建筑平面结构图

6.3.2 结构功能性内容

结构功能性内容主要包括内部装饰、辅助使用功能的设计，包含以下几项：

> 卫生器具、水池、台、橱、柜、隔断等位置。

> 电梯（并注明规格）、楼梯位置和楼梯上下方向示意及主要尺寸。

> 地下室、地沟、地坑、必要的机座、各种平台、夹层、入孔、墙上预留孔洞、重要设备位置尺寸与标高等。

> 铁轨位置、轨距和轴线关系尺寸、吊车类型、吨位、跨距、行驶范围、吊车梯位置等。

> 阳台、雨篷、台阶、坡道、散水、明沟、通气竖道、管线竖井、烟囱、垃圾道、消防梯、雨水管位置及尺寸。

6.3.3 标示性内容

标示性内容用来辅助上述两项内容，对文字、尺寸、位置的进一步说明的内容，包含以下几项，如图 6-10、图 6-11 所示为轴线及尺寸图。

> 室内外地面标高、楼层标高（底层地面标高为±0.000）。

> 剖切线及编号（一般只注在底层平面）。

> 有关平面节点详图或详图索引号。

> 指北针（画在底层平面）。

> 平面尺寸和轴线。

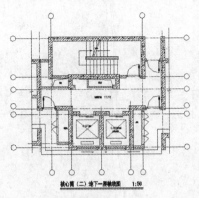

图 6-10　建筑轴线平面图

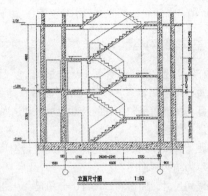

图 6-11　立面尺寸图

提示

　　用 AutoCAD 绘制大量图样时，往往有很多不确定因素导致后期增加图样、调整图样序号等，因此当平面图中有索引号与详图对应时，往往是在详图都做好后，在总平面图上进行标识、索引。

　　平面图中的建筑轴线的编号一般标注在图形的左侧和下方，当平面图形不对称时，上方和右侧也应标注轴线编号，以保障图样轴线及编号一目了然。

▲6.4　建筑立面图

　　立面图表示房屋外部形状和内容的图样称为建筑立面图，如图 6-12 所示。建筑立面图为建筑外垂直面正投影可视部分。建筑各方向的立面应绘全，但差异小，不难推定的立面可省略。内部院落的局部立面可在相关剖面图上表示，如剖面图未能表示完全的，需单独绘出。建筑立面图包括以下内容：

➤ 建筑两端轴线编号。

➤ 女儿墙、檐口、柱、变形缝、室外楼梯和消防梯、阳台、栏杆、台阶、坡道、花台、雨篷、线条、烟囱、勒脚、门窗、洞口、门头、雨水管、其他装饰构件和粉刷分格线示意等。外墙留洞应注尺寸与标高（宽×高×深及关系尺寸）。

➤ 在平面图上表示不出的窗编号，应在立面图上标注。平、剖面图未能表示出来的屋顶、檐口、女儿墙、窗台等标高或高度，应在立面图上分别注明。

➤ 各部分构造、装饰节点详图索引，用料名称或符号。

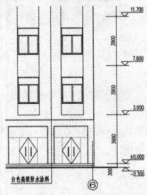

图 6-12　立面尺寸图

建筑立面图的比例与平面图一致，常用 1:50、1:100、1:150、1:200 的比例绘制。

▲*6.5* 建筑剖面图

建筑剖面图表示建筑物垂直方向房屋各部分组成关系的图样称为建筑剖面图，如图 6-13 所示。剖面设计图主要应表示出建筑各部分的高度、层数、建筑空间的组合利用，以及建筑剖面中的结构、构造关系、层次、做法等。剖面图的剖视位置应选在层高不同、层数不同、内外部空间比较复杂、最有代表性的部分，主要包括以下内容：

- ➤ 墙、柱、轴线、轴线编号。
- ➤ 室外地面、底层地（楼）面、地坑、地沟、机座、各层楼板、吊顶、屋架、屋顶、出屋面烟囱、天窗、挡风板、消防梯、檐口、女儿墙、门、窗、吊车、吊车梁、走道板、梁、铁轨、楼梯、台阶、坡道、散水、平台、阳台、雨篷、洞口、墙裙、雨水管及其他装修等可见的内容。
- ➤ 高度尺寸。外部尺寸：门、窗、洞口高度、总高度；内部尺寸：地坑深度、隔断、洞口、平台、吊顶等。
- ➤ 标高。底层地面标高（±0.000），以上各层楼面、楼梯、平台标高、屋面板、屋面檐口、女儿墙顶、烟囱顶标高；高出屋面的水箱间、楼梯间、机房顶部标高；室外地面标高；底层以下的地下各层标高。

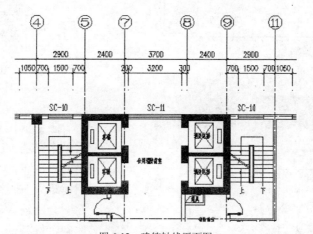

图 6-13 建筑轴线平面图

在局部剖面图中，图号是根据建筑平面图所引出的剖切号确定的，在平面图上通常会使用大小剖切号及剖切引号等对建筑所需剖切面进行注示，和索引图号一样，在图中是一一对应的关系。

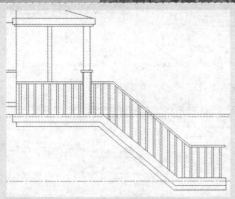

🎬 建筑立面图——下层立面图.swf

🖼 建筑立面图——下层立面图.dwg

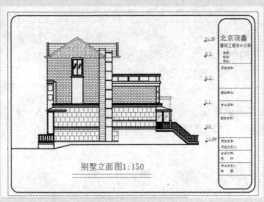

别墅立面图1:150

🎬 建筑立面图——中上层立面图.swf

🖼 建筑立面图——中上层立面图.dwg

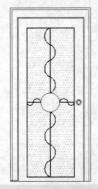

🎬 室内门立面图的绘制.swf

🖼 室内门立面图的绘制.dwg

自我检测

　　在完成了建筑平面图的绘制以后，大家是否已经对建筑制图有了浓厚的兴趣呢，下面我们接着为大家介绍建筑立面图的绘制。相对平面图立面图会比较烦琐，但它在对于建筑整体砌筑材料、尺寸上有着不可替代的作用，大家需要认真学习。

自测39 建筑立面图—下层立面图

建筑立面图主要介绍室外建筑立面设计的元素，体现了建筑物的外部特定及构造，下面我们就来绘制一所别墅的侧立面图的下层图形。

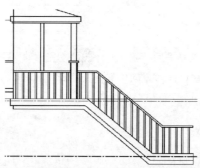

使用到的命令	图层工具、多段线、矩形、剪切、圆、填充
学习时间	20 分钟
视频地址	光盘\视频\第 6 章\建筑立面图——下层立面图.swf
源文件地址	光盘\源文件\第 6 章\建筑立面图——下层立面图.dwg

01 执行 Ctrl+N 快捷键，打开一个新的文件，结果如图所示。

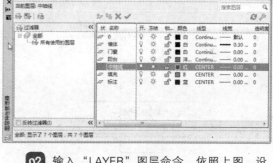

02 输入 "LAYER" 图层命令，依照上图，设置各个图层，其中墙体层为黑色，粗度为 0.3，中轴线为红色，线型为 CENTER。

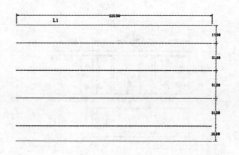

03 激活 "格式>线性"，将中轴线比例因子选为 15。

04 将中轴线图层设置为当前，输入 "LINE" 命令，绘制一条长为 22650 的轴线 L1，依次向下偏移 1980、3100、3100、3100、1680，得到上图。

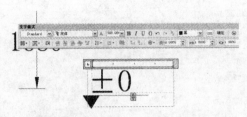

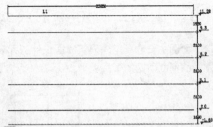

05 绘制一个三角形，并在填充后，激活"MTEXT"命令，输入数字，作为竖向标高。

06 分别移动标高至各中轴线右端，依次从上而下输入（11.28、9.6、6.3、3.1、0、–1.68）。

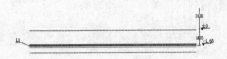

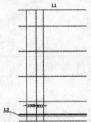

07 使用"OFFSET"命令，将最下层中轴线向下偏移 150、600，向上偏移 50、100，结果如图所示。

08 执行"LINE"命令后，点击左下角的推断约束打开，以上图 L2 左端点为起点，输入（@1000、–750）和（@0、13710），得到垂直直线。

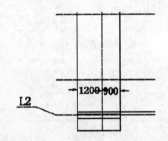

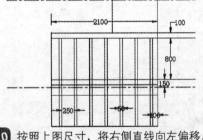

09 将垂直轴线向右分别偏移 1200、900。将左右两侧轴线转为"墙体"图层。

10 按照上图尺寸，将右侧直线向左偏移，并利用剪切命令进行整体剪切，得到上图的扶手栏杆。

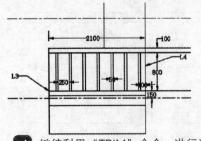

11 继续利用"TRIM"命令，进行进一步剪切，得到上图所示的栏杆。

12 执行"O"命令，将左图中的 L3 向上依次偏移 1600、210、100、1200、1600、200、100、110、L4 向左偏移 120、90、50。

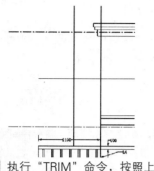

13 执行"TRIM"命令，按照上图对偏移直线进行修剪，得到屋檐。

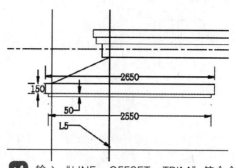

14 输入"LINE、OFFSET、TRIM"等命令，依照上图绘制屋檐。

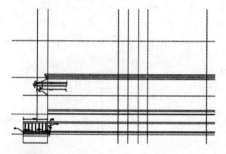

15 执行"OFFSET"命令，将上一步骤中的 L5 向右侧方向分别偏移 6100、850、900、5100，得到上图。

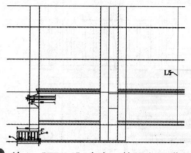

16 输入"TRIM"命令，按照上图进行修剪，得到墙体侧面图。

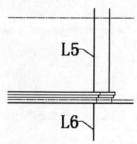

17 执行"OFFSET"命令，将 L5 向右水平偏移 100、80、60、350、110、85、65，利用修剪命令依照上图进行修剪。

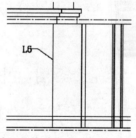

18 继续执行偏移命令，将 L6 向右分别水平偏移 850、110、780、45、20、180、30、40，结果如图所示。

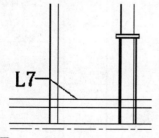

19 将倒数第三根线 L7 向上分别偏移 800、50，利用修剪命令，修剪得到柱子，如图所示。

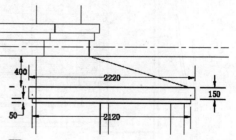

20 利用命令"LINE、OFFSET、TRIM"命令，按照上图尺寸绘制屋檐。

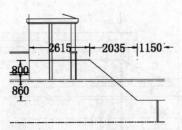

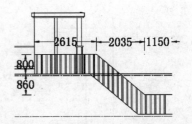

21 执行"PLINE"命令，按照上图尺寸绘制一条扶手栏杆线，并在末端绘制两条间隔50的栏杆，结果如图所示。

22 利用"AR"阵列命令，将栏杆间距200进行矩形阵列，执行"X"命令炸开后，延长到上段并修剪成如上图所示的结果。

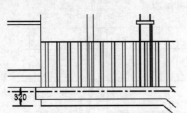

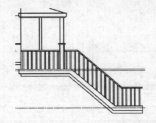

23 将楼体扶手线向下偏移800后，再向下偏移200、120，得到楼体板面。

24 最后利用"LINE"及修剪命令按照上图进行完善，楼体绘制完毕。

操作小贴士：

通过对别墅东立面的绘制，让大家理解如何表达建筑立面图，不仅要表达清楚屋檐、楼梯、墙体、柱子直接的实际尺寸关系，更要将部分隐藏的实体表现出来。

自测40　建筑立面图—中上层立面图

根据上面自测绘制的下层内容，我们继续完善中上层立面图，包括二层别墅立面图、墙壁、屋檐、窗户等元素。

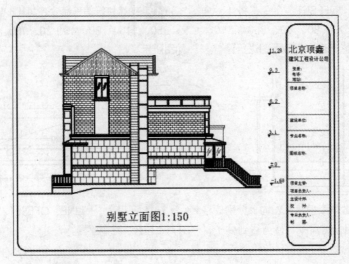

别墅立面图1:150

使用到的命令	直线、矩形、偏移、剪切、圆、填充
学习时间	20 分钟
视频地址	光盘\视频\第 6 章\建筑立面图—中上层立面图 swf
源文件地址	光盘\源文件\第 6 章\建筑立面图—中上层立面图.dwg

01 执行 Ctrl+O 快捷键，选择上一自测图形结果，单击打开按钮。

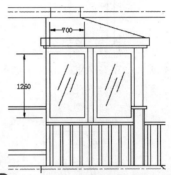

02 输入 "LAYER" 图层命令，将门窗图层设置为当前，按照上图给出的尺寸，绘制两个窗户。

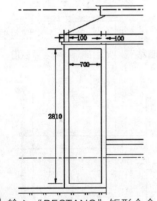

03 输入 "RECTANG" 矩形命令，按照上图绘制立面图左侧入口窗楞。

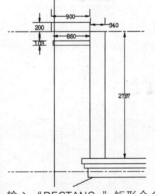

04 输入 "RECTANG" 矩形命令，按照上图绘制屋顶上层图形。

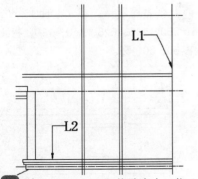

05 输入 "OFFSET" 偏移命令，将 L1 直线向左侧分别偏移 2180、100、2180、100，将 L2 向上分别偏移 3395、110、2405。

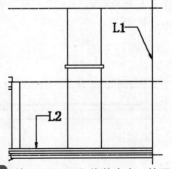

06 输入 "TRIM" 修剪命令，按照上图，对刚才的偏移线进行修剪，得到窗楞墙。

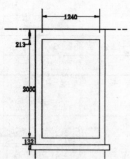

07 输入 "RECTANG" 命令，按照上图尺寸，在窗楞墙上端绘制窗框。

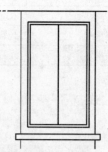

08 将窗框向内偏移 50 后，连接上、下内部矩形的中点连线。

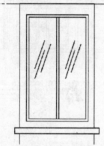

09 将中线向两侧分别偏移 25 后，删除中线，并绘制玻璃的反光线，结果如图所示。

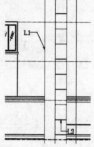

10 如图所示，两条 L2 横线向上偏移 1200，偏移 9 次，向下偏移 1200 一次，得到上图。

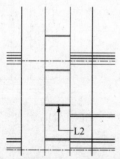

11 继续偏移命令，将所有偏移线向下分别偏移 30，得到凹槽。

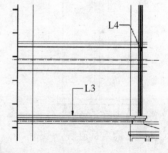

12 如上图所示，将 L3 向上分别偏移 2265、350、245、625、160、110，将 L4 向左偏移 60、60、52。

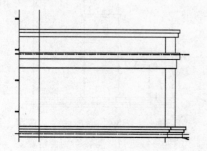

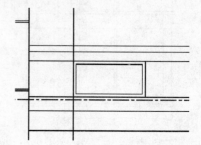

13 执行"TRIM"修剪命令，将刚才得到的偏移线进行修剪，得到两层屋檐，结果如图所示。

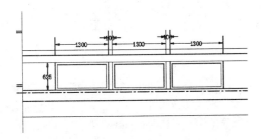

15 执行"COPY"命令，将矩形窗口按照上图尺寸向右复制两个，间距为 100。

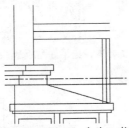

17 执行"OFFSET"命令，将上侧线向上偏移 160 两次，将右侧竖线向左偏移 80 两次。

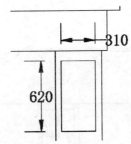

19 执行"RECTANG>D"命令，输入长、宽为 620、310，绘制廊柱的窗口，结果如图所示。

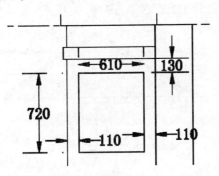

14 执行"RECTANG"命令，在第一层屋檐下，绘制内切的矩形，长、宽为 1300、625。

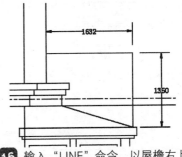

16 输入"LINE"命令，以屋檐右上方交点为起点，按照上图尺寸，绘制二层阳台。

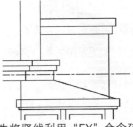

18 先将竖线利用"EX"命令延长到顶部第三条线后，输入"TRIM"命令，按照上图进行修剪。

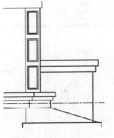

20 将窗口线向内偏移 50 后，输入"MIRROR"命令，将窗口以柱中线镜像到下侧，复制到中线上，得到上图。

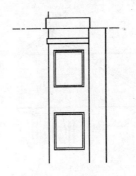

21 在左侧门柱处输入"RECTANG"命令，绘制如图所示的矩形窗口。

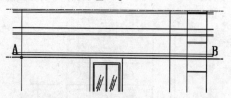

22 同样利用"MIRROR"命令，将柱中点连线为对称轴，将其镜像得到上图。

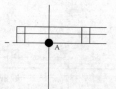

23 输入"LINE"命令，点击 A 点为起点，输入（@-400，0）确定第二点，向右绘制长为10290的直线，并向上偏移110、85。

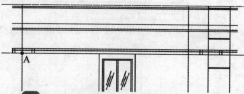

24 输入"LINE"命令，点击 A 点为第一点，输入（@-300、0）和（@0、195），将垂直的195直线向右偏移710、100。

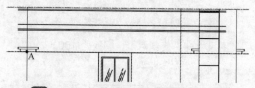

25 继续将垂直竖线向右偏移 7000、100、2180、100，得到屋檐的各个挑台。

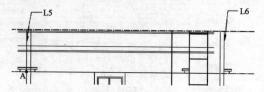

26 输入"TRIM"命令，依照上图进行屋檐两侧的修剪，结果如图所示。

27 如上图所示，将左右两侧 L5、L6 分别向内侧偏移200。

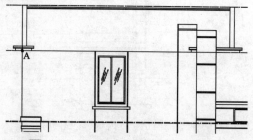

28 输入"TRIM"修剪命令，依照上图进行修剪。

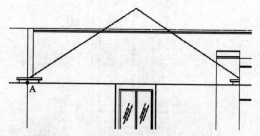

29 将 A 点处及右侧图形进行修剪、延伸，得到上图。

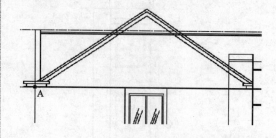

30 输入"LINE"命令，捕捉 A 点为起始点，输入坐标（@84、0）和（@3915、4176），并利用镜像命令进行镜像、剪切。

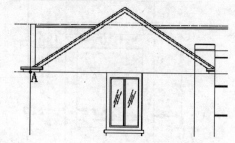

31 输入"OFFSET"命令，将得到的屋顶线向下分别偏移65、125，得到上图。

32 执行修剪命令，按照上图进行修剪。

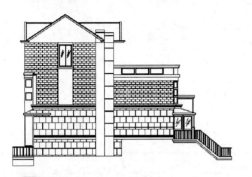

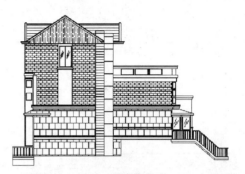

33 输入"HATCH"填充命令，选择（AR-B816）及（AR-B88）图案，比例分别为 1 和 3，填充墙面。

34 继续执行填充命令，选择(LINE)图案，对后侧屋顶及中间柱体进行填充，前面屋顶用（GOST-WOOD）比例均为80。

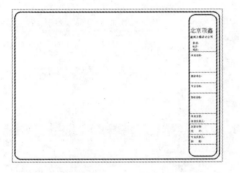

别墅立面图1:150

35 打开图框文本，利用"编辑〉带基点复制"功能，选择图框某点为基点，按组合键"Ctrl+Tab"转到立面图中，点击"编辑〉粘贴为块"，粘贴到图中。

36 将图形移动到图框内，并输入"MTEXT"命令，在图形下侧输入图名及比例，利用"PLIN〉W"，宽度设为 30，绘制下横线，结果如图所示。

操作小贴士：

　　建筑立面图大致包括南北立面图、东西立面图四部分，若建筑各立面的结构有丝毫差异，都应绘出对应立面的立面图来诠释所设计的建筑，建筑立面图的比例与平面图一致，常用 1:50、1:100、1:150、1:200 的比例绘制。

自测41　室内门立面图的绘制

　　接下来绘制室内门的立面图，通过门的绘制过程，我们主要练习多段线绘制弧形的命令功能，下面我们一起来完成它吧。

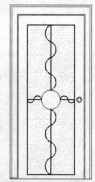

使用到的命令	图层工具、多段线、矩形、剪切、圆、填充
学习时间	20 分钟
视频地址	光盘\视频\第 6 章\室内门立面图的绘制.swf
源文件地址	光盘\源文件\第 6 章\室内门立面图的绘制.dwg

01 输入 Ctrl+N 快捷键,选择并打开一个新的文件,如图所示。

02 输入 "LAYER" 图层命令,设置轮廓线为黑色,宽为 0.25,填充层颜色为灰 8,并点击将轮廓线设置为当前图层。

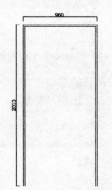

03 输入 "MLINE" 多线命令,输入 S,回车,输入比例值为 20,对正(J)回车,点击第一点后,绘制一个长 2100、宽 960 的门框,结果如图所示。

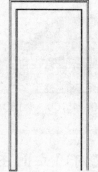

04 再次输入 "MLINE" 命令,比例(S)设为 10,以左下角为第一点,向右绘制 80 后,向上绘制 1900,向右为 800,向下为 1900,结果如图所示。

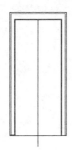

05 输入"LINE"命令连接门下侧连线，并做门顶部的中垂线，结果如图所示。

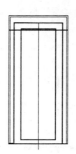

06 输入"REC"举行命令，输入宽（W），输入数值为 5，绘制一个长、宽为 1730、560 的矩形，并移动到中点处。

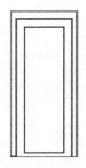

07 利用"E"删除功能，将辅助线的中轴线删除，得到上图。

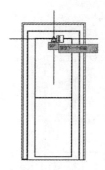

08 输入"PLINE"多段线命令，宽度调为 3，连接矩形的两条中轴线。

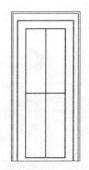

09 连接完成后，结果如图所示，将门分为四部分。

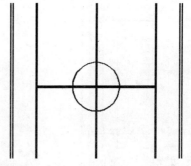

10 输入"C"圆命令，以矩形的两条中轴线连接点为圆心，绘制一个半径为 110 的圆，结果如图所示。

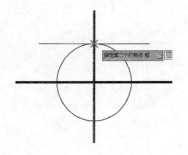

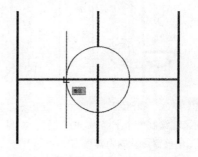

11 输入"BREAK"打断命令，选择长轴线，以圆上部分与其交点为打断点，点击该点。

12 输入"BREAK"打断命令，选择左侧短轴为打断对象，点击与圆的交点，结果如图所示。

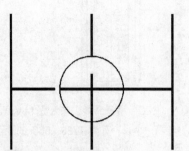

13 系统会自动缩短一边，将打断点显示出来，结果如图所示。

14 执行"格式>点样式"命令，选择一种样式作为点样式。

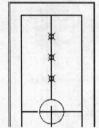

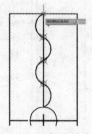

15 输入"DIV"定数等分命令，选择上半部分纵轴线，输入等分数目为4，结果如图所示。

16 输入"PLINE"多段线命令，点击打断点为第一点，输入圆弧（A），输入第二点（S），依照上图依次点击等分点。

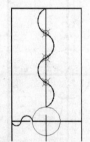

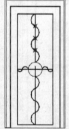

17 继续输入"PLINE"命令，按照提示重复绘制弧形线，结果如上图所示。

18 输入"MIRROR"镜像命令，分别选择刚才绘制的两条弧形为对象，以矩形轴线为对称轴，分别镜像，结果如图所示。

19 输入"CIRCLE"圆命令，在矩形右侧中间区域绘制一个半径为30的圆，并利用"O"偏移命令，向内偏移10。

20 输入"TRIM"剪切命令，以圆为剪切对象，将圆内部的线均剪切掉，结果如图所示。

21 利用"E"清除掉定数等分点，结
果如图所示。

22 输入"HATCH"命令，打开图案填充对
话框，点击图案后边的展开按钮，结果如图所示。

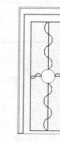

23 选择填充图案"DOTS"，单击确
定按钮，弹回主菜单，将比例调为15。

24 点击拾取点，分别将门的四个空白区域进
行填充，门立面图就绘制完成了，结果如图所示。

操作小贴士：

此自测案例并不难，但却用到了多种绘图命令，这个练习重点就在于学会利用多段线中
的诸多子菜单，来绘制不同形态的弧形。

自 我 评 价

按照施工图的制图规定，要绘制能供施工时作为依据的全部图样。施工图的绘制不仅要表达清楚所
有的建筑内容，还要按国家制定的制图标准进行绘制。因此要学好建筑制图，不仅要熟练掌握
AutoCAD绘图工具，还要懂国家的制图规范。

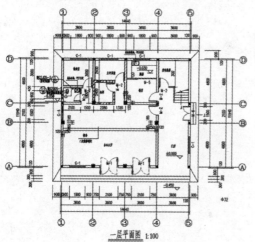

一层平面图 1:100

北立面图 1:100

总 结 扩 展

在上面的几个自测中主要用到了 AutoCAD 标注设置，及文字标注、镜像、插入块等命令介绍，具体要求如下表所示：

	了解	理解	精通
标注设置		√	
图案的填充			√
镜像、矩形工具			√
文字输入			√
直线、偏移、修剪			√
尺寸标注			√

要想利用 AutoCAD 绘制完整漂亮的工程图，上面这些练习是远远不够的，希望大家能在理解的基础上，反复练习、体会每一个自测中用到的各种命令及涉及到的建筑知识，相信大家一定能在练习的过程中不断充实自己、提高自己。

第 **7** 章

景观工程
——园林景观工程制图

通过上一章建筑制图的学习，大家是否对 AutoCAD 2013 有了新的认识，其实 AutoCAD 制图的应用比想象的要强大很多。

接下来这一章我们将学习 AutoCAD 制图在景观工程图中的应用，其中包括了土建部分的绘制、植物图形的绘制，以及总图标注的应用。

相信大家在学习完这章的景观工程绘图知识后，一定能够独立完成完整而漂亮的景观工程图。

学习目的：	掌握 AutoCAD 2013 景观工程制图的技巧
知识点：	AutoCAD 景观工程图基础知识、绘制方法等
学习时间：	3 小时

如何确定、绘制景观图的总平面图？

　　首先根据工程不同分区，划分为若干局部，每个局部根据总体设计的要求，进行局部详细设计。一般比例尺为 1500，等高线距离为 0.5m，用不同等级粗细的线条，画出等高线、园路、广场、建筑、水池、湖面、驳岸、树林、草地、灌木丛、花坛、花卉、山石、雕塑等。详细设计平面图要求标明建筑平面、标高及周围环境的关系。道路的宽度、形式、标高；主要广场、地坪的形式、标高；花坛、水池面积大小和标高；驳岸的形式、宽度、标高。

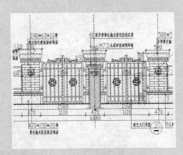
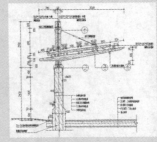
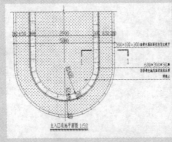

图形优美、精准的图样

设计说明书包括什么？

说明书的内容是初步设计说明书的进一步深化。说明书应写明设计的依据、设计对象的地理位置及自然条件，园林绿地设计的基本情况，各种园林工程的论证叙述，园林绿地建成后的效果分析等。

方案设计现状图的作用是什么？

根据已经掌握的全部资料，经分析、归纳后，分成若干空间，对现状做综合评述。可以用圆形圈或抽象图形将其概括地表示出来。例如经过对四周道路的分析，根据城市道路的情况，确定出入口的大体位置和范围。

如何确定剖面图基准标高？

在剖面图中，必须标明几个主要空间地面的标高（路面标高、地坪标高、室内地坪标高、湖面标高、水面标高、池底标高）。这里同一图面所有标高均以0.00作为基准平面。

第19个小时　景观设计的概念与含义

▲7.1　景观设计的概念

景观设计与建筑、生态、规划等多种学科交叉融合，在不同的学科中具有不同的意义，景观设计又叫景观建筑学，是指在建筑设计或土地规划的过程中，对周围环境要素的整体考虑和设计，包括自然要素和人工要素。使得建筑与自然环境产生呼应关系，使其使用更方便，更舒适，提高其整体的美学价值。如图7-1所示为景观总平面图。

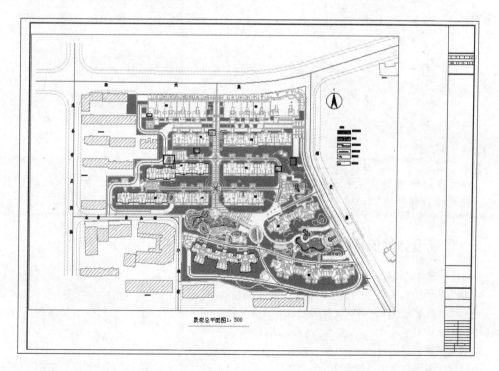

景观总平面图1：500

图7-1　某园区景观总平面图

7.1.1 景观设计的内容

景观设计的内容根据项目特性的不同有很大不同，河域治理、城镇总体规划大多是从地理、生态角度出发；中等规模的主题公园设计、街道景观设计常常从规划和园林的角度出发；面积相对较小的城市广场、小区绿地，甚至住宅庭院等又是从详细规划与建筑角度出发。

通常接触到的，在规划及设计过程中对景观因素的考虑，分为硬景观（hardscape）和软景观（softscape）。硬景观是指人工设施，通常包括铺装、雕塑、凉棚、座椅、灯光、果皮箱等；软景观是指人工植被、河流等仿自然景观，如喷泉、水池、草皮、植被等。

按照中国西晋时代专门的书籍所指，景观内容应包含筑山、理水、植物、建筑组成统一的景观体。

> 筑山，讲究高远、深远及平远，在景观施工图中一般会增加了很多人为的山石，既要求高俊、挺拔，又要深远、曲折，连绵不绝，如图 7-2 所示为地形图。

> 理水，在传统文化中，自然山水都离不开水，有水则灵，好的景观设计中，无论水的形态是什么，静水、喷泉、跌水、溪流都是景观中重要的组成部分。

> 植物，植物的配置分为两个方面，一个是植物本身的层次、颜色的变化，另一个是植物与山石、水系、建筑的关系处理。

> 建筑，此处的建筑不是我们平常说的高楼大厦，而是包括了居住、休息更为高雅的人居环境，如图 7-3 所示为园林建筑图。

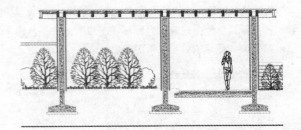

图 7-2　地形图　　　　　　　　　图 7-3　园林建筑图

> **提示**
>
> 一般在现代景观设计中，首先是有了区域规划后，将建筑、道路、绿化区域等划分好，再根据建筑、道路的使用情况来设计更加合理的景观。

7.1.2 景观设计的流程步骤

按照景观设计的流程，可以分为以下几个步骤：

> 调查和分析阶段

（1）掌握自然条件、环境状况及历史沿革。（2）图样资料（由甲方提供）。（3）现场踏查。（4）编制总体设计任务文件。

> 总体方案设计阶段

主要设计图样内容包括位置图、现状图、分区图、总体设计方案图、地形设计图、道路总体设计图、种植设计图、管线总体设计图等，如图 7-4、图 7-5 所示。

图7-4 景观视线图

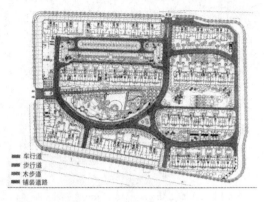

图7-5 园区道路景观路线

> 局部详细设计阶段

1. 平面图

详细设计平面图要求标明建筑平面、标高及周围环境的关系。道路的宽度、形式、标高；主要广场、地坪的形式、标高；花坛、水池面积大小和标高等。

2. 横纵剖面图

为更好地表达设计意图，艺术布局最重要的部分，一般比例尺为1：200~1：500，如图7-6所示。

3. 局部景观环境设计图

除了设计局部空间、道路等，能需要较准确地反映乔木地种植点、栽植数量、树种。树种主要包括密林、疏林、树群、树丛、园路树、湖岸树的位置，如图7-7所示。

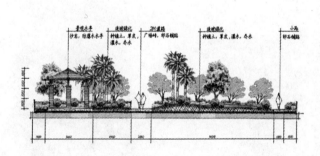

图7-6 横向剖面图

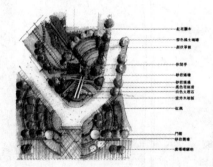

图7-7 局部设计图

提示

局部区域设计，不仅要包含了建筑与植物的距离、使用层次轻重程度，还要根据路由的走向，进行小品、空间的设计，属于较为细致的设计过程。

> 施工设计阶段

施工图设计属于整个景观工程设计的最后一步，承接着图样与实际之间的纽带，我们会在后边详细介绍施工图的内容及含义。

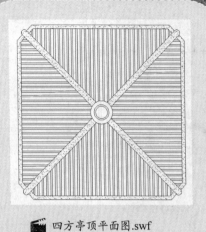

🎬 四方亭顶平面图.swf
🖼 四方亭顶平面图.dwg

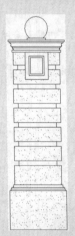

🎬 景观围墙柱立面图.swf
🖼 景观围墙柱立面图.dwg

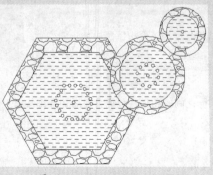

🎬 叠层喷泉水池.swf
🖼 叠层喷泉水池.dwg

自我检测

　　下面我们要给大家提供的自测练习是三个在景观施工图中经常用到的图形，难度不大，但很实用。

　　希望大家通过下面的几个自测，能够学会如何绘制景观小品施工图，当然大家最好能够先自己利用学习过的知识进行绘制，再去对照步骤说明，检查纰漏，相信大家一定可以完成。让我们开始下面的自测吧！

自测42 四方亭顶平面图

下面的例子我们将绘制一个四角方亭的平面图，主要用到的命令、工具也是我们之前讲到的一些常用但重要的工具，下面我们就一起来完成它吧。

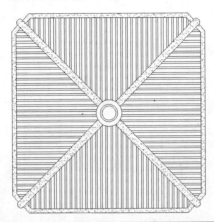

使用到的命令	多边形工具、偏移、剪切、镜像、阵列
学习时间	20 分钟
视频地址	光盘\视频\第 7 章\四方亭顶平面图.swf
源文件地址	光盘\源文件\第 7 章\四方亭顶平面图.dwg

01 按 Ctrl+N 快捷键，选择并打开一个新的文件。

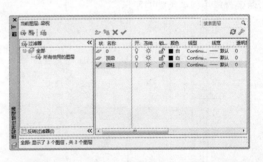

02 输入 "LAYER" 图层命令，设置顶梁及梁柱两个图层，并点击将梁柱图层设置为当前图层。

03 执行 "POLYGON" 命令，要求输入多边形的边数（4）。

04 点击任意一点作为多边形的中点后，选择输入选项（内接于圆），如图所示。

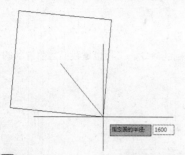

05 点击任意一点作为多边形的中点后，输入多边形的半径（1600）。

06 如图所示，最后得到半径为 1600 的正四边形。

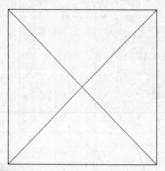

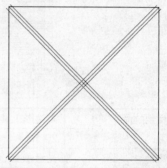

07 输入"LINE"命令，连接四边形的两条对角线，结果如图所示。

08 输入"OFFSET"命令，将对角线分别向两侧偏移 40，得到上图。

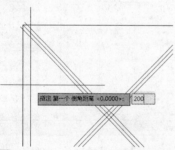

09 输入"CHAMFER"倒角命令，输入距离（D），输入倒角半径为 200。

10 分别点击两条对角线，结果如上图所示，四个角分别进行倒角。

11 输入"TRIM"命令，将四个角与对角线进行剪切，结果如上图所示。

12 输入"OFFSET"命令，将外侧屋檐线向内偏移 50，得到上图。

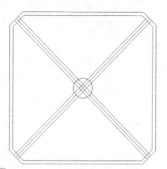

13 输入"CIRCLE"命令，在对角线交点处绘制一个半径为 150 的圆。

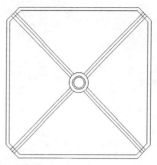

14 对圆内进行剪切后，将圆向内分别偏移 30、20，得到亭顶柱。

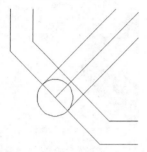

15 输入"CIRCLE"命令，在对角处以对角线交点为圆心，绘制半径为 40 的圆。

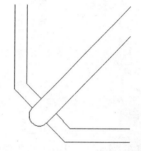

16 输入"TRIM"命令，依照上图对屋檐进行修剪。

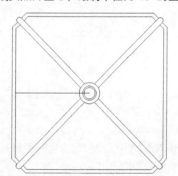

17 将顶梁图层设置为当前，输入"LINE"命令，连接圆柱中点及屋檐中点，结果如图所示。

18 输入"OFFSET"命令，将绘制的中点线向两侧分别偏移 20，将中间线删除，激活阵列工具"AR"，选择（矩形）工具。

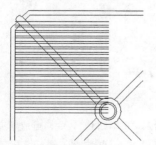

19 向上拉动鼠标，系统自动进行排列，点击鼠标后，结果如图所示。

20 双击图像，弹出阵列对话框，将各参数进行调整，行间距调为 60。

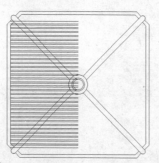

21 将调整好参数的图像利用镜像命令"MIRROR"镜像到下侧，如图所示。

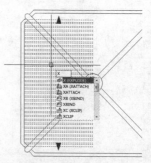

22 输入"X"，将刚才绘制的顶梁全部选中，回车，将顶梁都炸开，以便于进行编辑。

23 输入"TRIM"命令，依照上图对顶梁进行修剪。

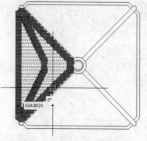

24 输入"BLOCK"块命令，按照对话框的提示，选择所有修剪好的顶梁为对象。

25 在名词中输入块的名称，并选择中点为拾取点。

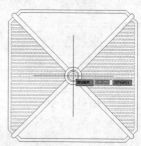

26 输入"MIRROR"命令，将刚刚编辑的块镜像到对面，结果如图所示。

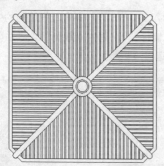

27 输入"RO"命令，选择两个顶梁为对象，选择圆柱的中点为旋转基点，旋转（C）复制，角度为90°，结果如图所示。

28 输入"HATCH"命令，点取填充图像，选择（SAND）单击确定按钮，进行填充。

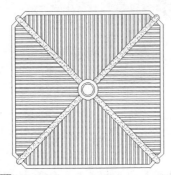 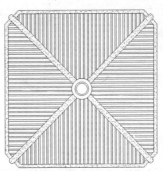

29 如图所示，将顶部的四条主梁进行填充。

30 继续按空格键，重复填充命令，将四条屋檐边线也进行填充，整个图形就完成了。

操作小贴士：

在室外景观亭中分类很多，包括中式、欧式、日式、现代式等，中式可按照角的多少进行分类。在材料中，中式绝大部分采用的是防腐木材，除了本身的防腐外，还要涂刷木蜡油或防腐漆，不但可以使木材更加美观，而且能延长亭子的使用时间。

自测43　景观围墙柱立面图

在景观设计中，围墙系统也是非常重要的部分，它连接着园区内外的景观带，起着阻隔、连接景观空间的作用，下面我们来绘制围墙柱的立面图。

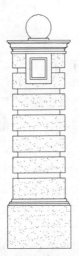

使用到的命令	矩形、直线、偏移、捕捉、复制、填充
学习时间	20 分钟
视频地址	光盘\视频\第 7 章\景观围墙柱立面图.swf
源文件地址	光盘\源文件\第 7 章\景观围墙柱立面图. dwg

 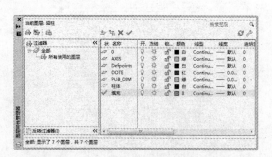

01 按 Ctrl+N 快捷键，选择并打开一个新的文件。

02 输入"LAYER"图层命令，设置柱体积填充两个图层，将柱体图层设置为当前图层。

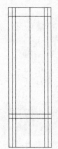 

03 输入"LINE"命令，绘制一条长 750 的水平直线，并做中垂线，长为 2420。

04 输入"OFFSET"偏移命令，将中垂线向两侧偏移 375，得到上图。

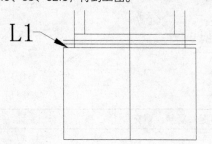 

05 输入"OFFSET"命令，将底线向上偏移 500、75、1700、150，中线向两侧分别偏移 252.5、65、62.5，得到上图。

06 输入"TRIM"命令，依照上图进行修剪，得到柱体的轮廓。

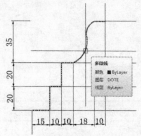

07 继续利用偏移命令，将 L1 向上分别偏移 20、20、35，得到上图。

08 输入"PLINE"多段线命令，按照上图的重红线绘制装饰边线线脚，在最后两段中需要用到多段线的弧线命令。

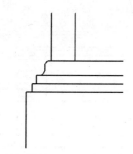

09 利用剪切工具对线脚进行修剪，结果如上图所示。

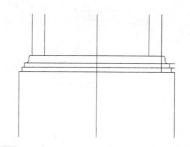

10 输入"MIRROR"镜像命令，将刚才绘制的脚线镜像到对侧。

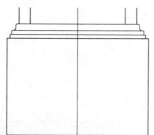

11 利用剪切命令对线脚进行修剪，结果如图所示。

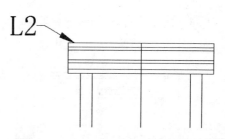

12 输入"OFFSET"命令，将 L2 向下分别偏移 20、15、50、15、30，得到上图。

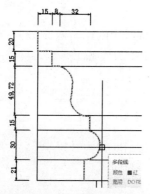

13 执行"PLINE"多段线命令，按照上图尺寸绘制线脚。

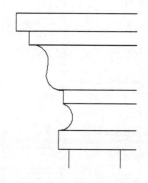

14 输入"TRIM"修剪命令，对线脚进行修剪，得到上图。

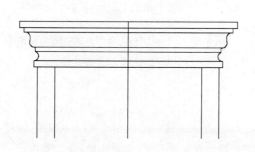

15 执行镜像命令，将线脚镜像到对侧，并进行修剪，结果如图所示。

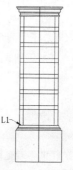

16 按照上图将 L2 向上分别偏移 245、60、185、60、185、60、185、60、185、60、185，得到上图。

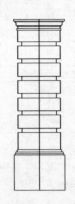

17 利用修剪命令，按照上图进行修剪，最后得到柱体的装饰面。

18 输入"RECTANG"矩形命令，绘制一个长、宽为 350、300 的矩形，并移动到上图所示的中点处。

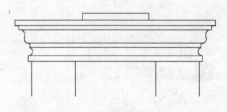

19 输入"TRIM"命令，将矩形装饰块内的直线进行修剪。

20 继续"RECTANG"，绘制一个长、宽为 200、20 的灯底座。

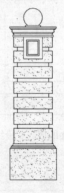

21 输入"CIRCLE"圆命令，绘制半径为 150 的圆形灯罩，并放置到底座上，并进行适当的剪切、修整。

22 输入"HATCH"命令，对柱体的装饰面进行填充，整体景观围墙柱立面图就绘制完成了。

操作小贴士：

在 AutoCAD 的景观工程图中，围墙柱的间隔一般为 6 米到 8 米，在柱顶绘制的线脚是重点，线脚并不是任意弧形与直线的结合，而是要在实际工作中真正错落的材料层次的体形。

自测44　叠层喷泉水池

水系在景观设计中应用广泛，不论是溪流、湖水，还是喷泉，都在日常的设计中经常用到，下面我们来绘制喷泉水池。

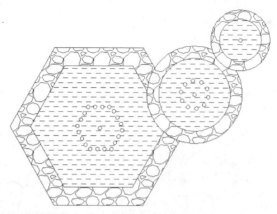

使用到的命令	多边形、偏移、圆形、复制、填充
学习时间	20 分钟
视频地址	光盘\视频\第 7 章\叠层喷泉水池.swf
源文件地址	光盘\源文件\第 7 章\叠层喷泉水池.dwg

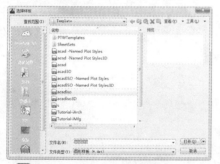

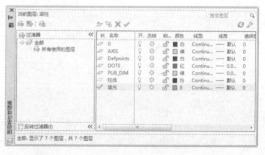

01 按 Ctrl+N 快捷键，选择并打开一个新的文件。

02 输入 "LAYER" 图层命令，设置水池和填充两个图层，将水池图层设置为当前图层。

03 执行 "POLYGON" 命令，要求输入多边形的边数（6）。

04 选择内接于圆，绘制半径为 1600 的正六边形。

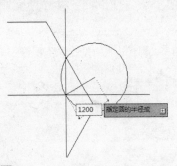

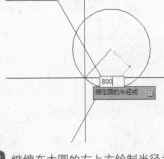

05 输入 "CIRCLE" 圆命令，在正六边形右侧上方适当位置绘制半径为 800 的圆。

06 继续在大圆的右上方绘制半径为 500 的小圆。

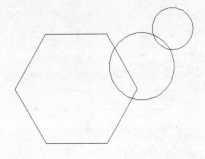

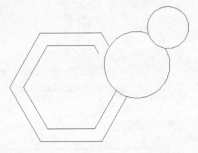

07 绘制完毕后，上图为轮廓图。

08 输入 "TRIM" 修剪命令，按照从右向左水池依次降低的顺序进行剪切，并将正六边形向内偏移 300。

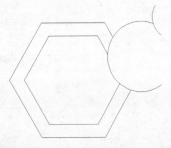

09 输入 "EXTEND" 延伸命令，将偏移的正六边形内线延伸到圆上，结果如上图所示。

10 输入 "CIRCLE" 命令，在大圆内再绘制一个半径为 600 的同心圆。

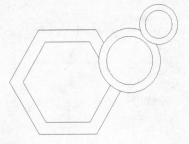

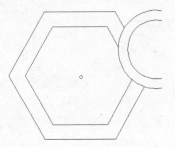

11 在小圆内绘制一个半径为 400 的同心圆。

12 在正六边形的中心点绘制一个半径为 30 的小圆，作为喷泉的中心孔。

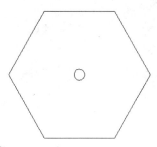

13 执行"POLYGON"命令，要求输入多边形的边数（6），半径为400，绘制正六边形。

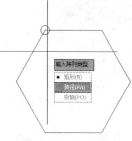

14 在一端绘制半径为30的圆孔后，执行"AR"阵列，并选择（路径）方式进行绘制。

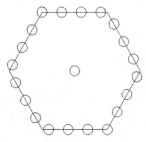

15 在选择对象及路径后，输入数目为20个，结果如图所示，则正六边形内的喷水孔绘制完毕。

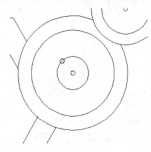

16 在大圆内绘制半径为300的同心圆后，绘制半径为30的喷水孔。

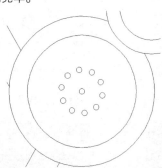

17 在阵列命令激活后，选择了对象及路径后，输入数目为10。

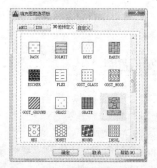

18 输入"HATCH"填充命令，依据上图选择填充图案（GVERAL）后，比例调为20，单击确定按钮。

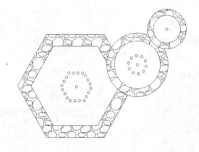

19 将各个喷水池的边缘进行填充，结果如图所示。

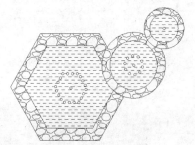

20 重复填充命令，选择图案为"DASH"，比例为25，对水池内部进行填充，叠层喷水池就绘制好了。

操作小贴士：

　　上边自测题目中的叠层喷水池，尺寸相对不大，一般用在庭院别墅内，或楼间空间，以增加空间层次，并美化环境。对于广场前或楼前喷泉这样尺寸较大的喷泉，绘制方法相同，但需要更注意与周边环境的匹配、表达。

第20个小时　景观施工设计的含义（一）

　　施工图设计阶段是根据已批准的初步设计文件和要求更深入和具体化设计，并做出施工组织计划和施工程序，其内容包括景观施工图、编制预算、施工设计说明书等。

▲7.2　景观施工图内容

　　景观施工图是将设计方案转换为施工指导性图样，以便于施工方进行工程造价、土方运输、栽植等工作，景观施工图可分为以下几个类型：施工总平面图、竖向设计图、道路广场设计图、种植设计图、水景设计图、园林建筑设计图、管线设计图、小品设计图、电气设计图等。

▲7.3　景观施工图总图内容

　　在通常的图样目录当中，会依照内容及所属关系分为总图部分、详图部分、结构，下面介绍一下总图图样的内容。

7.3.1　总平面图

　　总平面图主要表明各种设计因素的平面关系和它们的准确位置，包括放线坐标网、基点、基线的位置，施工总平面图图样内容如下：

➢ 保留现有地下管线（红色线表示）、建筑物、构筑物、主要现场树木等（用细线表示）。
➢ 设计的地形等高线（细墨虚线表示）、高程数字、山石和水体（用粗墨线外加细线表示），如图7-8所示。
➢ 园林建筑和构筑物位置（用黑线表示）、道路广场、园灯、园椅、果皮箱等（中粗黑线表示）放线坐标网，如图7-9所示。

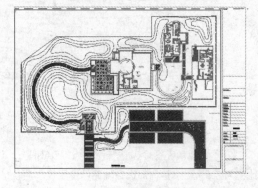

图7-8　小区总平面图

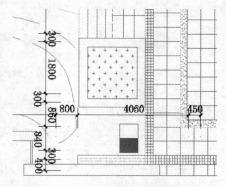

图7-9　公园局部放线图

一般在总平面图上，可以只包含园区道路、建筑（建筑的一层平面）、水系、入口、围墙、广场。有的则都包括了种植图及小品摆放位置。其他图形内容不在此平面图上表达。

7.3.2 竖向设计图

竖向设计图也叫高程图，用以表明各设计因素间的高差关系。比如山峰、丘陵、盆地、缓坡、平地、河湖驳岸、池底等具体高程，各景区的排水方向、雨水汇集以及建筑、广场的具体高程等。图样内容如下：

➢ 竖向设计平面图

根据初步设计的竖向数据，在施工总平面图上表示出设计后的等高线、坡坎（用细红实线表示）、高程（用黑色数字表示）、溪流河湖岸线、河底线、排水方向。各景区园林建筑、休息广场的位置及高程、挖方填方范围等如图 7-10 所示。

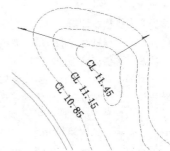

图 7-10 竖向总平面图

➢ 竖向剖面图

竖向剖面图是指在平面图上的主要部位将山形、丘陵、谷地的坡势轮廓线（用黑粗实线表示）及高度、平面距（用黑细实线表示）等，用剖面图来表示高程的关系的图样。剖面地、剖切位置及剖切编号必须与竖向设计平面图上的符号一一对应。

表达方式上则分为放线图及定位图。

➢ 放线图是指各种硬化空间的尺寸标注图，还有一些特殊的园路、湖面多是曲线，则用放线网格进行定位。

➢ 定位图的定位点也就是将各个主要节点的坐标表明，主要找重要的位置，如广场角点、中点、道路中心线拐点、围墙拐弯点、湖面重要交点等。

为满足排水坡度，一般绿地坡度不得小于 5%，缓坡在 8%~12%，陡坡在 12% 以上。

7.3.3 索引图

索引图主要是将大的区域编号与后边详图编号目录相对应的编排图，上边会将许多大的区域用方格区分，并由引线和数字进行编号，索引到后边指定的图样上，方便查找，如图 7-11 所示。

图样内容包括如下

➢ 索引号码

利用索引符号，标注出某一区域或某一重点小品所在的图样符号，属于哪个类别图样，以及在该图样中的第几号图等信息。

➢ 图样名称

在图样的索引框到索引号之间有连接的直线，在直线上不仅

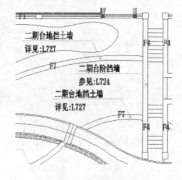

二期台地挡土墙
详见:L727

二期台阶挡墙
参见:L724

二期台地挡土墙
详见:L727

图 7-11 区域索引图

要标出该索引图的名称，而且要与索引到的图名一一对应。

7.3.4 铺装图

主要绘制园区的所有铺装道路、广场、汀步的铺装类型与材料，还体现了铺装图案、铺装内容等。

有时为了说明清楚材料的特性，还需要配一张材料样式图样，里边包含有材料的照片、类型说明及规格等信息。

7.3.5 种植图（植物配置图）

种植设计图主要表现树木花草的种植位置、种类、种植方式、种植距离等，图样内容如下：

➤ 种植设计平面图

根据方案种植设计，在施工总平面图基础上，用设计图例绘制出常绿阔叶乔木、落叶阔叶乔木、落叶针叶乔木、常绿针叶乔木、落叶灌木、常绿灌木、整形绿篱、自然形绿篱、花卉、草地等具体位置和种类、数量、种植方式等如何搭配。

同一幅图中树冠的表示不宜变化太多，花卉绿篱的图示也应该简明统一，针叶树可重点突出，保留的现状树与新栽的树应该加以区别。复层绿化时，用细线画树冠，用粗一些线画冠下的花卉、树丛、花台等。树冠的尺寸大小应以成年树为标准。

种名、数量可在树冠上注明，如果图样比例小，不易注字，可用编号的形式在图样上要标明编号树种名、数量对照表。成行树要注上每两株树的距离，如图 7-12 所示。

> 📢 **提示**
>
> 一般在设计中大乔木的直径尺寸为 5~6m，孤植树为 7~8m，小乔木为 3~5m，花灌木为 1~2m，绿篱宽为 0.5~1m。

➤ 节点详图

对于重点树群、树丛、林缘、绿立、花坛、花卉及专类园等。要将群植和丛植的各种树木位置画准，注明种类数量，用细实线画出坐标网，注明树木间距，并做出立面图，以便施工参考，如图 7-13 所示。

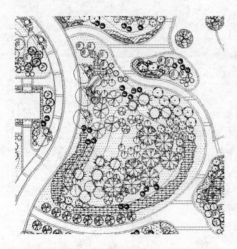

图 7-12　种植平面图

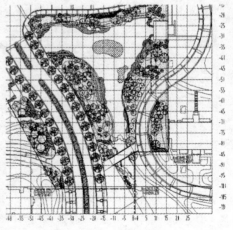

图 7-13　种植放线图

7.3.6　水景设计图

水景设计图标明水体的平面位置、水体形状、深浅及工程做法，它包括如下内容：

➤ 平面位置图

依据竖向设计和施工总平面图，画出河、湖、溪、泉等水体及其附属物的平面位置。用细线画出坐标网，按水体形状画出各种水景的驳岸线、水地、山石、汀步、小桥等位置，并分段注明岸边及池底的设计标高。最后用粗线将岸边曲线画成近似折线，作为湖岸的施工线，用粗实线加深山石等，如图 7-14 所示。

提示

水系平面图中，如果是不规则图形，则需要用放线网格进行定位，一般会同时将重要点位置进行坐标定位。为满足排水坡度，一般绿地坡度不得小于 1%。

➤ 从横剖面图

水体平面及高程有变化的地方要画出剖面图。通过这些图表示出水体的驳安、池底、山石、汀步及岸边的处理关系。

某些水景工程还有进水口、泄水口大样图；池底、池安、泵房等工程图；水池循环管道平面图。水池管道平面图是在水池平面位置图基础上，用粗线将循环管道走向、位置画出，并注明管径、每段长度，以及潜水泵型号说明，确定所选管材及防护措施，如图 7-15 所示。

图 7-14　水面定位总平面图

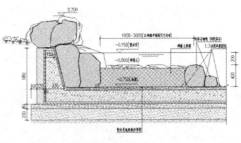

图 7-15　水面做法剖面图

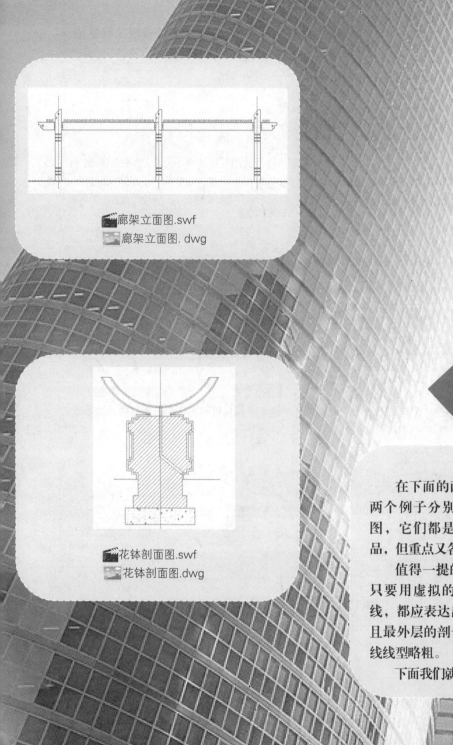

廊架立面图.swf
廊架立面图.dwg

花钵剖面图.swf
花钵剖面图.dwg

自我检测

　　在下面的两个自测练习中提供的两个例子分别是小品立面图及剖面图，它们都是从视觉角度去绘制小品，但重点又各有不同。

　　值得一提的是，剖面图中，通常只要用虚拟的刀切到的物体流下的线，都应表达出来，并且要明显，而且最外层的剖切线一般要比内部剖切线线型略粗。

　　下面我们就来练习这两个例子吧。

自测45　廊架立面图

廊架在景观设计中必不可少，不仅丰富了整个空间的立面构图，而且在实际应用中也非常实用，可以在廊架下设置座椅，方便人们夏天纳凉、休憩。

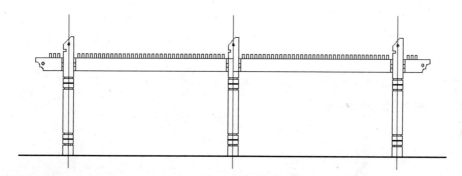

使用到的命令	图层管理器、多段线、偏移、圆形、阵列、填充
学习时间	30 分钟
视频地址	光盘\视频\第 7 章\廊架立面图.swf
源文件地址	光盘\源文件\第 7 章\廊架立面图.dwg

01 按 Ctrl+N 快捷键，选择并打开一个新的文件。

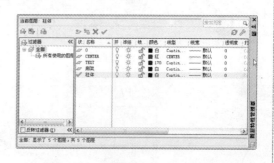

02 输入"LAYER"图层命令，设置柱体、中轴线、廊架三个图层，将中轴线图层设置为当前图层。

03 执行"LINE"命令，绘制一条长为 3600 的垂直轴线，并向右分别偏移 4000 两次，得到上图。

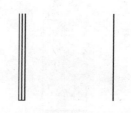

04 将左侧轴线向两侧分别偏移 125，然后用直线连接底部端点。

05 选择刚才绘制和偏移得到的线段，选择图层，将其归为柱体图层内。

06 将下侧横线分别向上偏移 250、25、100、25、100、25、1050、25、100、25、100、25、150、300、150、50、125、175。

07 将左侧柱体线向右偏移 25、40，右侧柱线向左偏移 25、50，得到上图。

08 输入"TRIM"修剪命令，依照上图对图形进行剪切。

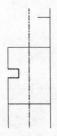

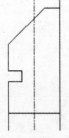

09 继续执行修剪命令，对柱头上段进行细节修整。

10 连接柱头上段两侧的端点，结果如图所示。

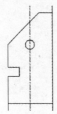

11 执行"CIRCLE"命令，在柱头的中轴线上，绘制一个半径为 30 的装饰圆孔。

12 选择所有图形元素，将其复制，以中轴线端点为拾取点，复制到其他两条轴线上，结果如图所示。

13 执行"OFFSET"命令，将两侧柱子左右两条线分别向两个外侧偏移 680。

14 激活"EXTEND"延长命令，将柱体上下宽为 300 的结构梁线分别延长到两侧，得到上图。

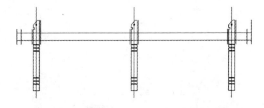

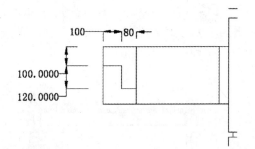

15 将柱体上结构梁的线段分别向两侧偏移 50，得到挑梁的线，然后将最两端的线段分别向内偏移 180，得到上图。

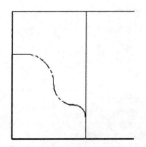

16 利用"TRIM"修剪命令，对生成的线段按照上图进行修改。

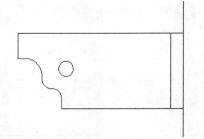

17 执行"PLINE"命令，按照上图，以左上角点为起点，绘制一条折线，长度见尺寸。

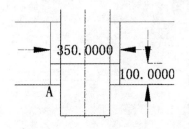

18 执行"FILLET"倒角命令，从上到下，分别倒角三次，半径分别为 70、40、40，得到上图。

19 依照上图，将图形进行剪切，并在中间绘制一个半径为 30 的圆孔，这样挑梁的装饰头绘制完毕。

20 执行"LINE"命令，以 A 点为起点，向上绘制 100，向右绘制 350 后确认。

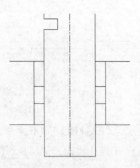

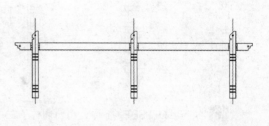

21 将横线段向上偏移 100 后，执行 "TRIM" 命令，将两条直线进行修剪，得到横面。

22 将挑梁的端头及横面分别进行镜像及复制，得到上图。

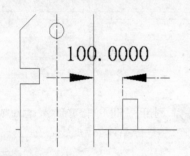

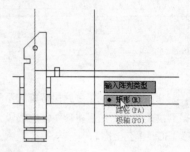

23 执行"RECTANG"命令，在柱子右侧距离 100 的地方绘制一个长、宽为 100、50 的跨梁。

24 执行"ARRAY"阵列命令，选择跨梁作为对象，并输入矩形阵列类型，向右拖动鼠标后点击任意一点。

阵列（矩形）	
图层	柱体
类型	矩形
列	36
列间距	100.0000
行	1
行间距	150.0000
行标高增量	0.0000

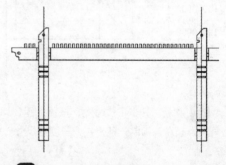

25 双击跨梁，弹出阵列对话框，将列及列距进行调整。

26 柱子左侧同样复制三个跨梁，结果如图所示。

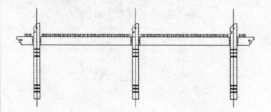

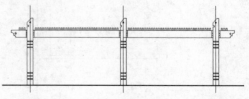

27 将整个跨梁以中间轴线镜像到另一侧，则完成跨梁。

28 执行"PLINE"命令，宽度 W 设为 10，绘制廊架的地平线，至此廊架立面图绘制完毕。

自测46 花钵剖面图

花钵作为景观土建部分常用的小品，样式变化多端，下面我们绘制一个砖基础的花钵，如下图所示，左侧为花钵立面图，右侧为剖面图。

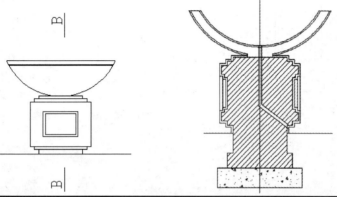

使用到的命令	图层管理器、多段线、偏移、圆形、阵列、填充
学习时间	30 分钟
视频地址	光盘\视频\第 7 章\花钵剖面图.swf
源文件地址	光盘\源文件\第 7 章\花钵剖面图.dwg

01 输入 Ctrl+N 快捷键，选择并打开一个新的文件。

02 输入"LAYER"图层命令，设置剖线、中轴线、轮廓线、填充四个图层，将中轴线图层设置为当前图层。

03 执行"LINE"命令，绘制一条长为2300 的垂直轴线。

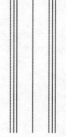

04 输入"OFFSET"命令，将轴线向两侧分别偏移 300、60、60，并将两侧线段选中后点击图层，转换为轮廓线图层。

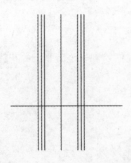

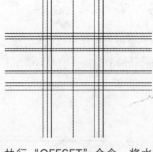

05 执行"LINE"命令，绘制一条长为 2000 的水平直线。

06 执行"OFFSET"命令，将水平直线向上分别偏移 60、40、130、30、280、30、130、40、40，得到上图。

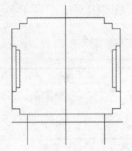

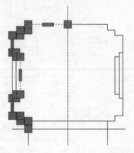

07 执行"TRIM"命令，依照上图进行修剪，得到花钵下半部分轮廓。

08 执行"PLINE"命令，将轮廓线沿着内部重新描画一次。

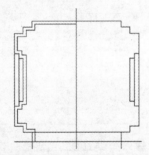

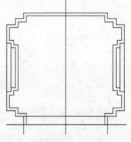

09 利用偏移命令，将刚才描画的轮廓线向内偏移 20，得到上图。

10 将偏移线利用"MIROR"命令镜像到另一侧，则下半部分轮廓线的剖切面绘制完成。

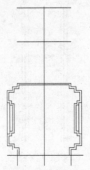

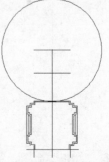

11 执行"OFFSET"命令，将顶部横线向下分别偏移 450、365。

12 以最上方偏移线和中轴线的交点为圆心，绘制一个半径为 825 的圆形，结果如图所示。

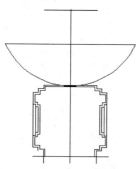

13 执行"EXTEND"延长命令，将第二条偏移线延伸到两侧，并进行上图样式的修剪。

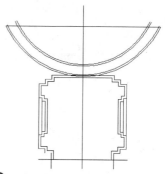

14 将花钵的弧形向上分别偏移 15、80、15，得到上图。

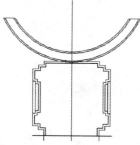

15 利用修剪命令，依照上图，将花钵上半部分进行修剪。

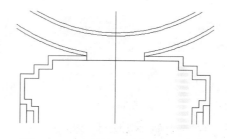

16 在花钵底部从弧形与底座交点向下做垂线，并进行修剪，结果如图所示。

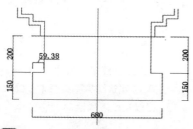

17 执行"LINE"命令，以花钵基础与地平线交接的内部点向下延伸 200，向左 59.38，向下 150，向右 680，向上 150、向左 59.38、向上 200，得到基础图形。

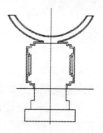

18 结果如上图所示，在基础下方绘制一个长、宽为 880、200 的混凝土垫层框。

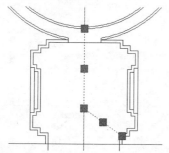

19 执行"PLINE"命令，向下绘制一条长为 600 的垂直轴线，并向右下角绘制一条斜线，得到上图。

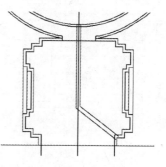

20 将该线分别向两侧偏移 15，删除中间线，则得到花钵的排水管。

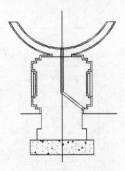

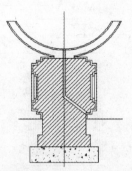

21 执行"HATCH"命令，选择图案（AR-CONC）比例为1，填充混凝土垫层。

22 继续填充命令，选择图案(JIS-WOOD)，对花钵基础进行砖的填充，至此，花钵剖面图绘制完毕。

第21个小时　景观施工设计的含义（二）

▲ *7.4* 景观施工图详图内容

与景观施工图总图相对应的就是景观施工图的详图部分及给排水、电气图及结构图。除此之外还有图样总说明，也是整个施工图的重要组成部分。

7.4.1　景观建筑详图

园林建筑详图表现各景区园林建筑的位置及建筑本身的组合、选用的建材、尺寸、造型、高低、色彩、做法等。

➤ 如一个园林单体建筑，必须画出建筑施工图（建筑平面位置图、建筑各层平面图、屋顶平面图、各个方向立面图、剖面图、建筑节点详图、建筑说明等）、建筑结构施工图（基础平面图、楼层结构平面图、基础详图、构件线图等）、设备施工图，以及庭院的活动设施工程、装饰设计。如图 7-16 所示为景观墙入口立面图。

➤ 小品设计详图必须先做出山、石等施工模型，以便施工时掌握设计意图。参照施工总平面图及竖向设计画出山石平面图、立面图、剖面图，注明高度及要求。如图 7-17 所示为景石定位图。

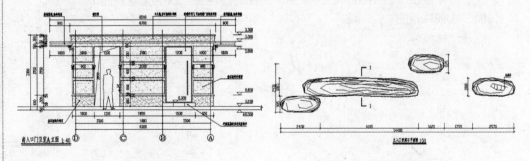

图 7-16　景观建筑立面图　　　　　　　　　　图 7-17　景石定位图

7.4.2　给排水管线设计图

在给排水管线设计的基础上，表现出上水（生活、消防、绿化、市政用水）、下水（雨水、污水）

等各种管网的位置、规格、埋深等。

管线设计图内容如下：

➤ 平面图

平面图是在建筑、道路竖向设计与种植设计的基础上，表示管线及各种管井的具体位置、坐标，并注明每段管的长度、管景、高程以及如何接头等。原有管用红实线或黑细实线表示，新设计的管线及检查井则用不同符号的黑色粗实线表示，如图 7-18 所示。

➤ 剖面图

画出各号检查井，从黑粗实线表示井内管线及截门等交接情况，如图 7-19 所示。

图 7-18　给水管道布置图

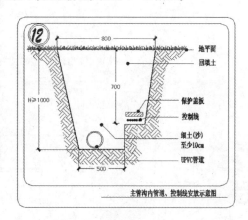

图 7-19　管道剖面图

提示

给排水中还要涉及的重点问题就是景观水系的给排水图样，包括自然水系、旱喷广场及叠层假山喷泉等，同时由于涉及水泵的问题，又涉及部分电气问题。

7.4.3　电气设计图

在电气初步设计的基础上标明园林用电设备、灯具的位置及电缆走向等。其中主要绘制了照明灯具的位置、种类与设计方案，以及对应的灯具类型和数量。如图 7-20 所示为配电箱配电系统图。

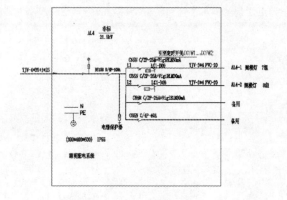

图 7-20　配电箱配电系统图

7.4.4 结构图

结构图是在园林建筑详图的基础上，按照详图中涉及的承重、下沉问题里专业结构问题，进行的对应专业的结构制图，一般常用到的就是结构配筋、玻璃承重支架、钢筋混凝土的标号等设计内容。如图 7-21 所示为结构柱配筋图。

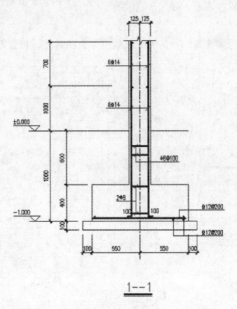

图 7-21　结构柱配筋图

7.4.5 施工设计说明书

说明书的内容是初步设计说明书的进一步深化。说明书应写明设计的依据、设计对象的地理位置及自然条件、园林绿地设计的基本情况、各种园林工程的论证叙述、园林绿地建成后的效果分析等。

提示

一般在景观施工图中，涉及到给排水、结构、电气图样，都是由专门的专业设计师进行设计绘制的，景观设计师只承担土建部分、总图部分及植物部分的图样绘制。

树池座椅平面图.swf

树池座椅平面图.dwg

树池座椅立面图.swf

树池座椅立面图.dwg

自我检测

在下面这两个自测中，我们将教大家如何绘制座椅的平面图，以及如何利用平面图去绘制相应的立面图。

在景观工程图中，表达一个园林小品，经常要表达它的平面图、主要立面图及剖面图，如果我们利用一个简单而准确的方法，那么在日常工作中，会大大提高绘图效率。

自测47　树池座椅平面图

树池座椅平面图主要表现的是树池及树的关系图，以及座椅的平面尺寸关系，下面我们来绘制树池座椅平面图。

使用到的命令	多边形、多段线、偏移、镜像、旋转复制、阵列
学习时间	30 分钟
视频地址	光盘\视频\第 7 章\树池座椅平面图.swf
源文件地址	光盘\源文件\第 7 章\树池座椅平面图.dwg

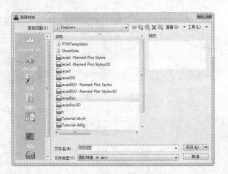

01 输入 Ctrl+N 快捷键，选择并打开一个新的文件。

02 输入 "LAYER" 图层命令，设置轮廓线、金属零件图层，将轮廓线图层设置为当前图层。

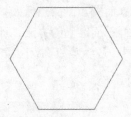

03 执行 "POLYGON" 多边形命令，选择变数为 6 边，以某一点为中心点，选择内接于圆，半径为 2460，得到上图的正六边形。

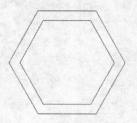

04 输入 "OFFSET" 命令，将正六边形向内偏移 400，结果如图所示。

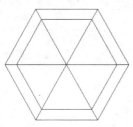

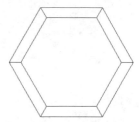

05 执行"LINE"命令，连接各对角线，结果如图所示。

06 输入"TRIM"命令，进行如图所示的修剪。

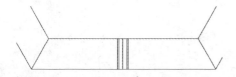

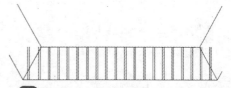

07 执行"LINE"命令，绘制某一边上的中心连线，并向两侧分别偏移 50、20，得到上图所示的一片木板。

08 删除中心连线后，输入"COPY"命令，以某一点为基点，进行向两侧复制，结果如图所示。

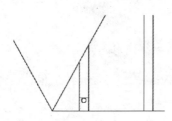

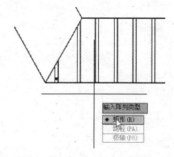

09 利用"TRIM"命令对座椅分割线及木板进行剪切，在某一侧的空隙内绘制一条横线，并绘制一个半径为 5 的小圆。

10 输入"ARRAY"阵列命令，选择矩形阵列方式后，向右移动鼠标，点击任意一点。

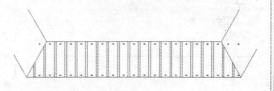

11 双击阵列后的螺栓，弹出对话框，对数据进行调整，列为 20，列间距为 120。

12 输入"MIRROR"命令，将螺栓利用木板的中心连线镜像到上侧，结果如图所示。

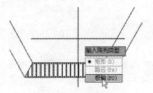

13 双击上侧螺栓阵列图案，弹出对话框，将列数改为 17，并适当移动位置。

14 输入"ARRAY"阵列命令，选择极轴阵列类型。

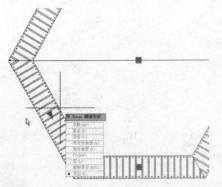 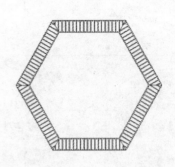

15 选择所有绘制的木板及螺栓作为对象，选择内部圆心为基点，输入数量为6，确定后退出。

16 树池座椅平面图就绘制完成了。

自测48　树池座椅立面图

下面我们通过讲述绘制树池座椅立面图，来告诉大家如何通过平面图准确表达相应的立面图的方法。

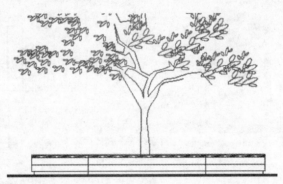

使用到的命令	修剪、多段线、偏移、镜像、填充
学习时间	30 分钟
视频地址	光盘\视频\第 7 章\树池座椅立面图.swf
源文件地址	光盘\源文件\第 7 章\树池座椅立面图.dwg

 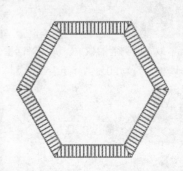

01 按 Ctrl+O 快捷键，选择并打开上个文件图形。

02 如图所示，打开上个自测绘制的树池座椅平面图。

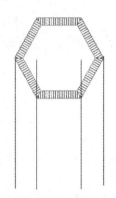
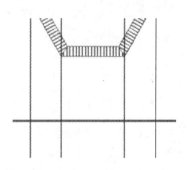

03 执行 "LINE" 命令，分别从平面图的四个角点，向下绘制四条延长线，结果如图所示。

04 在靠近中间的地方，绘制一条垂直于四条延长线的水平直线。

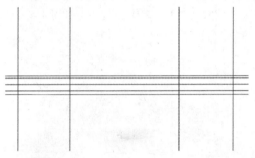
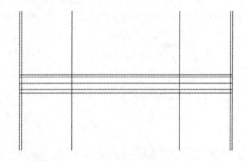

05 执行 "OFFSET" 命令，将上一步得到的水平直线向上分别偏移 80、140、140、50，得到上图。

06 将左、右两侧的延长线分别向内偏移 50，得到上图。

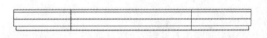
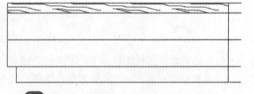

07 执行 "OFFSET" 命令，对各偏移线进行剪切，剪切成上图所示的座椅立面图。

08 执行 "HATCH" 命令，选择图案 "木纹 02"，对左侧座椅木凳进行填充。

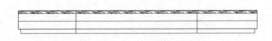
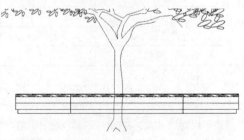

09 同样再次执行填充命令，对其他两个部分的座椅木板进行填充，结果如图所示。

10 打开图库，找到适当的树的立面图，选中后，点击编辑>带点击复制按 Ctrl+Tab 组合键转到所绘图形中，点击编辑命令中的粘贴为块命令，放到合适的位置。

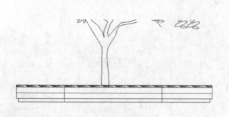

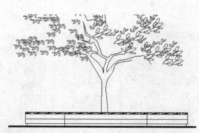

⑪ 执行"X"将树图形炸开，进行剪切，结果如图所示。

⑫ 输入"PLINE"命令，输入宽度 W 为30，绘制座椅的地平线，至此树池座椅立面图绘制完毕。

自 我 评 价

景观工程施工图中，对于平面图的要求较高，因此对小品、道路、铺装等放线定位要相对谨慎，对于各小品详图，主要是细节的尺寸、样式、材料规格、颜色交代清楚，只有这样，在施工时才能做到严格把控，才能有好的工程效果。

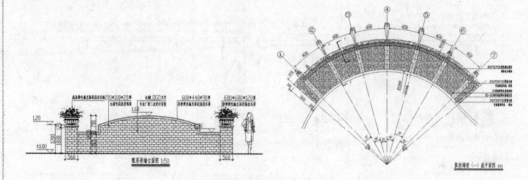

总 结 扩 展

在前边的景观工程图自测中我们用到了诸多 AutoCAD 制图工具，针对我们在实际工作中常用到的工具，主要涉及到文字标注、多段线、镜像、矩形、阵列等命令，具体要求如下表所示：

	了　解	理　解	精　通
多段线			√
矩形、阵列			√
图案填充			√
偏移、修剪			√
图层命令		√	
文件处理		√	

在利用 AutoCAD 2013 绘制景观工程图的时候，会用到许多种类不同的图块，而这些图块是对实际工作非常有帮助的图案集合，比如各种树形的平面图、立面图、围墙、木平台、廊架等，因此在平时应多注意收集资料，进行整合。

第 8 章

机械制图

——机械工程图样的绘制

不知不觉，我们已经学到了本书最后一章了，无论是我们前面已经学习的 AutoCAD 基本命令操作，还是简单的三维模型的制作，都是为了利用这些工具来帮助设计师完成实际设计工作，通过前面 7 章的学习，相信你已对自己的画图能力充满信心了吧，那么接下来我们将利用三个小时的时间学习 AutoCAD 在机械设计上的实际应用。

相信通过接下来短短 3 个小时的学习，你一定可以对机械制图有更深刻的认识，同时自己也可以独立完成机械设计的制图。

学习目的:	学习并掌握机械制图的绘制方法
知识点:	三维建模、机械制图原理、制图规范、三维编辑命令的实际综合运用
学习时间:	3 小时

螺纹的设计制造有何标准？

　　螺纹扣就是螺栓的安全许用旋入深度，一般最少必须大于其公称直径的一倍，否则不能满足使用条件，极易发生失效，螺纹的牙型、直径、螺距都符合国家标准规定的称为标准螺纹；牙型不符合国家标准的称为非标准螺纹；牙型符合国家标准，但直径、螺距不符合国家标准的称为特殊螺纹。

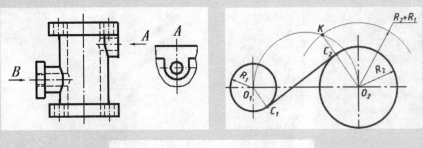

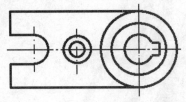

标注尺寸、文字的机械图

如何标注零件表面粗糙度?	怎样区别图样视图的标注?	机械工程图样比例的要求
当零件所有表面具有相同的表面粗糙度要求时,可在图样右上角统一标注;当零件表面的大部分粗糙度相同时,可将相同的粗糙度代号标注在右上角,并在前面加注其余两字。	主视图所在的投影面称为正投影面,简称正面,用字母 V 表示。俯视图所在的投影面称为水平投影面,简称水平面,用字母 H 表示。左视图所在的投影面称为侧投影面,简称侧面,用字母 W 表示。	在画图时应尽量采用原值比例,需要时也可采用放大或缩小的比例,其中 1:2 为缩小比例,2:1 为放大比例。无论采用哪种比例,图样上标注的应是机件的实际尺寸。

第22个小时　机械制图的本质与含义

这个小时我们将带领读者一起走进机械制图的世界,来认识一下机械制图的相关知识,以及如何利用 AutoCAD 软件来绘制机械图样。

▲8.1 机械制图的定义是什么

机械制图是用图样确切表示机械的结构形状、尺寸大小、工作原理和技术要求的学科。图样由图形、符号、文字和数字等组成,是表达设计意图和制造要求以及交流经验的技术文件,常被称为工程界的语言。

每个专业都有属于自己的语言,在机械工程图中,为了表达更加准确、清晰,经常用到各种符号单位,图 8-1 为绘图中常用的计量单位符号。

名　称	符号或缩写词	名　称	符号或缩写词
直径	ϕ	均布	EQS
半径	R	正方形	□
圆球直径	$S\phi$	深度	T
圆球半径	SR	沉孔或锪平	⊔
厚度	t	埋头孔	
45° 倒角	C		

图 8-1　单位符号

▲8.2 机械制图包含哪些内容

机械图样主要有零件图和装配图,此外还有布置图、示意图和轴测图等。
➢ 零件图表达零件的形状、大小以及制造和检验零件的技术要求,如图 8-2 所示。
➢ 装配图表达机械中所属各零件与部件间的装配关系和工作原理,如图 8-3 所示。

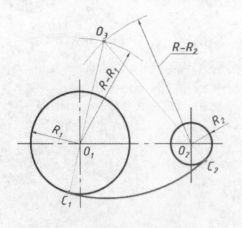

图 8-2　零件图

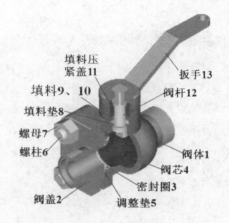

图 8-3　装配体图

➤ 布置图表达机械设备在厂房内的位置。

➤ 示意图表达机械的工作原理，如表达机械传动原理的机构运动简图、表达液体或气体输送线路的管道示意图等。示意图中的各机械构件均用符号表示。如图 8-4、图 8-5 所示为示意图。

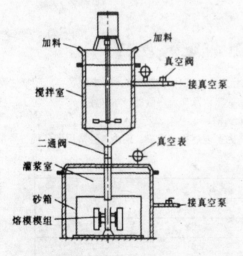

图 8-4　机械构件示意图

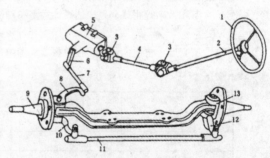

图 8-5　机械运动示意图

➤ 轴测图是将物体连同确定其空间位置的直角坐标系，沿不平行于任一坐标面的方向，用平行投影法将其投射在单一投影面上所得的具有立体感的图形叫做轴测图。轴测图是一种立体图，直观性强，是常用的一种辅助用图样。如图 8-6、图 8-7 所示为两种轴测图。

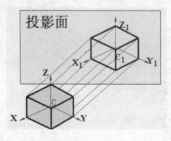

图 8-6　正轴测图

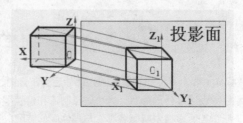

图 8-7　斜轴测图

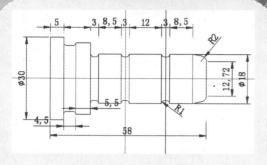

📽 机械零件导柱的绘制..swf

📃 机械零件导柱的绘制.dwg

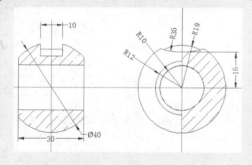

📽 机械零件阀心的绘制.swf

📃 机械零件阀心的绘制 dwg

自我检测

　　通过上面对机械制图的基础知识、制图理论的学习，您是否已经对机械制图有了一定的体会和了解呢，相信大家通过下面的这些自测，再反复对基础知识进行研究，很快就能掌握其中的技巧了。

自测49　机械零件导柱的绘制

　　下面我们绘制的例子是导柱的立面图，通过这个自测，我们将复习到标注设置命令的使用，以及圆角工具的使用。

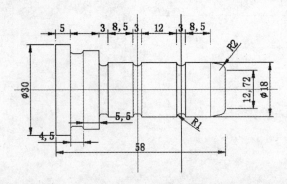

使用到的命令	构造线、标注设置、偏移、剪切、文字标准
学习时间	30 分钟
视频地址	光盘\视频\第 8 章\机械零件导柱的绘制.swf
源文件地址	光盘\源文件\第 8 章\机械零件导柱的绘制.dwg

01 按 Ctrl+N 快捷键，选择并打开一个新的文件。

02 输入"LAYER"图层命令，设置实线、标注、轴线及辅助线图层，轴线图层颜色为红色，并将轴线设置为当前。

03 输入"LINE"命令，在空白区域绘制两条长为 150 的垂直轴线。

04 将实线图层设置为当前，输入"XLINE"构造线命令，点击横向轴线上的两点，绘制横线构造线。

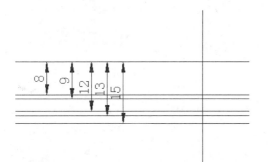

05 输入 "OFFSET" 命令，将横向构造线向下分别偏移 5 次。

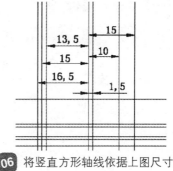

06 将竖直方形轴线依据上图尺寸，向两侧分别偏移。

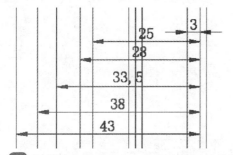

07 继续执行偏移命令，将竖直方形轴线依据上图尺寸，向左侧分别偏移 6 次，得到上图。

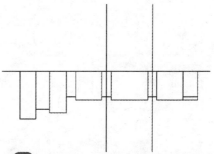

08 输入 "TRIM" 修剪命令，依照上图进行修剪，得到导柱下侧轮廓。

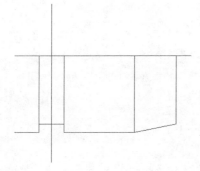

09 依照上图，将导柱左侧的端头进行编辑。

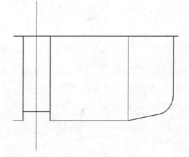

10 输入 "FILLET" 圆角命令，半径调为 2，将端头进行圆角处理。

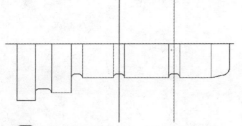

11 输入 "FILLET" 命令，将半径 R 调为 1，将各连接处进行圆角处理。

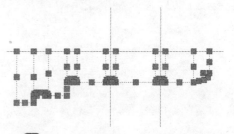

12 输入 "BLOCK" 块命令，对所有绘制的图形进行选择。

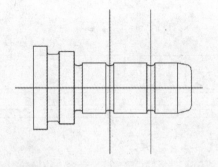

13 在弹出的块定义对话框内，输入块名称，单击确定按钮。

14 输入"MIRROR"镜像命令，将定义的块以对称轴镜像到上侧。

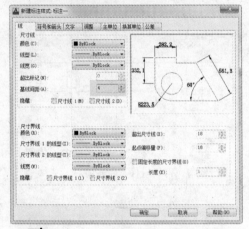
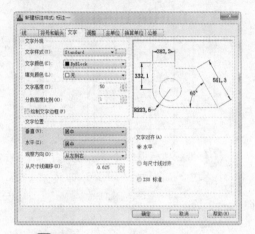

15 执行"格式>标注样式"命令，弹出"标注样式管理器"，点击新建，输入新建名称（标注一），单击确定按钮，将基线间距更改为（4）。

16 继续点击"文字"选项，将"文字位置"下的垂直方向变为"置中"，"水平方向"调为"置中"。

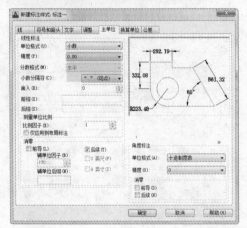
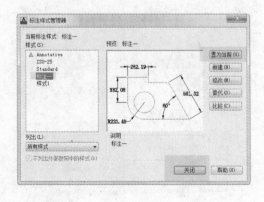

17 点击"主单位"，"精度"调为"两位小数"，"小数分隔符"调为"句点"，其他为默认值。

18 单击确定按钮后，弹回"标注样式管理器"对话框，将"标注一"设置为当前，并单击右侧的新建按钮。

19 单击"标注一"后，选择"用于"的下拉菜单，并选择"半径标注"，单击继续按钮。

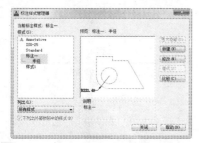

21 系统会回到上一级对话框，可以看到"标注一"下侧会有一个子项"半径"，单击关闭按钮即可。

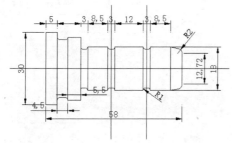

23 执行"标注>线性"命令，对各长度、宽度等进行标注。

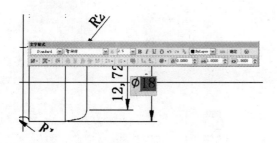

25 将直径 18 的值也添加直径符号，单击确定。

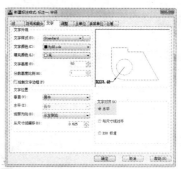

20 弹出"标注一：半径"对话框，选择文字项后，将"文字对齐"方式改为"水平"单击确定按钮。

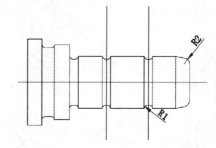

22 执行"标注>半径"命令对圆角的地方进行标注。

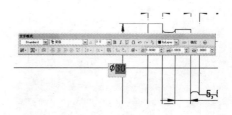

24 点击左侧导柱半径为 30 处，会弹出"文字格式"点击"@"符号，选择直径图标，进行添加。

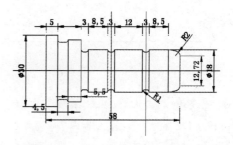

26 至此，导柱的侧面图就绘制完成了，结果见上图。

自测50 机械零件阀心的绘制

通过下面绘制阀心的图形，继续复习各种绘图工具，并熟悉阀心剖面的画法，下面我们一起来完成这个自测。

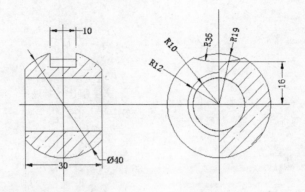

使用到的命令	圆形、标注设置、偏移、剪切、填充
学习时间	30 分钟
视频地址	光盘\视频\第 8 章\机械零件阀心的绘制.swf
源文件地址	光盘\源文件\第 8 章\机械零件阀心的绘制.dwg

01 按 Ctrl+N 快捷键，选择并打开一个新的文件。

02 输入 "LAYER" 图层命令，设置实线、标注、轴线及辅助线图层，轴线图层颜色为红色，并将轴线设置为当前。

03 输入 "LINE" 命令，在空白区域绘制一条长为 120 的水平直线，绘制两条间隔为 60 的垂直轴线，对称分布于两侧。

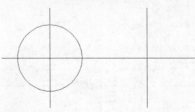

04 将实线图层设置为当前后，执行 "CIRCLE" 命令，以左侧轴线交点为圆心，绘制一个半径为 25 的圆形。

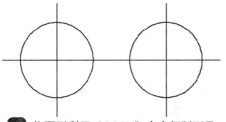

05 将圆形利用"COPY"命令复制到另一侧的交点上。

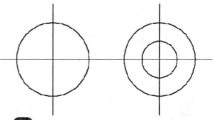

06 输入"OFFSET"命令,将右侧圆形向内偏移10,得到同心圆。

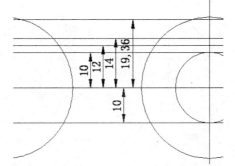

07 将"XLINE"构造线激活后,点击水平轴线两点,将其按照上图尺寸,进行上线偏移,最后删除轴线上的构造线。

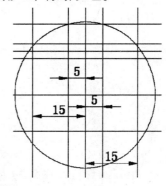

08 将左侧圆的垂直轴线,分别向左右两侧偏移构造线,得到上图。

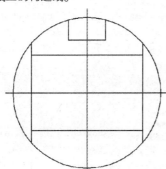

09 输入"TRIM"命令,将左侧圆内构造线进行修剪,得到上图图形。

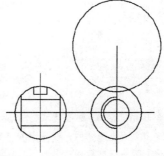

10 输入"CIRCLE"圆命令,在右侧同心圆心处绘制一个半径为 12 的圆,并修剪掉右半侧,在上侧绘制一个半径为 35 的大圆与之相交。

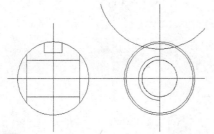

11 输入"OFFSET"命令,将右侧圆向内偏移1个单位,得到上图。

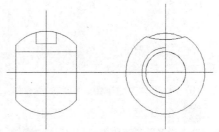

12 利用"TRIM"修剪命令,将两侧的图形依据上图进行修剪。

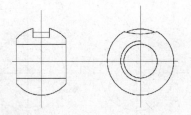

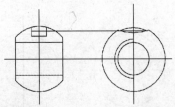

13 输入 "LINE" 命令，连接右侧顶部两个圆所相交的点，并延长到左侧图形处。

14 依照上图，对左侧图形进行修剪。

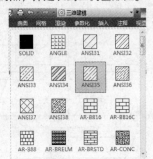

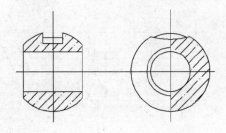

15 输入 "HATCH" 命令，点取填充图案 "ANSI35"，比例调整到 1，对图案进行填充。

16 如上图所示，将需要填充的切割部分进行图案填充。

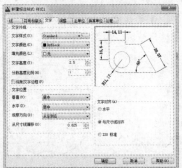

17 执行 "格式>标注样式" 命令，新建名称为 "样式 1" 点击继续后，在弹出的 "文字" 对话框中按照上图进行参数修改。

18 单击确定按钮后，再次点击新建，弹出上图所示的对话框，在 "用于" 中选择 "直径标注"，单击继续按钮。

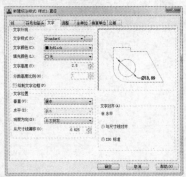

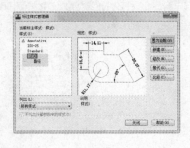

19 在 "样式 1：直径" 对话框内，将文字栏的 "文字对齐" 方式改为 "水平" 方式，单击确定按钮。

20 回到上侧菜单后，却在 "样式 1" 后，单击 "置为当前" 按钮，单击关闭按钮即可。

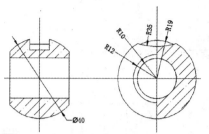

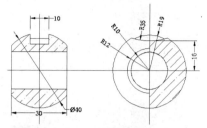

21 执行"标注>直径"命令,将左侧阀心图形直径进行标注,并激活半径,将右侧半径尺寸依次进行标注。

22 执行"标注>线性"命令,将左右两侧图形的高度、宽度进行标注,至此阀心图形绘制完毕。

第23个小时 视图的相关知识

▲ *8.3* 机械制图的视图组成有哪些

表达机械结构形状的图形常用的有视图、俯视图和剖面图等。 其中左视图及俯视图主要表达机械部件的外部轮廓,剖面图则对内部尺寸进行表达。

8.3.1 正视图

正视图是按正投影法即机件向投影面投影得到的图形。按投影方向和相应投影面的位置不同,视图分为主视图、俯视图和左视图等。如图8-8、图8-9所示为各视面图展开图。

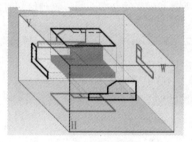

图8-8 立体模型图

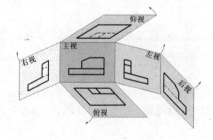

图8-9 视图展开图

视图主要用于表达机件的外部形状。图中看不见的轮廓线用虚线表示。如图 8-10、图 8-11 所示为各主要视图。

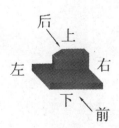

图8-10 模型立体图

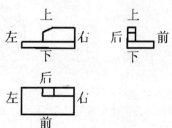

图8-11 各视图展开图

8.3.2 剖面图

剖视图是用假想的剖切面剖开零部件，将处在观察者与剖切面之间的部分移去，将其余部分向投影面投影而得到图形。剖视图主要用于表达机件的内部结构及尺寸，如图 8-12、图 8-13 所示。

图 8-12 模型立体图

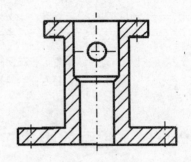

图 8-13 剖面展开图

注意事项：

（1）剖切平面的选择，通过机件的对称面或轴线且平行或垂直于投影面。

（2）剖切是一种假想，其他视图仍应完整画出。

（3）剖切面后方的可见部分要全部画出。

> **提示**
>
> 对于图样中某些作图比较烦琐的结构，为提高制图效率，允许将其简化后画出，简化后的画法称为简化画法。机械制图标准对其中的螺纹、齿轮、花键和弹簧等结构或零件的画法制有独立的标准。

8.3.3 断面图

断面图属于剖面图的补充图形，断面图是假想用剖切面将物体的某处切断，只画出该剖切面与物体接触部分（剖面区域）的图形，如图 8-14 所示为断面图。

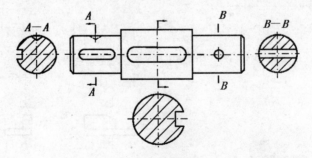

图 8-14 断面图

断面图画在视图之外，轮廓线用粗实线绘制。配置在剖切线的延长线上或其他适当的位置。

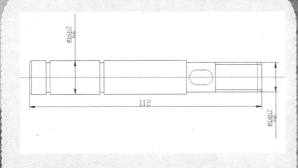

🎬 绘制压盖图形.swf
📀 绘制压盖图形. dwg

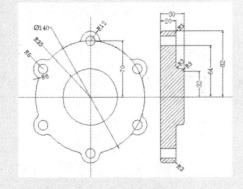

🎬 绘制齿轮泵——转动轴.swf
📀 绘制齿轮泵——转动轴.dwg

自我检测

机械制图与建筑景观制图最大的不同在于它要求得更为精密，更加细致，因此大家在绘制机械图时，也应该多注意细节。

下面给大家提供的几个自测能够体现出机械制图详图绘制的细致与技巧，请根据提供的步骤，慢慢进行练习。

自测51 绘制压盖图形

下面绘制的压盖的图形，除了绘画出压盖零件的平面图，我们还要根据平面图，绘制出左视图。

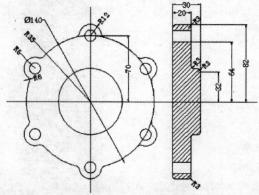

使用到的命令	圆形、标注设置、偏移、剪切、填充
学习时间	20 分钟
视频地址	光盘\视频\第 8 章\绘制压盖图形.swf
源文件地址	光盘\源文件\第 8 章\绘制压盖图形.dwg

01 按 Ctrl+N 快捷键，选择并打开一个新的文件。

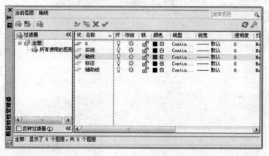

02 输入 "LAYER" 图层命令，设置实线、标注、轴线及辅助线图层，轴线图层颜色为红色，并将轴线设置为当前。

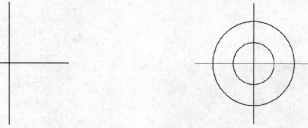

03 输入 "LINE" 命令，在空白区域绘制一条长为 370 的水平直线，再绘制一条长 200 的垂直轴线。

04 将实线图层设置为当前，执行 "CIRCLE" 命令，以轴线交点为圆心，绘制一个半径为 70 的圆形，并向内偏移 35。

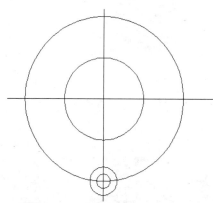

05 输入"CIRCLE"圆命令，在圆与轴线交汇处，绘制半径为 12 的小圆，并向内偏移 6，得到上图。

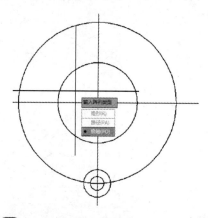

06 执行"ARRAY"命令，选择极轴，选择下侧的两个小圆为对象。

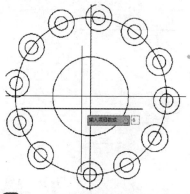

07 当选择完对象后，移动鼠标，系统会自动显示出阵列后的效果，并询问阵列数量，输入6。

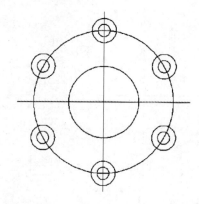

08 输入阵列数量后，回车，系统会按照设定参数进行表达。

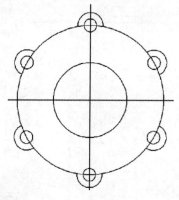

09 执行"TRIM"修剪命令，将在阵列对象中的大圆内侧进行剪切。

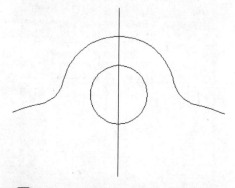

10 执行"FILLET"圆角命令，输入半径值为6，对大圆及阵列的圆进行倒角，并进行如图所示的整理。

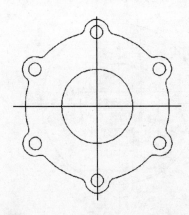

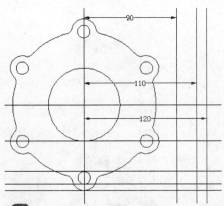

11 利用上一步骤的过程，对其他 5 个阵列图像分别进行圆角处理。

12 执行"XLINE"构造线命令，点击垂直轴线及水平轴线上任意两点，生成水平及垂直构造线，并将得到的线按照上图尺寸进行偏移。

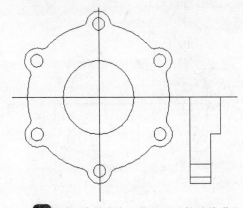

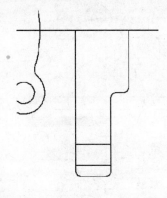

13 利用修剪命令，将得到的构造线进行修剪，得到压盖的部分左视图。

14 输入"FILLET"命令，将左视图的直角分别进行圆角，半径均为6。

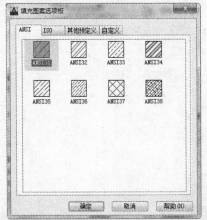

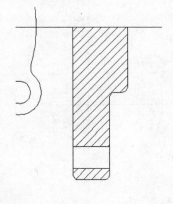

15 输入"HATCH"命令，选择填充图案"ANSI31"，点击拾取点，进行填充。

16 按照上图，将剖切到的剖切面进行填充，比例为1。

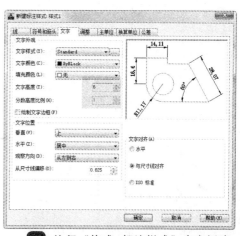

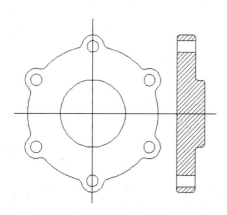

17 利用"MIRROR"镜像命令，将左视图下半部分镜像到上侧。

18 执行"格式>标注样式"命令新建样式后，依照上图进行文字的参数设置，将文字高度设为6，位置为居中。

19 单击"用于"的下拉菜单，选择"直径标注"，单击继续按钮。

20 在直径中的文字一栏，将"文字对齐"调整为"水平"。

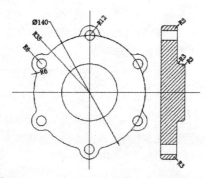

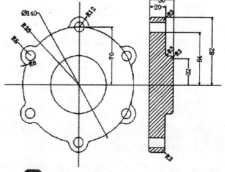

21 执行"标注>直径"命令将左侧直径数值进行标注，利用"半径"将图形中的半径值依次进行标注。

22 执行"标注>线性"命令，对图形的高度、宽度等参数进行标注，至此压盖的水平图及左视图绘制完成。

自测52 绘制齿轮泵——转动轴

下面绘制的是齿轮泵中转动轴的正面图，在这个例子中，绘制方法与之前的零部件绘图方式差别不大，但主要学习如何对直径的堆叠功能进行应用。

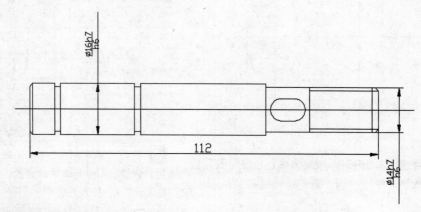

使用到的命令	直线、文字标示、偏移、剪切、分解
学习时间	20 分钟
视频地址	光盘\视频\第 8 章\绘制齿轮泵——转动轴.swf
源文件地址	光盘\源文件\第 8 章\绘制齿轮泵——转动轴.dwg

01 按 Ctrl+N 快捷键，选择并打开一个新的文件。

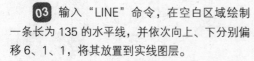

03 输入 "LINE" 命令，在空白区域绘制一条长为 135 的水平线，并依次向上、下分别偏移 6、1、1，将其放置到实线图层。

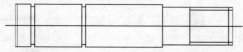

05 输入 "TRIM" 修剪命令，依照上图对转动轴进行修剪。

02 输入 "LAYER" 图层命令，设置轮廓线、标注、轴线图层，轴线图层颜色为红色，并将轴线图层设置为当前。

04 将实线图层设置为当前后，继续执行直线命令，在左侧绘制一条垂直线，并依次向右偏移 1、7、2、24、2、40、14、20、2。

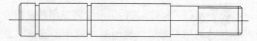

06 输入 "CHAMFER" 倒角命令，将距离设置为 1，对转动轴两头进行倒角。

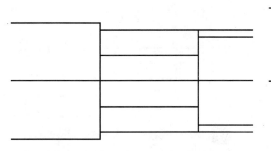

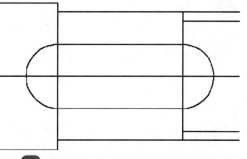

07 执行直线命令，在上图所示位置绘制一条中线，并利用"MIRROR"命令镜像到下侧。

08 输入圆命令，绘制上下直线距离的圆，并修剪掉内部部分。

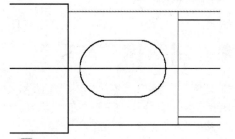

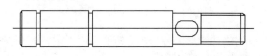

09 利用"MOVE"移动命令将两个半圆分别向内移动 5 个单位。

10 完成上一步后，整个转动轴的轮廓图绘制完成。

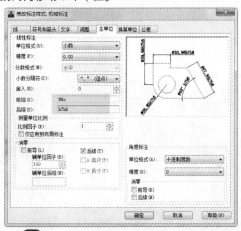

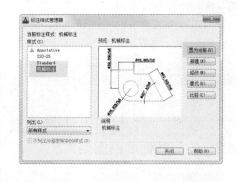

11 执行"格式>标注样式"命令，在新建样式下的主单位一栏，将前缀改为"%%c"，后缀改为"h7/h6"，在消零中勾选"后续"。

12 单击确定按钮后，将新建的机械标注设置为当前，单击关闭按钮。

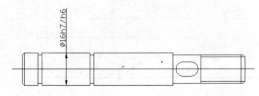

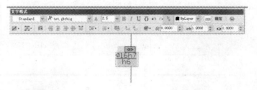

13 执行"标注>线性"命令，标注轴的直径。

14 输入"X"分解命令，将其分解，双击文字，弹出"文字格式"对话框，选择文字后，点击"堆叠"。

8

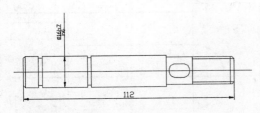
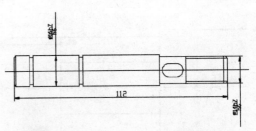

15 继续重复同样的命令，将转动轴总长改为纯数字112。

16 继续利用线性，标注右侧转头的直径，并选择"堆叠"效果，至此转动轴图形绘制完毕。

第24个小时 机械制图的相关标准及规范

▲8.4 机械制图有哪些制图标准与规范

在机械制图标准中规定的项目有：图样幅面及格式、比例、字体和图线等。在图样幅面及格式中规定了图样标准幅面的大小和图样中图框的相应尺寸。比例是指图样中的尺寸长度与机件实际尺寸的比例，除允许用 1:1 的比例绘图外，只允许用标准中规定的缩小比例和放大比例绘图。

8.4.1 机械制图规范常识

在日常的制图中，经常会查询一些国家制图规范，这就用到了规范的代码，为了方便大家查询，这里简单给大家介绍代码的含义。

➤ "GB"：国家标准中"国"与"标"的第一个汉语拼音字母的组合。
➤ "T"：为"推荐"中推的第一个汉语拼音字母。
➤ "GB/T"：表示是推荐性国家标准。
➤ "14689"：是国家标准的编号。
➤ "–"：是分隔号。
➤ "93"：是发布该标准的公元年号。

8.4.2 图形幅面的制图要求

绘制机械图样时，优先采用 5 种规定的图样基本幅面，分别是 A0、A1、A2、A3、A4。必要时也允许选用所规定的加长幅面。加长幅面的尺寸由基本幅面的短边乘整数倍增加后得出。如图 8-15 所示为常用图幅尺寸。

幅面代号	A0	A1	A2	A3	A4
B×L	841×1189	594×841	420×594	297×420	210×297
e	20			10	
C	10			5	
a	25				

图 8-15 图样的基本幅面代号及其尺寸

为了便于绘制、使用和保管图样，绘制图样时，应优先采用上表规定的基本幅面尺寸。必要时也允许由基本幅面的短边乘整数倍增加后得出新的幅面 。

8.4.3 图框格式的制图要求

在图样上必须用粗实线画出图框，其格式分为不留装订边和留有装订边两种，但同一产品的图样只能采用一种格式。如图 8-16、图 8-17 所示为两种不同方式。

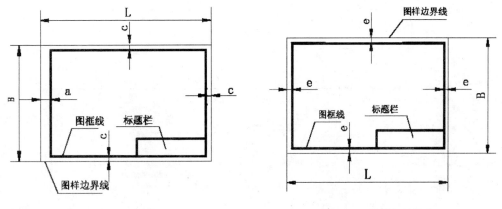

图 8-16 留装订边格式   图 8-17 不留装订边格式

8.4.4 标题栏的制图要求

国标对标题栏的内容、格式和尺寸做了规定，每张图样都必须画出标题栏，标题栏的位置应位于图样的右下角。标题栏的文字方向应为看图方向，标题栏的外框为粗实线，里边是细实线，其右边线和底边线应与图框线重合，如图 8-18、图 8-19 所示为两种不同方式。

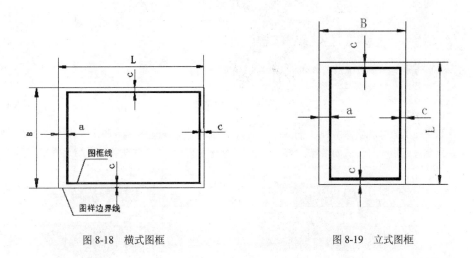

图 8-18 横式图框   图 8-19 立式图框

8.4.5 比例的要求

比例是图中图形与实物相应要素的线性尺寸之比。需要按比例绘制图样时，应选取适当的比例。

为了能从图样上得到实物大小的真实感，应尽量采用原值比例(1:1)，当机件过大或过小时，可选用表规定的缩小或放大比例绘制，但尺寸标注时必须注实际尺寸。如图 8-20 所示为常用比例。

提示

一般来说，绘制同一机件的各个视图应采用相同的比例，并在标题栏中填写。当某个视图需要采用不同比例时，可在视图名称的下方或右侧标注比例。

种　类	比　例		
原值比例	$1:1$		
放大比例	$5:1$	$2:1$	
	$5\times10^{11}:1$	$2\times10^{11}:1$	$1\times10^{11}:1$
缩小比例	$1:2$	$1:5$	$1:10$
	$1:2\times10^{11}$	$1:5\times10^{11}$	$1:1\times10^{11}$

注：11 为正整数

图 8-20　常用比例表格

8.4.6　文字要求

在绘制图形中所书写的字体必须做到：字体工整、笔画清楚、间隔均匀、排列整齐。

字体的高度（用 h 表示）的公称尺寸系列为 1.8mm，2.5mm，3.5mm，5mm，7mm，10mm，14mm，20mm。字体高度代表字体的号数。如图 8-21 所示为常用字号。

➤ 汉字应写成长仿宋体，并应采用国家正式公布推行的简化字。汉字的高度不应小于 3.5mm，其字宽一般为字高的 2/3。长仿宋体的书写要领是：横平竖直、注意起落、结构匀称、填满方格。

10号字　**字体工整　笔画清楚　间隔均匀　排列整齐**

7号字　横平竖直　注意起落　结构均匀　填满方格

5号字　技术制图　机械电子　汽车船舶　土木建筑

3.5号字　螺纹齿轮　航空工业　施工排水　供暖通风　矿山港口

图 8-21　常用字号

数字和字母有直体和斜体两种。一般采用斜体，斜体字字头向右倾斜，与水平线约成 75°。在同一图样上，只允许选用一种形式的字体。如图 8-22、图 8-23 所示为正体与斜体的书写方式。

图 8-22　拉丁字母大写 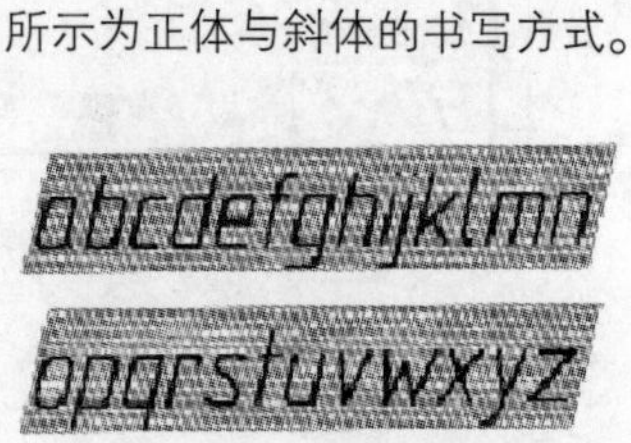　　　　　　　图 8-23　拉丁字母小写斜体

8.4.7　图线的要求

GB/T17450-1998《技术制图　图线》中规定了 15 种基本线型，每种基本线型的变形有四种。图线

的宽度(用 d 表示)分为粗线、中粗线、细线三种，其比例关系是 4:2:1。

机械图样上多采用两种线宽。建筑图样上可以采用三种线宽。所有线型的图线宽度应按图样的类型和尺寸大小在下列数系中选择：0.18mm，0.25mm，0.35mm，0.5mm，0.7mm，1mm，1.4mm，2mm。宽度为 0.18mm 的图线在图样复制中往往不清晰，尽量不采用。如图 8-24 所示为常用图线形式表格。

图线名称	代码	线　　　型	线宽	一 般 应 用
细实线	01.1	———————	d/2	1. 过渡线　2. 尺寸线及尺寸界线 3. 尺寸界线　4. 指引线和基准线 5. 剖面线　6. 重合剖面的轮廓线 7. 短中心线　8. 螺纹牙底线 9. 尺寸线的起止线
波浪线	01.1	〜〜〜〜〜	d/2	21. 撕裂处的边界线；视图和剖视的分界线
双折线	01.1	⌇⌇⌇	d/2	22. 撕裂处的边界线；视图和剖视的分界线
粗实线	01.2	━━━━━	d	1. 可见的棱边线 2. 可见轮廓线
细虚线	02.1	- - - -	d/2	1. 不可见的棱边线 2. 不可见轮廓线
粗虚线	02.2	▬ ▬ ▬	d/2	1. 允许表面处理的表示线
细点画线	04.1	─·─·─	d/2	1. 轴线　2. 对称中心线 3. 分度圆（线）　4. 孔系分布的中心线
粗点画线	04.2	▬·▬·▬	d	1. 限定箍表示线
细双点画线	05.1	─··─··─	d/2	1. 相邻辅助零件的轮廓线 2. 可动零件的极限位置的轮廓线 3. 重心线　4. 成形前轮廓线 6. 成形前轮廓线　7. 毛坯图中制成品的轮廓线 11. 中断线

图 8-24　常用图线形式

 提示

在制图工作中，宽度为 0.18mm 的图线在图样复制中往往不清晰，因此尽量不推荐使用。

图线的宽度分为粗、细两种。画图时应根据图形的大小和复杂程度首先确定粗实线的宽度。粗实线的宽度 d 在 0.25、0.35、0.5、0.7、1、1.4、2 中选取，应优先选用 0.5、0.7、1。细线的宽度为 d/2，如图 8-25 所示为常用标注重点。

➤ 同一图样中同类图线的宽度应基本一致。

➤ 绘制点画线时，首末两端及相交处应是线段而不是短画，超出图形轮廓 2～5mm。

➤ 虚线与虚线相交，或与其他图线相交时，应以线段相交，当虚线为实线的延长线时，应留有间隙，以示两种不同线型的分界线。

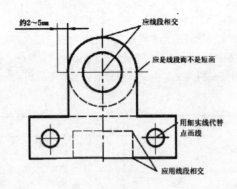

图 8-25 常用标注重点

8.4.8 标注尺寸的要求

➤ 机件的实际大小，以图样上所注的尺寸数值为准，而图形的大小（即所采用的比例）和绘图的准确度无关。

提示

> 以 mm 为单位时，不需注明计量单位代号或名称。若采用其他单位，则必须注明相应计量单位或名称。

➤ 图样（包括技术要求和其他说明文件中）的尺寸，以毫米为单位时，不需要标注单位符号（或名称）。如采用其他单位，则应注明相应的单位符号。
➤ 图样所有注的尺寸，为该图样所示机件的最后完工尺寸，否则应另加说明。
➤ 机件的每一尺寸，一般只标注一次，并应标注在反映该结构最清晰的图上。

8.4.9 标注内容的要求

➤ 尺寸界线用细实线绘制，一般是图形的轮廓线、轴线或对称中心线的延长线，超出尺寸线约 2～3mm。
➤ 尺寸线用细实线绘制，并且应与所标注的线段平行，平行标注的各尺寸线的间距要均匀，间隔应大于 5mm。标注角度时，尺寸线变为圆弧，而圆心是该角的顶点。如图 8-26 所示为标注组成名称。

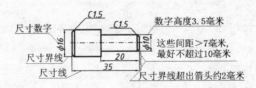

图 8-26 标注图

➤ 尺寸线界限端头有两种形式：箭头或细斜线。当尺寸线终端采用细斜线形式时，尺寸线与尺寸界线必须垂直。同一张图样中，只能采用一种尺寸线终端形式。
➤ 线性尺寸的数字一般标注在尺寸线上方或尺寸线中断处。尺寸数字不能被任何图线叠加，否则应将该图线断开。

8.4.10　标注类型

➤ 线性尺寸的标注法：线性尺寸的数字应按如图 8–27 所示的方向标注，即水平方向字头朝上，垂直方向字头朝左，倾斜方向时字头有朝上趋势。

➤ 角度尺寸标注法：标注角度时，尺寸数字一律水平书写，即字头永远朝上，一般标注在尺寸线的中断处。如图 8–28 所示为角度标注。

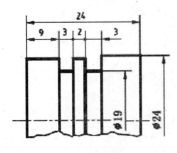

图 8-27　线性标注

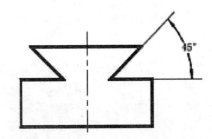

图 8-28　角度标注

➤ 圆、圆弧及球面尺寸的注法，如图 8–29、图 8–30 所示为圆及圆弧标注。

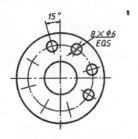

图 8-29　圆的标注

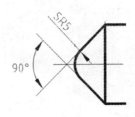

图 8-30　圆弧标注

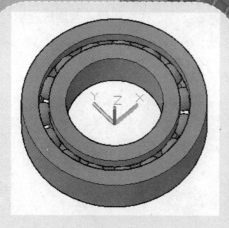

🎬 轴承的绘制.swf
🖼 轴承的绘制.dwg

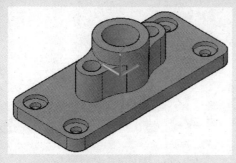

🎬 支座模型的绘制.swf
🖼 支座模型的绘制.dwg

自我检测

　　下面我们要进行的练习是关于机械模型的绘制及渲染，在机械制图中往往为了表达清楚一个零件的整体，不仅需要二维图形，更需要三维图形，因此三维图形的绘制在机械制图中尤为重要。

　　下面就根据提示的步骤，一起来完成 3 个自测模型。

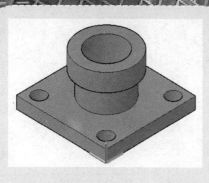

 阀体的绘制.swf
🖼 阀体的绘制.dwg

自测53 轴承的绘制

下面我们将为大家执行的小测验是滚珠轴承的绘制，画法很简单，但涉及到了坐标系的建立及调整，以及几种工具的使用，有的是上面讲到的，有的则是新的工具。

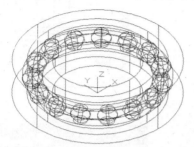

使用到的命令	圆柱体建模、球体建模、布尔运算、拉伸工具
学习时间	20 分钟
视频地址	光盘\视频\第 8 章\轴承的绘制.swf
源文件地址	光盘\源文件\第 8 章\轴承的绘制.dwg

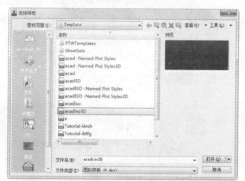

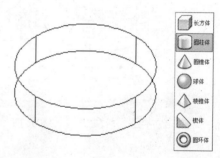

01 执行"文件>新建"命令，在弹出的对话框中选择"acadiso3D"样板，单击"确定"按钮，新建一个空白文档。

02 执行"建模" > "圆柱体"命令，在任意一点建立半径为 42.5，高为 19 的圆柱体，如图所示。

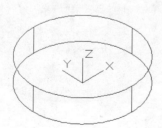

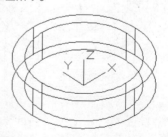

03 执行"坐标" > "原点"命令，在圆柱体底面中心建立用户坐标系。

04 执行"建模" > "圆柱体"命令，在新坐标系原点建立半径为 35，高为 19 的圆柱体，如图所示。

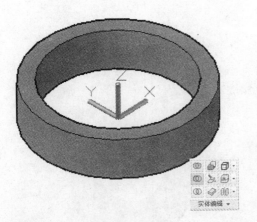

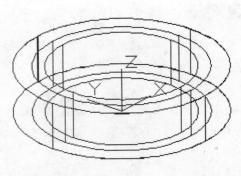

05 执行"实体编辑">"差集"命令，从外侧圆柱减去内部小圆柱，调整到"概念视图"，结果如图所示。

06 执行"建模">"圆柱体"命令，在新坐标系原点建立半径分别为 30，高为 19 的圆柱体，如图所示。

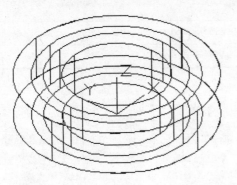

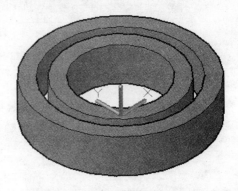

07 执行"建模">"圆柱体"命令，在新坐标系原点建立半径分别为 22.5，高为 19 的圆柱体，如图所示。

08 执行"实体编辑">"差集"命令，将半径为 22.5 的圆柱从半径为 30 的圆柱中减去。

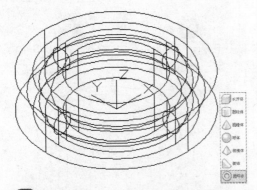

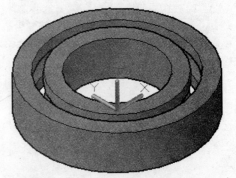

09 执行"建模">"圆环体"命令，绘制"0、0、9.5"为环心，32.5 为半径，圆管半径为 5 的圆环体。

10 执行"实体编辑">"差集"命令，将圆环体从内外两个圆管中减去，调整视图为"概念"，如图所示。

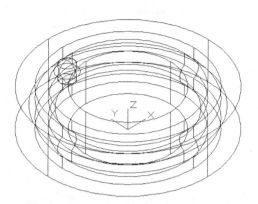

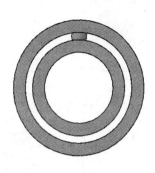

11 执行"建模">"球体"命令，以 "32.5、0、9.5"为球心，5 为半径绘制球体。

12 调整观察角度到"俯视图"，视图类型为"概念"，如图所示。

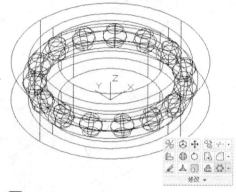

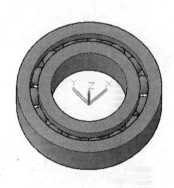

13 执行"修改">"环形阵列"命令，以 "0、0、9.5"为阵列中心，项目数为 16，进行 360° 环形阵列。

14 调整视图角度为西南等轴测，视图类型为概念，结果如图所示。

自测54 支座模型的绘制

下面我们将为大家执行的小测验是支座模型的绘制，画法很简单，但涉及到了三维镜像，以及几种工具的使用，有的是上面讲到的，有的则是新的工具。

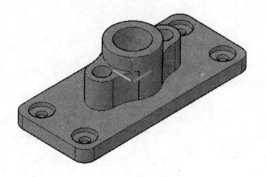

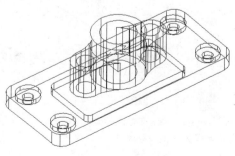

使用到的命令	圆柱体、长方体、拉伸、坐标变换、圆角、布尔运算等
学习时间	20 分钟
视频地址	光盘\视频\第 8 章\支座模型的绘制.swf
源文件地址	光盘\源文件\第 8 章\支座模型的绘制.dwg

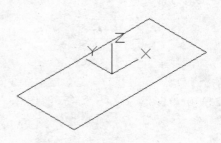

01 执行"文件>新建"命令，在弹出的对话框中选择"acadiso3D"样板，单击"确定"按钮，新建一个空白文档。

02 执行"绘图">"矩形"命令，以"–35、–15"、"70、30"为对角点绘制矩形。

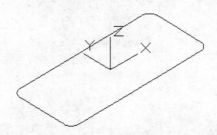
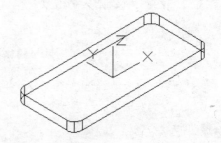

03 执行"修改">"圆角"命令，输入圆角距离为 4，对上一步绘制的长方形进行圆角操作。

04 执行"建模">"拉伸"命令，以圆角矩形为对象进行拉伸，拉伸高度为4.5。

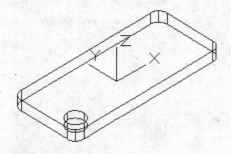
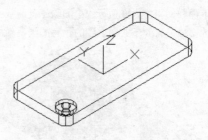

05 执行"建模">"圆柱体"命令，以"–29、–9、4.5"为地面圆心，建立高度为–1.5为，半径为 4 的圆柱体。

06 执行"建模">"圆柱体"命令，以"–29、–9、4.5"为地面圆心，建立高度为–3，为半径为 1.5 的圆柱体。

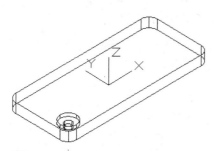

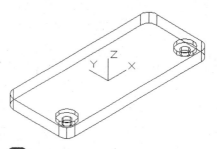

07 执行"实体编辑">"并集"命令，将两个圆柱体合并，结果如图所示。

08 执行"三维镜像"命令，以过原点 *yz* 平面为镜像面，对圆柱体进行镜像。

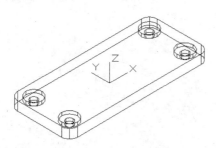

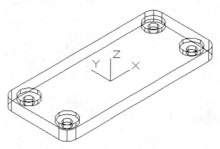

09 再次执行"三维镜像"命令，以过原点的 *zx* 平面为镜像面，对两个圆柱体进行镜像。

10 执行"实体编辑">"差集"命令，将上一步的四个合并体从底板中减去。

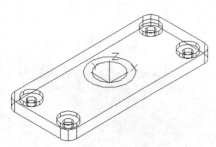

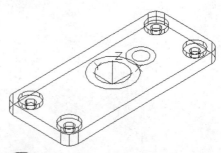

11 执行"绘图">"圆"命令，以"0、0、4.5"为圆心，9 和 6 为半径绘制两个同心圆。

12 执行"绘图">"圆"命令，以"13、0、4.5"为圆心，5 和 3 为半径绘制两个同心圆。

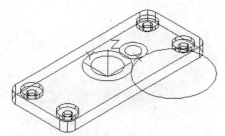

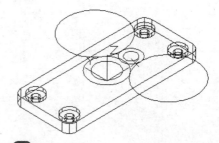

13 执行"绘图">"圆"命令，选择"相切、相切、半径"模式，以半径为 15 绘制圆，如图所示。

14 执行"修改">"三维镜像"命令，以过"0、0、0"点 *zx* 平面为镜像平面对圆进行镜像操作。

8

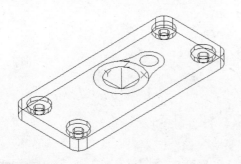

15 执行"修改" > "修剪"命令，将多余
线条剪掉。

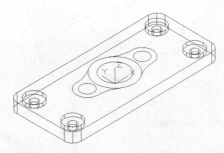

16 执行"修改" > "三维镜像"命令，以
过"0，0，0"点 zy 平面为镜像平面对右侧图形
进行镜像操作。

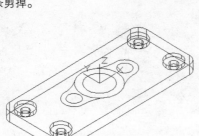

17 执行"工具" > "新建 UCS" > "原
点"命令，以"0、0、4.5"为新远点自建用户
坐标系。

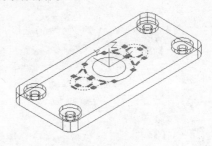

18 执行"绘图" > "边界"命令，分别点去
左右两侧凸耳及两侧圆的内部点，创建四个边界。

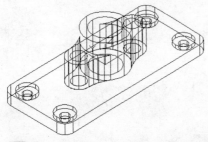

19 执行"建模" > "拉伸"命令，将两侧
凸耳及圆拉伸，高度为 10。将中间两圆拉伸，
高度为 15。

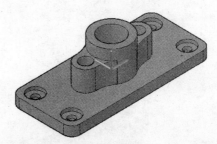

20 调整到"概念"视图，执行"实体编
辑" > "差集"命令，将实体中间的三个圆从实
体中减去，如图所示。

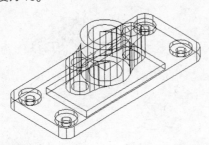

21 执行"建模" > "长方体"命令，以
"−20、−10、−4.5"、"40、20、2.5"为角点，
绘制矩形。

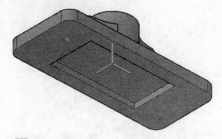

22 调整到"概念"视图，执行"实体编
辑" > "差集"命令，将长方体从底板中减去，
如图所示。

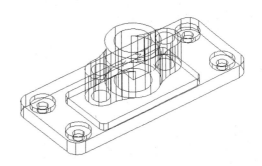

23 执行 "编辑" > "圆角" 命令，设定 R 为 2，选择长方体的四个短边进行圆角操作，如图所示。

24 调整到 "西南等轴测"、"二维线框"，如图所示。

自测55　阀体的绘制

下面我们将为大家执行的小测验是阀体的绘制，画法很简单，但涉及到了用户坐标系的建立及调整，以及几种工具的使用，有的是上面讲到的，有的则是新的工具。

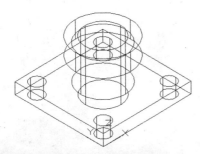

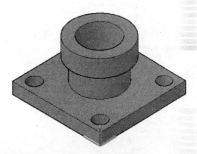

使用到的命令	圆柱体、长方体、剖切、圆角、布尔运算等
学习时间	20 分钟
视频地址	光盘\视频\第 8 章\阀体的绘制.swf
源文件地址	光盘\源文件\第 8 章\阀体的绘制.dwg

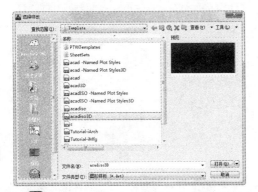

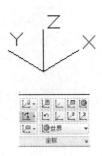

01 执行 "文件" > "新建" 命令，在弹出的对话框中选择 "acadiSO3D" 样板，单击 "确定" 按钮，新建一个空白文档。

02 执行 "工具" > "新建 UCS" > "X"，输入 90，把坐标绕 X 轴旋转 90°。

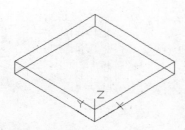

03 执行"建模" > "长方体"命令，输入"0、0、0"和"80、80、10"作为长方体的两角点，如图所示。

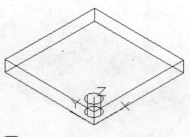

04 执行"建模" > "圆柱体"命令，输入"10、10、0"作为地面中心点，以半径为6，高为10，绘制圆柱体。

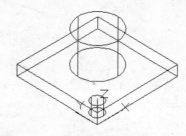

05 执行"建模" > "圆柱体"命令，输入"40、40、0"作为底面中心点，以半径为20，高为30绘制圆柱体。

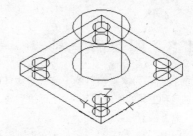

06 执行"修改" > "矩形阵列"命令，行、列数为2，间距为60，如图所示。

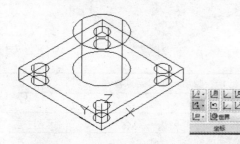

07 执行"修改" > "分解"命令，选择阵列的四个圆柱体为对象进行分解，如图所示。

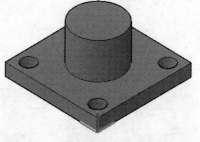

08 执行"实体编辑" > "差集"命令，把四个小圆柱体从底板中减去，结果如图所示。

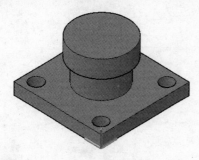

09 执行"建模" > "圆柱体"命令，输入"40、40、30"作为底面中心点，以半径为25，高为15绘制圆柱体。

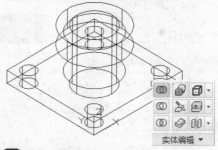

10 执行"建模" > "圆柱体"命令，输入"40、40、0"作为底面中心点，以半径为16，高为45绘制圆柱体。

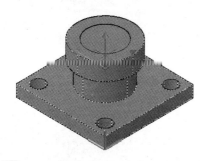

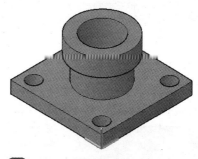

11 执行"实体编辑">"并集"命令,将底板为20、半径为25的圆柱体进行合并,如图所示。

12 执行"实体编辑">"差集"命令,将半径为16的圆柱体从整体中减去。

自 我 评 价

利用 AutoCAD 绘制机械图形,对于新手而言,相对难度较大,因此,学员不要太急于求成,因为要绘制好机械图,不仅需要对软件的把控与熟练掌握,还应该有很多专业知识作为积淀,所以大家在平时的工作中应认真学习,多多积累。

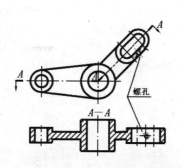

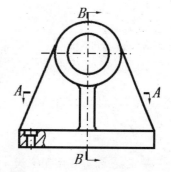

总 结 扩 展

通过基础知识,我们了解了很多关于机械制图的国家标准、行业规范等信息,通过学习这些规范,再利用我们学习的二维及三维知识,通过不断练习、揣摩,相信大家一定能够快速完成机械图形。

本章的知识点具体要求如下表:

	了解	理解	精通
相关规范		√	
机械视图		√	
机械图样的标注			√
三维模型绘制			√
模型渲染		√	

在利用 AutoCAD 绘制机械图形时,更多是需要大家对零部件的整体理解与空间的想象,因为机械部件每一个面所包含的信息都大为不同,因此绘制好的机械图形,需要我们在平时的练习中,多注意自己空间想象能力的培养,为以后的工作打下良好的基础。

8

啃苹果——就是要玩 iPad

刘正旭 编著

DIY 自拍
网上冲浪
移动存储
休闲阅读
办公应用
在线开店
购物梦想

ISBN 978-7-111-35857-2
定价：32.80 元

苹果的味道——iPad 商务应用每一天

袁烨 编著

商务办公，原来如此轻松
7：00~9：00——将碎片化为财富
9：00~10：00——从井井有条开始
10：00~11：00——网络化商务沟通
11：00~12：00——商务参考好帮手
13：00~14：00——商务文档的制作
14：00~15：00——商务会议中的 iPad
15：00~16：00——打造商务备忘录
16：00~17：00——云端商务

ISBN 978-7-111-36530-3
定价：59.80 元

机工出版社·计算机分社读者反馈卡

尊敬的读者：

感谢您选择我们出版的图书！我们愿以书为媒，与您交朋友，做朋友！

参与在线问卷调查，获得赠阅精品图书

凡是参加在线问卷调查或提交读者信息反馈表的读者，将成为我社书友会成员，将有机会参与每月举行的"书友试读赠阅"活动，获得赠阅精品图书！

读者在线调查：http://www.sojump.com/jq/1275943.aspx

读者信息反馈表（加黑为必填内容）

姓名：		性别：□ 男　□ 女	年龄：		学历：
工作单位：					职务：
通信地址：					邮政编码：
电话：	E-mail：			QQ/MSN：	
职业（可多选）：	□管理岗位 □政府官员 □学校教师 □学者 □在读学生 □开发人员 □自由职业				
所购书籍书名			所购书籍作者名		
您感兴趣的图书类别（如：图形图像类，软件开发类，办公应用类）					

（此反馈表可以邮寄、传真方式，或将该表拍照以电子邮件方式反馈我们）。

联系方式

通信地址：北京市西城区百万庄大街 22 号　联系电话：010-88379750
　　　　　计算机分社　　　　　　　　　　传　　真：010-88379736
邮政编码：100037　　　　　　　　　　　电子邮件：cmp_itbook@163.com

请关注我社官方微博：　http://weibo.com/cmpjsj

第一时间了解新书动态，获知书友会活动信息，与读者、作者、编辑们互动交流！

推荐图书

Android入门与实战体验

书号：34928 定价：69.80 元

作者：李佐彬 等

本书通过实例教学的方式讲解了Android技术在各个领域的具体应用过程。全书分为16章，1～5章是基础篇，讲解了Android的发展前景和开发环境的搭建过程；6～13章是核心技术篇，详细讲解了Android技术的核心知识，并对程序优化进行了详细剖析；14～16章是综合实战应用篇，通过3个综合实例讲解了Android技术常用的开发流程。

Windows Phone 7完美开发征程

书号：34043 定价：45.00 元

作者：倪浩

本书以全新的Windows Phone 7手机应用程序开发为主题，采用理论和实践相结合的方法，由浅入深地讲述了新平台的基础架构、开发环境、图形图像处理、数据访问、网络通信等知识点。最后通过较为完整的实战演练，帮助读者更快地掌握项目开发的各个技术要点，使读者能够尽快投入到实际项目的开发。

追逐 App Store 的脚步——手机软件开发者创富之路

书号：35619 定价：49.00 元

作者：项有建

本书介绍了如何进行软件产品设计，特别是如何针对现代手机软件产品进行设计；介绍了数字产品的营销方法，特别是如何针对现代手机软件产品进行营销的方法。书中强调了用户需求以及竞争两个设计视角，介绍了"平台辐射原理"，初步解决了如何利用公式化的方法用平台推广产品的问题。

从实例走进OPhone世界

书号：33030 定价：45.00 元

作者：周轩

本书从一个开发者的角度出发，介绍了OPhone/Android系统的基础知识和开发技巧，详细讲解了无线通信、娱乐游戏、移动生活、OPhone特色应用等多种类型程序的开发流程和方法；通过介绍系统自带源代码实例，为读者提供参考资料和分析素材。本书配有大量插图和代码注释，为自学者提供了方便。

Android 开发案例驱动教程

书号：35004 定价：69.80 元

作者：关东升

本书旨在帮助读者全面掌握Android开发技术，能够实际开发Android项目。本书全面介绍了在开源的手机平台Android操作系统下的应用程序开发技术，包括UI、多线程、数据存储、多媒体、云端应用以及通信应用等方面。本书采用案例驱动模式展开讲解，既可作为高等学校的参考教材，也适合广大Android初学者和Android应用开发的程序员参考。

Qt 开发 Symbian 应用权威指南

书号：36089 定价：45.00 元

作者：Fitzek 等 译者：DevDiv 移动开发社区

本书主要是向读者介绍如何在Symbian上快速有效地创建Qt应用程序。全书共分7章，包括开发入门、Qt概述、Qt Mobility APIs、类Qt移动扩展、 Qt应用程序和Symbian本地扩展、Qt for Symbian范例。

本书可作为移动设备开发领域的初学者和专业人员的参考用书，也可作为手机开发基础课程的教材。